LIFTOFF

리프트오프

세 번의 실패를 딛고 궤도에 오르기까지,
스페이스X의 사활을 건 그날들!

에릭 버거 지음

정현창 옮김 | 서성현 감수

초사흘달

스페이스X를 이해하려면,

그들이 어디로 가고자 열망하는지,

왜 성공했는지 알려면,

팰컨1으로 되돌아가 그 근원을 파헤쳐야 한다.

프롤로그

2019년 9월 14일

크고 붉은 태양이 텍사스 지평선 너머로 기울 때 일론 머스크 Elon Musk는 은빛 우주선을 향해 다가갔다. 콘크리트로 지은 착륙장에 이르자 스팀펑크* 소설에나 등장할 법한 스테인리스 기계가 노을빛을 받아 찬란하게 빛나며 점점 크게 눈앞으로 다가왔다. 머스크는 경탄을 금치 못했다. "〈매드맥스〉에서 튀어나온 것 같았습니다." 그는 스타십 Starship의 첫 시제품인 스타호퍼 Starhopper에 관해 신나게 이야기했다.

2019년 9월 중순, 머스크는 남부 텍사스에 있는 로켓 공장을 방문해 스타십 개발 진행 상황을 확인했다. 스타십은 인류를 화성으로 데려갈 여행용 우주선으로, 스페이스X SpaceX가 20년 가까이 쏟아부은 노력의 결정체다. 몇 주 전에 스타호퍼는 멕시코와 맞닿은 국경 바로 안쪽 해안가에서 맑은 하늘로 날아올랐다. 하지만 거의 추락할 뻔했다. 다행히 연방항공청이 비행 최고 고

---

* 증기기관이 매우 발달한 가상의 시대를 배경으로 하는 SF의 한 갈래.

도를 약 150m로 제한했었다. 그 덕분에 하강하는 우주선을 제어할 수 없게 됐음에도 스타호퍼가 화염 덩어리로 폭발하지 않고 철근콘크리트 바닥에 착륙 다리를 부딪치는 정도로 끝났다. 그 생각을 하며 머스크는 웃었다. 스페이스X를 운영하며 그는 언제나 더 빨리 더 높이 밀어 올리려고 정부 당국과 싸워 왔기 때문이다. "이번에는 연방항공청이 우릴 구한 거죠." 그가 재밌다는 듯 말했다.

이번 방문은 그 사건 이후 처음으로 스타호퍼를 보러 간 것이었다. 머스크는 많지 않은 직원들과 일일이 손바닥을 마주치고, 주말여행 삼아 로스앤젤레스에서 따라온 세 아들과 그 순간을 즐기며 공장을 둘러보았다. 스타호퍼는 스테인리스스틸로 만들었어, 솥이나 냄비를 만드는 재료와 같은 거야, 라고 머스크가 아이들에게 설명했다.

하지만 그곳에 놓인 스테인리스스틸 덩어리는 조리대 불꽃에 너무 오래 노출된 것 같은 모습을 하고 있었다. 그날 저녁 깊어가는 어둠도 금속 표면을 뒤덮은 시커먼 그을음을 감춰 주지 못했다. 스타호퍼 아래에 선 머스크는 랩터Raptor 엔진에 추진제를 공급하는 커다란 연료탱크의 동굴 같은 덮개를 올려다보며 말했다. "엄청나게 뜨거운 화염을 생각하면 이건 놀랍도록 양호한 모습이지."

일론 머스크는 언덕 너머 멕시코만으로 이어지는 이 평원에 도달하기 위해 먼 여정을 이어왔다. 머스크는 2002년에 스페이스X를 설립했다. 수백, 수천 명의 인류 정착민을 화성에 데려갈 우주선을 만드는 것이 목표다. 춥고 삭막하며 공기도 거의 없지만, 그렇다 해도 화성은 인류가 지구 밖으로 뻗어 나가기에 가장 좋은 장소다. 화성에는 극지방의 빙원, 희박한 공기 속 유용한 화학물질, 긁어모아 수익을 낼 만한 자원이 있다. 또 상대적으로 가깝다. 행성치고는 말이다.

머스크가 수년간 스페이스X를 통해 보여 준 성과들은 놀랍기 그지없다. 우주인들을 우주로 올려보내고 로켓을 배 위에 착륙시키고 전 세계 항공우주산업을 재편했다. 그러나 지금까지의 성과는 인류를 화성에 보내려는 그의 담대함에 비하면 아무것도 아니다. 인류를 화성에 보내는 일은 오늘날 NASA^{미국항공우주국}나 전 세계 우주 기관의 능력을 한참 넘어서는 일이다. 달에 사람을 착륙시켰던 NASA는 연간 250억 달러에 달하는 예산을 가지고도, 최고로 똑똑하다는 과학자와 엔지니어 들을 데리고도, 우주비행사를 화성에 보낼 계획이 없다.

머스크는 화성에 도시를 건설하고 싶어 한다. 아마 머스크 안의 뭔가가 그렇게 하도록 끊임없이 몰아간다고 하는 편이 더 맞을 것이다. 그는 오래전에 마음먹었다. 인류의 장기적 미래를 생각한다면 다른 세계로 확장해 나가야 한다고. 그리고 화성은 그 출발점으로 삼을 최적의 장소라고 말이다. 하지만 이 일은 극단적으로 어렵다. 방사선이 쏟아지는 우주는 몹시 위험한 공간이며 지상과 비슷한 기압을 유지해 주는 얇은 벽 너머에는 언제나 확실한 죽음이 도사리고 있다. 화성으로 날아가는 수개월 동안에 필요한 물과 음식, 연료, 의류의 양만 해도 깜짝 놀랄 만큼이고, 일단 화성에 도착해서 살아남으려면 실제로 그곳 어딘가에 생존을 위한 공간이 있어야 할 것이다. NASA가 지금까지 화성에 보낸 가장 큰 물체인 탐사용 로봇 퍼서비어런스^{Perseverance}의 무게는 약 1t이다. 인간을 태우고 가서 작은 임무를 한 번 수행하려고 해도 아마 그 중량의 50배는 더 필요할 것이다. 머스크는 인류가 화성에 안정적으로 정착하려면 100만 t 정도는 실어 보내야 할 거라고 말한다. 이것이 바로 그가 텍사스에서 거대한 재사용 우주선, 스타십을 만들고 있는 이유다.

오늘날 스페이스X는 머스크가 오래전 설립했던 그 회사와 많은 면에서 달라졌다. 그러나 중요한 면에서는 정확히 그대로다. 스타십을 개발하는 동안에도 스페이스X는 첫 로켓, 팰컨1^{Falcon 1}을 만들고자 분투했던 초창기의 지리멸렬했던 시절로 되돌아갔다. 지금처럼 그때도 머스크는 더 빨리 움직이고 혁신하고 시험하고 쏘아 올리라고 직원들을 가차 없이 몰아쳤다. 팰컨1을 만들던 그 시절의 DNA는 오늘날 남부 텍사스 스타십 공장에 살아 있다. 그리고 캘리포니아 본사에 있는 머스크의 회의실 벽에는 팰컨1 발사 순간을 담은 대형 사진이 걸려 있다.

스페이스X를 이해하려면, 그들이 어디로 가고자 열망하는지, 왜 성공했는지 알려면, 팰컨1으로 되돌아가 그 근원을 파헤쳐야 한다. 오늘날 스페이스X가 일군 모든 성과의 씨앗은 팰컨1을 만들던 초창기에 머스크가 뿌린 것이다. 그 당시 머스크는 세계 최초의 저비용 궤도 로켓을 만들겠다는 목표를 세웠다. 스페이스X가 팰컨1처럼 비교적 단순한 로켓을 궤도에 올리지 못했더라면 머스크가 화성에 관해 열정적으로 쏟아내는 모든 이야기가 빛바래고 말았을 것이다. 머스크는 강한 집중력으로 목표를 향해 밀고 나갔다. 스페이스X는 텅 빈 공장에서 직원 몇 명만으로 시작했다. 이 작은 회사가 4년도 되지 않아 첫 로켓을 발사했고 6년 만에 궤도에 올렸다. 스페이스X가 초창기의 빈한한 나날을 헤치고 살아남은 이야기는 매우 놀랍다. 팰컨1을 만든 사람 중 다수가 지금도 스페이스X에 남아 있다. 물론 일부는 나갔다. 그러나 모두가 회사를 만들어 가던 초창기 시절 이야기를 간직하고 있다. 대부분이 알려지지 않은 이야기다.

스페이스X가 초기 암흑 시절을 통과하도록 머스크를 도운 사람들은 캘리포니아 농장에서, 중서부 교외에서, 동부 해안 도시에서, 레바논, 터키, 독일에서 달려왔다. 머스크는 그들을 직접 고용했고 한 팀으로 만들었으며 거의 불가능한 일을 하도록 고무했다. 궤도에 오르려는 그들의 노력은 미국 본토에서 출발해 열대의 작은 섬으로 이어졌다. 대륙의 땅덩어리에서 상상할 수 있는 가장 먼 섬이었다. 태평양 한가운데 외딴섬에서 스페이스X는 몇 번이나 죽을 고비를 넘겼다.

10여 년 후, 머스크와 스페이스X는 실패와 성공을 가르는 격변을 넘나들었다. 해 질 무렵 스타호퍼를 자세히 살핀 머스크는 남부 텍사스의 로켓 공장을 둘러보며 몇 시간을 보냈다. 보름달이 뜬 그 밤 내내 직원들은 스테인리스스틸 두루마리로 만든 실물 크기의 스타십 시제품을 퉁탕거리고 용접하고 들어 올렸다. 자정에 가까워져서야 머스크와 아이들은 공사 중인 트레일러에서 나왔다. 아이들은 대기하고 있던 검은색 SUV로 뛰어들었고 머스크는 우뚝 솟은 스타십을 잠시 올려다보았다. 우주선이라기보다 고층 건물에 가까웠다.

그 모든 것을 바라보는 머스크의 얼굴에 어린아이 같은 미소가 번졌다. 그가 내 쪽으로 고개를 돌리며 말했다. "믿어집니까? 저 물건이, 아니면 저 비슷한 뭔가가, 45억 년 만에 처음으로 사람들을 다른 행성으로 데려갈 거란 걸요. 내 말은, 아마도요. 안 될 수도 있지만. 하지만 아마 그렇게 될 겁니다."

1

초창기

EARLY YEARS

2000년 9월~2004년 12월

화성으로 날아가려고 대범하게 도전하는 사람들에게 2003년 여름은 희망찬 앞날을 예견했다. 그해 7월, 붉은 행성이 6만 년 만에 지구에 가장 가까이 다가왔다. 그 당시 스페이스X라는 작은 회사는 이제 막 첫 로켓에 붙일 금속을 자르기 시작한 참이었다. 첫 발사는 그로부터 몇 년 후의 일이다. 하지만 회사 설립자 일론 머스크는 이미 화성을 향해 첫발을 떼었다. 그는 적임자 없이는 어디에도 이를 수 없음을 잘 알았기에 재능 있고 창의적인 엔지니어들을 계속 물색해 면접 자리를 마련했다. 화성으로 뻗어 나간다는 목표를 이루기 위해 전력을 쏟고 불가능을 가능으로 만들어 줄 엔지니어들. 머스크는 그런 인재들을 찾기 시작했다.

브라이언 벨데Brian Bjelde가 대학 동기의 전화를 받았을 때만 해도 화성이 지구에 근접한다는 소식이나 머스크의 꿈 따위에는 별 관심도 없었다. 두 사람은 서던캘리포니아대학교 항공우주연구실에서 늦은 밤까지 진공실과 소형 위성을 손보며 친해졌다. 친구 필 카수프Phil Kassouf는 투지 넘치는 백만장자가 설립한 회사에서 새로 일하게 됐다며 흥분해 떠들었다. 그 남자는 로켓을 만들어서 언젠가 화성에 가겠다는 황당한 꿈을 꾸고 있어, 구경 삼아 들러 봐, 라고 말하며 카수프는 벨데에게 로스앤젤레스공항 근처 주소를 하나 알려주었다.

당시 스물세 살 청년 벨데는 그리 부유하지 않은 캘리포니아 농장 지역에서 대도시로 진출하는 데 성공해 화려한 생활을 누리고 있었다. 그는 항공우주공학 엔지니어로 서던캘리포니아대학교를 졸업하고 NASA 산하 제트추진연구소에 취직했다. NASA는 벨데에게 서던캘리포니아대학교 대학원 과정 학비를 대주었다. 게다가 그는 한 모임의 고문으로 활동하며 무료 주거 서비스도 누리고 있었다. 주말에 열리는 최고의 파티를 골라서 가는 것은 물론이었다.

그러니 벨데가 엘세군도El Segundo에 있는 스페이스X 본사에 간 일은 정말로 그냥 구경 삼아 가 본 것이었다. "들어가면 책상이 하나 있고 이중 유리문이 두 개 있어요. 사람들과 악수하며 사무실을 통과해 걸어갔죠. 칸막이로 만든 좁은 회색 방들이 있었습니다. 구경할 게 없었어요. 그냥 텅 빈 공장이었죠. 공장 바닥에 광택제를 바른 지 얼마 안 됐더라고요."

수수한 공장에서 가장 놀라운 것은 휴게실에 있는 탄산음료 자판기였다. 머스크가 실리콘밸리의 혁신을 도입해 스페이스X 직원들에게 카페인을 무제한 공급하고 있었기 때문이다. 학계와 NASA 같은 엄숙한 분위기에 익숙한 벨데에게는 그 자판기가 무엇보다 참신했다. 사무실을 지나갈 때 작은 방에 있던 여남은 명 중 한 사람이 벨데에게 제트추진연구소에서 하는 일에 관해 물었다. 연구소는 태양계를 탐사할 로봇 우주선을 만들고 있는데, 벨데는 반도체와 플라스마 에칭, 증기압을 이용해서 소형 위성에 걸맞은 새로운 추진 기술을 개발하고 있다고 설명했다.

그렇군요, 라고 누군가 대답했다. 그런데 대형 시스템을 쏘아 올릴 추진체는 어떻게 생각해요? 말하자면 로켓 같은 거요. 순간, 모든 게 분명해졌다. 벨데는 구경 삼아 들러 보라는 초대를 받은 것이 아니었고 콜라도 편하게 마실 수 없었다. 그 상황은 취업 면접이었다.

"결국 이 방에 들어오게 됐죠. 그땐 몰랐는데 이 방은 너무 추워서 고기 저장고로 불리더군요. 공기조화설비가 어찌나 좋은지, 정말이지 너무 추웠습니다."

여러 사람이 교대로 다녀갔다. 카수프가 맨 먼저였다. 그다음은 카수프의 상사이자 회사의 항공전자 부문 부사장인 한스 쾨니히스만Hans Koenigsmann이 들어와 벨데와 이야기를 나누었다. 마지막으로 머스크가 직접 들어왔다. 벨데보다 나이가 겨우 열 살 더 많은 머스크는 이미 상당한 부자인 데다 점점 더 유명해지고 있는 기업가였다. 벨데는 서먹한 분위기를 깨려고 특별할 것 없는 이야기를 꺼냈다. 만나서 반갑습니다, 말씀 많이 들었습니다, 여기 오게 되어 기쁘네요, 등등. 예의상 건네는 인사를 그다지 좋아하지 않는 머스크는 곧장 질문을 던졌다.

"머리 염색합니까?"

벨데는 약간 당황하며 그렇지 않다고 대답했다. 머스크가 자주 쓰는 면접 전술 하나는 엉뚱한 질문을 던지고 직원 후보가 어떻게 반응하는지 보는 것이다. 벨데는 말재주가 있어 보였다. 그는 재빨리 정신을 차리고 머스크에게 물었다. "이거 긴장 풀라고 하는 말인가요? 효과가 있는데요."

하지만 머스크는 진지한 질문이었다고 대답했다. 예리한 관찰자답게 머스크는 벨데의 눈썹이 매우 밝은 색인 것에 비해 머리카락은 짙은 색임을 알아차렸다. 젊은 엔지니어는 타고난 색이라고 설명했다. 둘은 곧 웃고 있었다.

30분 정도 면접하는 동안 머스크는 벨데가 자라 온 환경에 관해 묻기도 하고 인류에게 진정한 우주여행 문명을 만들어 주고자 설립한 스페이스X의 비전을 이야기하기도 했다. 1960년대, NASA의 아폴로 계획Apollo program*이 성공하자 많은 학생이 수학과 과학에 관심을 기울이게 됐고 그 세대가 자라서 엔지니어, 과학자, 교사가 되었다. 그러나 세기가 바뀌면서 관심의 물결도 달라졌다. 벨데는 달에 착륙한 아폴로 탐험가들 대신 지구 둘레 저궤도**를 끊임없이 도는 우주왕복선을 보며 자라난 세대였다. 그는 공학 항목에서 항공우주aerospace가 알파벳순으로 맨 앞에 올라 있었다는 이유로 항공우주공학을 택했다. 그러나 유행을 좇는 아이들 대부분은 이제 우주보다 의학이나 투자은행, 기술 같은 데 더 관심이 있었다.

---

* NASA의 달 착륙 유인 비행 계획. 1961년에 계획이 결정되어 1969년 7월 21일에 아폴로 11호를 인류 최초로 달 표면에 착륙시키는 데 성공한 후, 1972년 12월에 여섯 번째로 달에 착륙한 아폴로 17호를 끝으로 계획이 완료되었다.
** 지상에서 200~2,000km 고도에서 지구 둘레를 도는 궤도.

머스크는 디지털 혁신을 이끈 사람 중 하나였다. 그는 결제 플랫폼 페이팔^{PayPal}로 은행업의 온라인화를 이끌었다. 통신에서 의료 서비스에 이르는 모든 분야에서 디지털 혁신이 빠르게 일어나기 시작했다. 하지만 항공우주산업은 거꾸로 가는 듯했다. 미국과 러시아의 기업들은 로켓을 우주로 쏘아 올리는 데 수십 년째 똑같은 구식 기술을 이용했고 비용은 계속 늘어만 갔다. 아무래도 잘못된 방향으로 가고 있는 것 같았다. 그래서 머스크는 스페이스X를 설립했고 1년이 지난 그즈음에는 기본 설계를 마치고 하드웨어를 제작하는 쪽으로 움직이고 있었다. 머스크는 벨데가 로켓의 전자기기를 개발하는 일에 합류했으면 했다.

얼떨결에 추운 방에 앉아 떨고 있던 벨데가 당장 결정하기에는 너무 큰 제안이었다. 벨데는 정부 기관의 안정적인 일자리와 전도유망한 학계에서 경력을 쌓으며 활발하게 사교 활동을 하고 있었다. 스페이스X는 그 모든 것을 앗아갈 게 분명했다. 카수프에게서 스페이스X의 치열한 분위기에 관해 들은 벨데는 머스크와 일한다는 것은 곧 자기 삶이 송두리째 바뀔 거라는 뜻임을 알게 되었다. 게다가 머스크가 반드시 성공한다는 보장도 없었다. 그런 작은 팀 하나가 어떻게 궤도에 도달하는 로켓을 만들 수 있단 말인가? 그때까지 어떤 민간기업도 비슷한 일에 성공한 적이 없었고 다수는 시도하다가 실패했다. 면접이 끝난 뒤 벨데는 자기가 들은 이야기가 그저 공허한 약속 아니었나 하는 의문이 들었다.

며칠이 지났다. 벨데는 머스크의 비서, 메리 베스 브라운^{Mary Beth Brown}으로부터 이메일을 한 통 받았다. 새벽 1시였다. 일자리를 원하나요? 벨데는 이 회사가 자기만의 속도로 굴러가고 있음을 깨달았다.

처음에 벨데는 더 높은 급여를 요구했다. NASA는 그에게 연봉 6만 달러를 지급해 안락한 생활을 보장했다. 학비도 대 주었다. 스페이스X의 제안은 이보다 적었다. 대담한 공상가와 함께 가슴 뛰는 일을 하려면 연봉이 줄어드는 것을 감수해야만 했다. 고민하는 와중에 문득 고등학교 화학 선생님이 생각났다. 와일드 선생님에게는 '이집트 피라미드 아래에서 벨리댄스 추기'라는 별난 버킷 리스트가 있었는데, 벨데는 기회가 왔을 때 놓치지 않고 끌어안는 선생님의 모습을 보았다. 머스크의 제안은 벨데의 모험심을 자극했다. 벨데는 기회를 붙잡기로 했다. 어쨌거나 화성에 가는 것은 말도 안 되게 어려운 목표였다. 거의 불가능했다. 그렇지만 완전히 불가능한 목표는 아니었다.

"난 이렇게 생각하고 싶습니다. 우리 일생 안에 말이에요, 우리가 살아가는 눈 깜짝할 만큼 짧은 시간에 아주 빠른 변화를 이끌어서 당신이나 나, 아니면 누구나 거기 갈 수 있는 세상에서 살 수도 있지 않을까요." 그가 화성 여행에 관해 한 말이다. "그건 바로 우리 눈앞에 있어요. 우리가 할 수 있는 범위 안에요."

벨데는 카수프가 자기를 추천해서 면접 자리가 마련됐다는 사실을 나중에 알았다. 추진 로켓이 똑바로 날 수 있게 돕는 로켓의 두뇌, 즉 하드웨어와 소프트웨어의 전자 장치를 만들 사람이 회사에 필요했다. 벨데는 전자 기술 엔지니어가 아니었다. 하지만 카수프는 서던캘리포니아대학교에서 둘이 함께 밤을 새우며 일했던 시간과 어려운 문제를 풀려고 덤비는 친구의 열정을 머스크에게 전했다. 카수프가 친구를 위해 명예를 건 것이었다. 카수프의 판단은 옳았다. 2003년 8월, 눈썹 색깔이 특이한 브라이언 벨데는 스페이스X의 열네 번째 정식 직원이 되었다. 그리고 벨데는 스페이스X와 팰컨1을 위해 모든 것을 건다.

스페이스X의 이야기는 2000년 말, 지금의 스페이스X가 있는 캘리포니아의 정 반대편에서 시작된다. 일론 머스크는 친구이자 기업가인 아데오 레시Adeo Ressi와 롱아일랜드고속도로를 달리고 있었다. 페이팔 이사회가 머스크를 최고경영자 자리에서 몰아낸 직후였다. 아직 서른도 되지 않은 머스크는 짧은 기간에 먼 거리를 달려왔다. 미국에 온 지 10년도 안 돼서 아이비리그에서 경제학과 물리학 학위를 받았고 회사 두 개를 설립해 큰 성공을 거두었다. 레시는 머스크의 다음 계획이 궁금했다.

"난 언제나 우주에 관심이 있었다고 아데오에게 말했죠. 하지만 그게 민간인 혼자서 할 수 있는 일이라고는 생각지 않았습니다." 아폴로 계획 성공 이후 30년이 지났다. 머스크는 NASA가 당연히 화성으로 가는 프로젝트를 추진하고 있을 줄 알았다. 레시와 나눈 대화를 생각하던 머스크는 그날 늦게 NASA 웹사이트를 찾아보았다. 놀랍게도 인간을 화성에 보내는 계획에 관해서는 토씨 하나 찾을 수 없었다. 아마 웹사이트가 부실해서 그렇겠거니 생각했다.

그런데 아니었다. NASA는 그럴 계획이 전혀 없었다. 캘리포니아에 돌아와 우주 관련 콘퍼런스에 참석하기 시작하면서 머스크는 곧 그 사실을 알게 되었다. 오히려 민간단체들이 이미 흥미로운 일들을 시작하고 있었다. 머스크는 솔라세일solar sail을 개 발하는 행성협회 같은 벤처 사업에 관여하게 되었다. 행성협회 는 회원들의 회비로 운영되는데, 우주에서 돛을 펴고 태양 빛의 광자 운동량으로 추진력을 얻어 앞으로 나아가는 솔라세일을 개 발하고 있었다. 머스크는 엑스프라이즈 재단도 후원했다. 이 재 단은 사람들이 탄도비행*을 할 수 있도록 민간 우주선을 만들어 내는 첫 단체에 상금 1000만 달러를 주겠다고 공표했다. 이후 2001년, 머스크는 화성 탐사에 대한 NASA와 대중의 지지를 끌 어올리기 위해 자신만의 프로젝트를 고안했다. 작은 생물권을 구축해 저 붉은 행성으로 쏘아 올리는 것으로, 머스크는 그것을 화성 오아시스Mars Oasis라 불렀다.

"화성 흙을 약간 채취해서 그걸 생장실에 가져다 넣는 겁니 다." 머스크를 도왔던 보잉Boeing 출신 항공우주공학 엔지니어 크리스 톰슨Chris Thompson이 소형 화성 착륙선의 개념을 설명해 주었다. "그걸 지구 토양과 섞은 다음 씨앗을 뿌리고, 그 식물이 싹 틔우고 자라는 모습을 웹캠으로 지구에 중계하는 거죠."

톰슨과 엔지니어 몇 명이 화성 생물권 프로젝트의 탑재 하중 문제를 해결하는 동안 머스크는 그에게 조언을 해 주는 사람들 과 함께 발사용 로켓으로 쓸 대륙간탄도미사일을 구해 보려고 러시아를 두 번 여행했다. 러시아인들은 머스크를 호사꾼 정도 로 얕잡아 보고 낡은 추진 로켓 가격을 터무니없이 높게 불렀다.

---

* 지구 둘레를 돌지는 않고 포탄처럼 탄도를 그리며 지상 100km 정도의 우주공간까지 잠깐 올라갔다가 내려오는 비행.

머스크는 그 가격에 동의하면 첫 수표를 쓰고 나서 저들이 금액을 더 올릴 것 같은 예감이 들었다. "러시아에 다녀오는 마지막 여행이었죠. 그게, 가격이 계속 오르는 겁니다. 이대로는 성공할 것 같지 않았어요." 머스크가 말했다. "로켓을 직접 만들려면 돈이 얼마나 필요할까 하는 생각이 들었습니다."

머스크가 조언을 구하는 동료이자 엔지니어이며 사업가를 꿈꾸는 짐 캔트렐Jim Cantrell은 로켓을 직접 만드는 쪽으로 진지하게 생각해 보라고 권했다. 머스크는 이전에 재미 삼아 로켓과학에 도전했던 기업가들의 이야기를 알고 있었다. 그래서 같은 실수를 반복하지 않기 위해 그들의 실패에서 교훈을 얻고 싶었다. 머스크는 로스앤젤레스의 항공우주공학 엔지니어들이 모이는 자리에 나가 로켓과학자들을 만나기 시작했다. 그는 이제 막 시작한 자기에게 조언을 해 줄 사람들을 찾았는데, 그중에 보잉에서 톰슨과 함께 일했던 존 가비John Garvey와 로켓엔진 분야의 떠오르는 스타, 톰 뮬러Tom Mueller가 있었다.

2002년 2월, 가비가 머스크를 반응연구동호회의 발사 장소로 초대했다. 1943년에 설립된 이 동호회는 캘리포니아 남부의 유명한 로켓공학 모임으로, 로스앤젤레스 북부 모하비 인근에 자체 시험장이 있었다. 당시 머스크는 모하비 고지대의 쌀쌀한 바람과 냉랭한 기온을 미처 대비하지 못하고 갔다. "내 기억에 그때 기온이 영하 7℃ 정도였던 것 같습니다." 톰슨이 회상했다. "그는 편안한 바지에 니만마커스 브랜드 구두를 신고 몸에 딱 붙는 가죽 재킷을 입고 나타났죠." 추위에 떨면서도 머스크는 핵심을 꿰뚫는 질문을 했고 엔지니어들의 설명에 열심히 귀를 기울였다. 그 무렵 머스크는 구소련의 기술 안내서부터 추진제에 관한 대표 서적인 존 드루리 클라크John Drury Clark의 《점화!Ignition!》까지, 로켓에 관해서라면 구할 수 있는 모든 것을 읽고 있었다.

로켓에 관해 알아 갈수록 머스크는 미국 발사산업의 문제점을 더 깊이 이해하게 되었다. 그가 생각하는 화성 오아시스의 목표는 대중에게 영감을 주어서 NASA에 더 많은 자금을 지원하도록 정부를 부추기고, 궁극적으로는 아폴로의 유산을 이어받아 인류가 도달하는 범위를 달과 화성까지 확장하는 것이었다. 그러나 그는 NASA와 전 세계 발사산업이 안고 있는 문제가 단지 재정적인 범위에 머무르지 않고 좀 더 구조적임을 깨달았다. 화성 오아시스가 성공하고 NASA의 예산이 두 배가 된다 해도 그 일은 그저 깃발을 꽂고 발자국을 남기는 데 그칠 것이 뻔해 보였다. 머스크는 정말로 인류가 태양계로 뻗어 나가고 그 세계에 정착하기를 원했다.

"왜 그렇게 비용이 많이 드는지 이해하기 시작했습니다. 나는 NASA가 가진 말들을 들여다봤죠. 보잉이나 록히드Lockheed Martin 같은 말이면 그건 망한 겁니다. 그런 말들은 조잡해요. 화성 오아시스로는 충분하지 않겠다는 생각이 들더군요."

여러 행성으로 진출하기 위한 첫걸음은 발사 비용을 줄이는 것이었다. NASA와 민간기업들이 위성과 사람을 우주로 보내는 데 돈을 덜 쓴다면 그만큼 우주에서 더 많은 일을 할 수 있을 것이다. 그리고 상업성이 커질수록 더 많은 기회가 열릴 것이다. 이를 깨달은 머스크는 행동에 나설 수밖에 없었다.

그해 봄에 머스크는 저명한 항공우주공학 엔지니어 20여 명을 로스앤젤레스공항에 있는 호텔로 초대해 회의를 열었다. 대다수가 마이크 그리핀Mike Griffin의 요청을 받고 참석했다. 그 당시 머스크가 조언을 구하던 업계 리더 중 한 사람이었던 그리핀은 3년 후 NASA의 행정가가 된다. 가비, 뮬러, 톰슨 역시 참석했다.

"전형적인 일론 방식인데, 그는 약간 늦게 왔습니다. 아마 거기 있던 보수적인 인사들은 그게 못마땅했을 겁니다." 톰슨이 말했다. "그가 걸어 들어와서 로켓 회사를 시작하고 싶다는 내용으로 기조연설을 했어요. 많은 사람이 빙그레 웃더군요. 몇몇은 소리 내서 웃었죠. '꼬마야, 돈을 아껴서 해변에서 일광욕이나 하렴' 같은 말을 하는 사람들도 있었습니다."

하지만 꼬마는 재밌어하지 않았다. 자기 말을 믿지 않는 사람들, 특히 친구들 몇몇이 부정적으로 나오자 오히려 그의 열정이 더욱더 타올랐다. 사실, 전에도 친구들은 이 모험을 말리려고 했었다. 레시는 로켓 실패 사례 비디오를 모아 한 시간짜리 영상을 만들고는 머스크에게 보여 주었다. 엔지니어인 피터 디아만디스 Peter Diamandis는 이 분야에 먼저 뛰어들었다가 실패한 기업가들 이야기를 들려주었다. "피터는 내가 빈털터리가 될 거라며 귀에 딱지가 앉도록 떠들어 대더군요." 머스크의 말이다.

그날 머스크는 호텔에 모인 사람들을 둘러보며 자기를 조금이라도 믿는 사람이 있는지 가늠해 보았다. 머스크는 도전 앞에 움츠리기보다는 응하는 사람, 비관적인 사람보다는 낙관적인 사람과 함께하고 싶었다. 4월, 머스크는 다섯 사람에게 회사의 창립 구성원으로 함께하자고 제안했다. 그는 페이팔에서 약 1억 8000만 달러의 수익을 올렸다. 그 돈의 절반을 로켓 회사에 걸 수 있고 그렇게 하고도 여전히 돈이 남는다고 생각했다. 그러니 자신은 현금을 조달하고 함께 시작하는 구성원들은 회사를 위해 흘리는 땀으로 지분을 대신하면 좋을 것 같았다.

다섯 명 중 두 명만 수락했다. 그리핀에게는 수석엔지니어 자리를 제안했는데, 그는 국가 우주 정책에서 중요한 역할을 하고 있던 터라 워싱턴 D.C.가 있는 동부에 머무르고 싶다고 했다. 머스크는 미국 땅을 동서로 가로질러 통근하겠다는 그리핀의 뜻을 거절했다. 그게 최선이었을 것이다. 그리핀은 실력이 뛰어나긴 하지만 머스크와 비슷하게 고집불통인 면이 있었다. 아마 그들은 서로 많이 부딪혔을 것이다. 머스크는 계속해서 적임자를 찾았다. 하지만 쉽지 않았다. "적당해 보이면 합류하지 않으려 했고, 적당하지 않은 사람은 고용할 필요가 없죠." 결국 일론 머스크가 직접 수석엔지니어 자리를 맡았다.

머스크는 캔트렐도 좋아했는데, 조곤조곤 말하는 이 엔지니어라면 스페이스X의 사업개발 책임자로 적합할 것 같았다. 하지만 캔트렐도 사는 곳을 옮기고 싶어 하지 않았다. 그는 유타주에서 옮겨 오는 대가로 더 많은 연봉과 모든 종류의 보증을 요구했다. 머스크는 수락할 수 없었다. "캔트렐은 결국 합류하지 않기로 했습니다. 잠시 자문을 해 주었을 뿐이죠."

세 번째로 거절한 사람은 로켓과학자 존 가비였다. 그가 머스크의 모험을 열정적으로 지지했던 것을 생각하면 놀라운 일이다. 당시 머스크는 약 450kg의 탑재물을 우주로 쏘아 올릴 수 있는 로켓을 만들 계획이었으나 가비는 머스크의 구상이 과하다고 생각해 좀 더 가볍게 설계하기를 원했다. 또 자기가 운영하는 작

은 항공우주 회사 가비스페이스크래프트Garvey Spacecraft를 머스
크가 인수하기를 바랐다. 그리고 머스크의 말에 따르면 가비가
'최고재무책임자'라는 고상한 직함을 원했다고 하는데, 머스크
는 이 제안을 도저히 이해할 수 없었다. 가비는 재무 경험이 없었
기 때문이다.

이제 머스크의 명단에 남은 사람은 단 두 명이었다. 뮬러는 계
획은 멋진데 돈이 없는 로켓 기업가, 반대로 돈은 많은데 아이디
어가 별로인 로켓 기업가들을 본 적 있었다. 그런데 머스크는 마
음에 드는 아이디어와 벤처 사업의 험난한 개발 단계를 버텨 낼
넉넉한 자본을 다 가진 사람이었다. 무엇보다 뮬러는 새로운 로
켓엔진을 만드는 데 도전하기를 좋아했다. 머스크가 뮬러에게
회사의 지분과 더불어 좋아하는 일에 뛰어들 기회를 제시하자
그는 아내와 의논했다. 당시 뮬러는 항공우주 분야 대기업에서
안정적으로 일하고 있었다. 그러나 뮬러의 아내는 이번 기회를
놓치면 남편이 후회할 걸 알았다. 아내는 남편이 원하는 일을 택
하도록 격려했다. 첫 번째로 계약서에 서명한 뮬러는 스페이스X
의 1호 직원이 되었다.

아이가 아직 어렸던 톰슨은 똑같은 이유로 항공우주업계의 안
락한 자리에서 떠나기를 망설였다. 머스크는 4월 말에 톰슨과 통
화하면서 이런 염려를 덜어 주려 노력했다. 그는 톰슨과 뮬러가
어떤 것을 버리고 자기에게 오는지 잘 알았다. 그래서 두 엔지니
어의 에스크로 계정에 2년치 연봉을 넣어 주었다. 그러면 만에
하나 머스크가 중간에 손을 떼더라도 그들은 소득을 보장받을
수 있다. 머스크의 이 같은 노력은 톰슨이 아내를 설득하는 데 도

움이 되었다. 톰슨이 후회하는 딱 한 가지는 너무 오래 숙고하는 바람에 2호 직원이라는 꼬리표를 달게 된 것이었다.

2002년 5월 6일, 일론 머스크는 스페이스익스플로레이션테크놀로지Space Exploration Technologies를 설립했다. 원래 머스크와 뮬러, 톰슨은 회사를 S.E.T.라고 불렀다. 몇 달이 지나 머스크는 입에 더 잘 붙는 스페이스X라는 별칭을 생각해 냈다.

처음에 세 사람은 계속 공항 호텔에서 만났다. 뮬러는 추진 로켓에 사용할 새로운 엔진을 어떻게 설계하고 있는지 보고했다. 머스크는 그 추진 로켓을 곧 '팰컨1'이라고 불렀다. 팰컨이라는 이름은 영화 〈스타워즈〉에 나오는 전설적인 우주선의 이름을 딴 것이고, 숫자 1은 이 로켓에 주 엔진이 한 개 있다는 뜻이다. 뮬러는 추진 부문 부사장으로서 이 엔진과 로켓의 연료탱크, 액체 추진제가 흘러가는 배관을 개발하기로 했다. 구조 부문 부사장 톰슨은 알루미늄합금으로 최대한 가벼운 프레임을 만들고 비행 과정에서 로켓 단이 분리되는 메커니즘을 설계할 예정이었다.

아직 회사에는 팰컨1에 탑재할 컴퓨터와 소프트웨어를 관리 감독할 항공전자 전문가가 없었다. 가비가 합류했더라면 이 일은 그의 몫이 됐을 것이다. 톰슨은 독일인 엔지니어 한스 퀘니히스만을 그 자리에 추천했다. 퀘니히스만은 당시 캘리포니아 남부에 있는 작은 항공우주 회사 마이크로코즘Microcosm에서 일하고 있었다. 머스크는 전에 그를 만난 적이 있었다. 수개월 전 그 추운 날 모하비 사막에서였다. 그날 퀘니히스만은 소규모 팀으로 저비용 로켓을 만들겠다는 머스크의 계획에 매료되었다.

"말하자면요, 나는 우주인이 되고 싶지는 않았습니다. 그건 내 일이 아닙니다. 하지만 200명의 팀으로 로켓을 만들겠다는 생각은 흥미로웠어요. 2만 명이 아니라 200명이요. 그건 차고에서 로켓을 만든다는 얘기나 마찬가지죠. 컴퓨터가 필요한데 500달러짜리 컴퓨터를 살까요, 아니면 500만 달러짜리 컴퓨터를 사도 될까요, 하고 묻는 것과 같다고나 할까요. 내가 보기엔 그게 그가 하고 싶어 한 일인 것 같았습니다."

이것이 정확히 머스크가 하고 싶어 한 일이었다. 직원들은 머스크의 돈을 쓰고 있었으므로 머스크는 그들이 돈을 아끼게끔 자극을 주었다. 회사 지분을 대부분 머스크가 보유하긴 했으나 초기에 합류한 직원들은 상당히 많은 주식을 받았다. 한 직원이 기존 공급 업체에 부품을 주문하는 대신 사내에서 부품 하나를 만들어 회사가 10만 달러를 절약하게 되면 그 혜택이 모든 직원에게 돌아갔다.

핵심 팀을 꾸린 뒤에 머스크는 회사를 엘세군도의 이스트 그랜드 애비뉴 1310번지에 있는 널찍하고 하얀 건물로 옮겼다. 면적이 2,800m²쯤 되는 이 시설은 그때만 해도 동굴같이 휑해 보였다. 직원 여남은 명이 중앙의 사무 구역에 앉아 있었고 뒤쪽으로는 텅 빈 공장이 펼쳐져 있었다. 나중에는 그 공간을 모두 채우고 마치 넝쿨처럼 여러 채의 사무동으로 확장해 가지만 초창기 스페이스X에는 칸막이로 구분한 방 몇 개와 컴퓨터 몇 대가 있을 뿐 아무런 조직도 없었다.

NASA에서 따분한 정부 일을 했던 벨데는 스페이스X에서 일을 시작하자마자 문화 충격을 겪었다. NASA에서는 컴퓨터에 접속하기 전에 간간한 보안 검사 과정을 거치고 여러 단계의 오리엔테이션을 받았다. 전자빔을 제어하는 기계를 작동하기 전에는 며칠씩이나 훈련 수업을 들었다.

"그 당시 스페이스X에는 그런 게 전혀 없었어요." 벨데가 처음 출근한 날 이야기를 들려주었다. "그냥 출근합니다. 문은 잠겨 있지도 않아요. 안내대에는 아무도 없죠. 일단 출근해서 한스를 만났는데, 복리후생 안내문과 이런저런 자료가 든 꾸러미 하나를 주더군요. 그런 다음 내가 해야 할 일을 알려 줬어요." 그것으로 오리엔테이션은 끝이었다.

꾸러미 안에는 누군가 팰컨1의 비행 종료 시스템에 대해 대충 모아 둔 약간의 기초 자료가 있었다. 미국 영토에서 발사하는 모든 로켓은 발사 이후에 경로를 벗어나면 공군이나 육군 같은 발사안전관이 추진 로켓에 자폭 신호를 보낼 수 있게 하는 메커니즘을 갖추고 있어야만 한다. 경로를 벗어난 로켓이 인구 밀집 지역을 위협할 수도 있으므로 이 시스템에는 절대로 문제가 있어서는 안 된다. 그런 만큼 여러 정부 기관이 설계안을 승인해야 한다. 벨데는 맨 먼저 그 시스템을 만드는 법부터 배워야 했다. 그런 다음 시스템을 설계하고 실제로 만들고 시험하기 전에 정부로부터 필요한 서류를 받아야 했다. 머스크가 1년 안에 로켓을 발사하고 싶어 했으므로 벨데는 서둘러야만 했다.

초창기 직원들은 길고 치열한 나날을 한정된 공간에서 함께 보냈다. 머스크는 일터에서 대체로 자유방임적인 태도를 보였다. 그는 엄격한 규칙 몇 개만 제시했는데, 심한 냄새를 피우지 말 것, 불빛을 깜빡거리지 말 것, 모두 공유하는 작은 방에서 큰 소리 내지 말 것 등이었다. 직원들은 자정을 훨씬 넘겨서까지 일하는 게 일상이었다. 벨데는 책상 밑에 쓰러져 자다가 제안서 작성을 끝내도록 도우라는 말과 함께 발에 채어 깨어난 적도 있었다고 회상했다.

그들은 거의 항상 붙어 있었으므로 협업하기가 쉬웠다. 팀 규모가 하도 작아서 모두가 모두를 알았고 필요에 따라 다른 부서와 협력했다.

"각자 자기 몫을 하는 것은 물론이고 더 많은 짐을 짊어지는 것도 당연했습니다." 톰슨이 말했다. "뮬러에게 뭔가 도움이 필요하면 난 하던 일을 멈추고 달려가서 톰을 도왔죠. 시험대를 설계하는 데 도움이 필요하면 내가 나서곤 했습니다. 반대로 내게 도움이 필요하면 누군가 바로 달려오곤 했어요. 분명 모두 여러 역할을 하고 있었습니다. 관리인까지도요."

그 시절 스페이스X에는 머스크의 다재다능한 비서, 메리 베스 브라운 말고는 사실상 지원 인력이 없었다. 이 말은 관리 인력도 부족했다는 뜻이다. 그윈 숏웰Gwynne Shotwell은 2002년 8월에 사업개발 책임자로 입사해 정부 고객과 위성 발사 회의를 하려고 준비하던 때의 이야기를 들려주었다. 당시 그녀는 군의 고위 관료들을 맞이하기에 적당한지 확인하려고 2층 회의실을 점검했다고 한다. "손님들이 거기 한 시간 정도 있을 예정이었는데, 아주 엉망이더군요. 그래서 진공청소기를 꺼내 왔어요. 사업개발 부사장이 직접 청소기를 돌리고 그다음엔 커피 문제를 해결할 생각이었죠."

직원들은 금요일 아이스크림 심부름도 돌아가면서 했다. 회사에서 2km가 채 안 되는 곳에 유명한 프랜차이즈 아이스크림 가게가 문을 열자 사무실 전통 하나가 빠르게 생겨났다. 이메일로 주문서가 돌면 직원들은 각자 이름이나 별명을 쓰고 뭘 먹을지 골랐다. 예를 들어 랫치킨Rat Chicken은 벨데였고 생일 축하용 아이스크림 케이크도 주문할 수 있었다. 그러면 누군가가, 이번 주는 새 직원이, 다음 주는 부사장이 스페이스X에 하나뿐인 법인 카드를 가지고 가서 주문하고 사무실로 돌아오곤 했다.

"우린 무슨 일이건 다 했습니다." 벨데가 말했다.

인원이 점점 늘자 직원들은 컴퓨터 게임으로 또다시 뭉쳤다. 기나긴 하루를 보낸 뒤에 사무실 직원 대부분은 자기 책상 위 전화기를 회의 상태로 돌리곤 했다. 사무실은 서로 놀리는 말과 허세로 활기를 띠었다. 스페이스X 직원들이 일인칭 슈팅 게임인 '퀘이크3: 아레나'를 설치하고 여럿이 참가해 데스 매치 형식으로 맞붙었기 때문이다. 참가자들은 저마다 캐릭터와 무기를 고르고 가상 경기장에서 목표물을 찾았다.

"어떤 날은 새벽 3시까지 게임을 했어요." 톰슨이 회상했다. "우리는 미치광이들처럼 괴성을 지르고 서로에게 소리쳤습니다. 일론도 전투가 한창일 때 우리와 같이 있었죠."

모두가 밤늦게까지 게임을 한 건 아니었다. 그 당시 사무실에 있던 몇 안 되는 여성 중 하나인 숏웰에게 퀘이크 파티에 관해 물었더니 그녀는 웃으며 대답했다. "한 번도 참여한 적이 없어요. 나에겐 일하기 좋은 시간이었는걸요." 때로 그녀와 메리 베스 브라운은 다른 게임이라도 해야겠다며 농담하곤 했다고 숏웰이 덧붙였다.

사실, 열심히 일하는 팀원들에게는 컴퓨터 게임이라는 도피처가 필요했다. 그러잖아도 주당 80시간을 일하는 직원들에게 불가능한 일을 해내라며 닦달하는 수장을 수류탄으로 산산조각내면서 그들은 통쾌함을 느꼈다. "우린 가끔 스페이스X에서는 개처럼 나이를 먹는다고 농담하죠." 벨데의 말이다. "1년에 일곱 살씩 먹는 겁니다. 그리고 그게 사실이고요."

로켓 회사를 운영하려면 여행을 많이 해야 했다. 스페이스X에는 엔진과 연료탱크 시험장이 필요했고 그다음에는 발사할 곳을 찾아야 했다. 머스크는 잠재 고객들을 만나야 했다. 또 그와 부사장들은 사내에서 만들 수 없는 핵심 부품을 공급해 줄 업체를 찾아야만 했다. 머스크는 로켓엔진만큼은 회사가 직접 개발하기를 원했으나 압력탱크는 공급 업체에서 기꺼이 구매하려 했다. 압력탱크를 만드는 일은 간단치 않다. 극도로 차갑고 쉽게 불이 붙는 연료를 고압 상태로 잘 저장할 수 있는 동시에 가벼워야 하기 때문이다.

2002년 말, 머스크는 위스콘신주 그린베이에 있는 어느 탱크 제조사와 회의를 하기로 했다. 그는 엔지니어 몇 명과 함께 전날 밤에 도착해서 호텔에 묵었다. 크리스 톰슨과 또 다른 초창기 직원 스티브 존슨Steve Johnson은 머스크에게 좋은 인상을 남기려고 일찌감치 일어나 식당에서 아침 뷔페를 먹고 있었다.

"일론이 내려왔어요. 음식이 차려진 곳으로 걸어가서 팝타르트를 한 봉지 집어 들더군요." 톰슨이 그날 이야기를 들려주었다. "우린 대부분 그 빵을 대수롭지 않게 여겼는데, 재밌게도 일론은 꼼짝 못 했어요. 마치 〈2001 스페이스 오디세이〉의 한 장면 같았습니다. 유인원들이 모노리스*를 살펴보는 그 장면 말이에요. 아마 일론이 그날 아침에 본 것 중 가장 황홀했나 봐요."

톰슨은 마침내 머스크가 봉지 하나를 뜯어서 빵 두 개를 토스터에 넣었다고 이어서 말했다. 그런데 머스크는 그 빵을 세로로 넣지 않고 가로로 집어넣는 어리숙함을 보였다. 팝타르트는 잘 구워졌으나 머스크는 기계 안에서 튀어 오르지 못한 아침거리를 꺼내느라 토스터에 손가락을 집어넣어야만 했다. 그다음 순서는 아침 댓바람부터 목청껏 비명을 지르는 일이었다. "앗, 뜨거워! 뜨겁다고, 젠장!" 근처 안내대에 있던 호텔 직원 두 사람이 몹시 당황해하며 침묵 속에 이 광경을 지켜보았다.

그날 일은 잘 풀렸다. 그들이 만난 그린베이의 회사는 스페이스X와 함께할 수 없었지만 대신 밀워키 인근에 있는 스핀크래프트 Spincraft라는 제조사를 소개해 주었다. 그렇게 스페이스X는 마음에 드는 연료탱크 제조사를 찾았다.

머스크는 부사장들과 이런 종류의 여행을 자주 했는데, 그들 사이에 유대를 강화하는 데 도움이 되었다. 그는 분명 함께 일하기 어려운 사람일 수 있다. 하지만 초기에 합류한 직원들은 어떻게든 일을 해내려고 하는 사람, 또 현장에서 바로 결정을 내리는 사람과 함께 일하는 게 얼마나 큰 이득인지 제대로 실감했다. 스핀크래프트가 적당한 가격에 쓸 만한 탱크를 만들 수 있겠다고 머스크가 결정하면 그걸로 끝이었다. 어떤 위원회도 보고서도

---

* 스탠리 큐브릭의 영화 〈2001 스페이스 오디세이〉에 나오는 돌기둥 모양의 신비한 물체.

필요 없이 즉각 일이 처리되었다.

이런 결단력은 엘세군도 사무실에서 회의할 때도 유감없이 발휘되었다. 머스크는 작은 회의실에 여러 팀을 불러 모았다. 다들 추진이나 구조, 항공전자 부문을 담당하는 엔지니어들이었다. 그는 중요한 문제를 간단히 정리했다. 어떤 엔지니어가 해결하기 힘든 문제에 맞닥뜨리면 머스크는 실마리를 제공하고 문제를 해결하도록 하루나 이틀을 준 다음 다시 보고하도록 그 팀에 지시했다. 그사이에 어떤 지침이 필요하면 낮이건 밤이건 자기에게 직접 이메일을 보내라고 했다. 그는 보통 몇 분 이내에 메일에 답했다. 단 한 건의 회의를 진행하는 동안에도 머스크는 아주 우스꽝스러운 사람이었다가, 몹시 심각했다가, 날카로운 질문을 던지다가, 가혹하게 굴다가, 사색에 잠겼다가, 로켓과학의 가장 세밀한 부분까지 엄격하게 따지고 드는 사람이 다 될 수 있었다. 그러나 무엇보다도 그는 초인 같은 힘으로 일을 끌고 나갔다. 일론 머스크가 원한 것은 단 하나, 일을 완수하는 것뿐이었다.

회의석에 앉아 있는 엔지니어들도 어느 정도는 열정으로 무장해야 했다. 일단 그들은 거의 불가능해 보일 만큼 야심 찬 머스크의 구상을 받아들여야만 했다. 그리고 누군가가 더, 더, 더 빠르게 달리라고 계속 재촉하는 와중에 복잡한 기술적 문제를 뚫고 전력 질주할 수 있는 희귀종이어야 했다. 머스크는 어떤 사람이 이런 일에 적합한지 알아보는 재주가 탁월했다. 그와 함께할 사람들은 재능이 뛰어나야 했고 부지런히 일해야 했다. 수작 부리는 일은 있을 수 없었다.

"사기꾼들은 넘치고 진짜 물건은 많지 않습니다." 머스크가 엔지니어를 면접하는 자신만의 방법에 관해 이야기했다. "대개 15분 안에 알 수 있어요. 그리고 며칠만 같이 일해 보면 확실히 알 수 있죠." 머스크는 채용에 공을 많이 들였다. 초창기에 그는 3,000명을 한 사람, 한 사람 직접 면접해서 채용했다. 그러느라 늦은 밤과 주말까지 할애해야 했으나 그에게는 회사에 적합한 사람을 뽑는 것이 무엇보다 중요했다.

카수프만 해도 그렇다. 퀘니히스만이 스페이스X에 합류한 지 겨우 몇 주 지났을 때 그는 팰컨1에 탑재할 컴퓨터용 인쇄회로기판*을 설계하고 조립하는 일을 도와줄 전기기사를 고용해야 했다. 퀘니히스만은 그해 초에 마이크로코즘에서 인턴으로 근무하던 카수프를 알고 있었다. 스물한 살의 조숙한 청년 카수프는 고생하는 데 이골이 나서 어지간해서는 당황하는 일이 별로 없었다. 그는 전쟁으로 폐허가 된 레바논에서 자랐고 대학에 진학하느라 가족의 품을 떠나 미국으로 왔다. 똑똑했지만 돈은 없었다. 매사추세츠공과대학교나 하버드대학교에 다닐 돈이 부족해서 서던캘리포니아대학교에서 주는 전액 장학금을 받았다. 퀘니히스만이 엘세군도의 새 회사 사무실에 들르라고 카수프에게 권했을 때, 그는 아직 학부 공부도 마치지 않은 상태였다.

회사를 얼마 둘러보기도 전에 카수프는 강렬한 눈빛으로 면접 질문을 던지고 싶어 하는 기업가의 맞은편에 앉게 되었다. 머스크는 면접 과정에서 상대의 지식이 아니라 사고 능력을 시험하

---

* 집적회로, 저항기, 콘덴서 따위의 전자 부품을 인쇄 배선판의 표면에 고정하고 그 부품들 사이를 배선으로 접속시켜 전자 회로를 편성한 판.

고 싶어 했다. 그가 카수프에게 던진 첫 질문은 공학적인 수수께끼였다.

"당신이 깃발과 나침반을 가지고 지구상 어딘가에 있다고 칩시다. 깃발을 땅에 꽂습니다. 나침반을 보니 남쪽을 가리키고 있어요. 당신은 남쪽으로 1.6km 걸어갑니다. 그다음 방향을 꺾어서 동쪽으로 1.6km 걸어갑니다. 그런 다음 북쪽으로 1.6km 걸어갑니다. 그랬더니 깃발이 있던 자리에 돌아와 있습니다. 이곳은 어디입니까?"

카수프는 곰곰이 생각했다. 적도는 아니었다. 그랬다면 정사각형 모양으로 걸어야 했을 것이다. 나침반의 방향을 보면 남극도 아니다. 따라서 북극이 틀림없다. 지구 꼭대기에서는 90°씩 방향을 꺾는 것이 결국 삼각형의 세 변이 되기 때문이다. 정답이었다. 머스크는 다음 질문으로 넘어가려고 했다. 그런데 카수프가 말을 끊었다. "잠시만요, 또 다른 지점이 있어요."

이제 머스크는 관심이 생겼다.

"만일 남극의 북쪽에 있다면요." 카수프가 설명을 이어 갔다. "지구의 원주가 정확히 1.6km인 곳이 있어요. 거기서 북쪽으로 1.6km 떨어진 지점에서 출발한다면 남쪽으로 1.6km 가고 지구를 한 바퀴 돌아 다시 1.6km 올라가면 같은 위치에 돌아오게 됩니다."

사실이었다. 머스크는 수수께끼를 더 내지 않고 퀘니히스만이 도움받고 싶어 하는 부분을 논의하기 시작했다. 카수프가 겨우 스물한 살이라거나 대학을 졸업하지 않았다는 점은 문제가 되지 않았다. 그는 그 일을 할 수 있는 사람이었다.

머스크는 고용하고 싶은 사람을 발견하면 집요해진다. 2004년 봄, 불렌트 알탄Bulent Altan은 스탠퍼드대학교에서 항공학 석사 과정을 거의 마쳐가고 있었다. 그는 캘리포니아 북부의 중심지 베이에어리어에서 일을 구할 계획이었고, 아내 레이철 셜즈는 그곳에서 원하던 직장인 구글에 이미 취직한 상태였다. 그런데 알탄의 대학원 친구 몇 명이 그 무렵 스페이스X에서 일하기 위해 로스앤젤레스로 이사했다. 그중 한 명인 스티브 데이비스Steve Davis는 알탄에게 이 회사를 사랑하게 될 테니 한번 보러 오라고 문자메시지를 보내 왔다.

터키 출신으로 독특한 억양을 쓰는 알탄은 겨우 2년 전에 미국으로 왔다. 독일에서 컴퓨터 과학을 공부한 그는 캘리포니아 북부가 마음에 들었다. 그런데 얼마 되지도 않아서, 그것도 복잡하고 스모그 가득한 로스앤젤레스로 다시 옮겨야 한다고 생각하니 별로 내키지 않았다. 그래서 알탄은 그저 데이비스와 몇몇 친구들을 볼 생각으로 여행을 갔다. 그러나 엘세군도 공장에서 친구들을 만났을 때 알탄은 순식간에 스페이스X 특유의 분위기에 빠져들었다. 그때는 회사가 팰컨1의 첫 번째 모델을 완성하기 위해 몰두하던 때였다. 머스크를 만났을 즈음 알탄은 자신이 그곳에서 일하고 싶어 한다는 것을 깨달았다. 하지만 베이에어리어에 정착하려던 계획은 어떻게 하나?

데이비스는 친구가 방문하기 전에 이미 문제를 예상했었다. 그는 알탄처럼 뛰어난 엔지니어를 꼭 데려와야 한다고 머스크를 설득했고, 이제 이 문제는 머스크가 해결해야 할 과제가 되었다. 그의 아내가 샌프란시스코에 직장이 있다고? 로스앤젤레스에 일자리가 필요할 거라고? "일론은 이런 문제를 푸는 데 그 누구보다 뛰어났죠." 데이비스가 말했다.

머스크는 알탄을 만나기 전에 손을 써 두었다. 취업 면접이 절반쯤 진행됐을 때 머스크가 알탄에게 물었다. "L.A.로 이주하고 싶어 하지 않는다고 들었습니다. 그 이유 중 하나는 아내가 구글에서 일하기 때문이라고요. 그래서 내가 좀 전에 래리Larry Page한테 얘기했더니 당신 아내를 L.A.로 전근시켜 줄 거랍니다. 자, 이제 어떻게 할 겁니까?"

문제를 풀기 위해 머스크는 친구인 래리 페이지, 그러니까 구글 공동설립자에게 전화를 건 것이었다. 알탄은 놀란 듯 말없이 앉아 있다가 곧 대답했다. 스페이스X에 와서 일하겠다고. 이튿날 구글에 출근한 셜즈는 놀라운 소식을 들었다. 래리 페이지가 셜즈의 상사에게 전화해서 그녀가 원한다면 당장 구글 로스앤젤레스 사무실로 옮겨도 좋다고 했다는 것이다.

플로렌스 리Florence Li는 스페이스X의 정직원 면접을 보기 전에 보잉과 NASA에서 인턴 활동을 했었는데, 자기 경험에 비추어 볼 때 머스크는 동종 업계의 다른 회사보다 직원들에게 많은 혜택을 주었다. 그는 우주 비행을 향한 목표에 직원들이 수긍하게 하려고 열을 올리면서도 그 이상으로 엔지니어들에게 권한을 부여했다. 스페이스X에서는 신입도 자기 기술을 빠르게 배우고 새로운 책임을 맡을 수 있다. 그때는 관리자도 거의 없었고 모두가 로켓에만 매달렸다. "스페이스X에서 제일 중요한 건 생각하는 법을 배워야 한다는 점이었습니다. 아무도 틀에 박힌 일을 주지 않았고 뭘 하라고 지시하는 법도 없었으니까요. 덕분에 우리는 모두 훨씬 더 훌륭한 엔지니어가 됐죠." 리의 말이다.

카수프는 가끔 텍사스주의 오스틴이나 애리조나주의 투손 같은 곳에 직장을 구한 동창들에게 전화해서 정보를 교환하곤 했다. 록히드마틴에서 일하는 한 친구는 F-35 스텔스 항공기를 담당했는데, 그 일은 회사의 큰 수익원이었다. 공군이 대당 8500만 달러 가격으로 2,000대 이상을 살 예정이었다. 이렇게 말하면 엄청나게 많은 일을 하는 것처럼 생각될지 모르지만 실제로는 그렇지 않았다. 카수프의 친구는 딱 한 가지 일만 했다. 그 항공기의 착륙 장치에 들어가는 볼트 공급 업체를 찾아서 모든 품질 사양을 맞추는 일이었다. 그 볼트 하나가 그가 고용된 이유 전부였다. 카수프의 친구는 직장이 지루하다는 점을 인정했지만 자기 집과 퇴근 후의 생활을 좋아했다. 카수프의 회사 생활은 정반대였다. 일은 짜릿했고, 무슨 일이든 다 해야 했다. "스페이스X에서 내가 맡았던 역할 하나를 설명하기는 힘들어요. 해야 할 일이 계속 바뀌어서 특별히 고정된 역할이 있었던 것 같지 않거든요."

머스크는 직원들을 장시간 일하게 하면서 그들이 밤이고 낮이고 머무르고 싶어 할 만한 환경을 만들었다. 회사는 카페라테와 식사를 책임졌다. 또 부서별로 식품 예산이 있었다. 퀘니히스만이 이끄는 항공전자 부서가 확장하면서 한 블록 떨어진 네바다 211번지로 이전했는데, 머스크는 매주 250달러를 간식비로 지급했다. 간식 배달 업무는 그 부서 직원들이 돌아가면서 맡았다. 테스트 엔지니어였던 후안 카를로스 로페스Juan Carlos Lopez는 멕시코식 소고기 스테이크를 정성 들여 만들어 먹었고, 다른 직원들은 더 간단하면서 열량은 높은 감자튀김과 과자를 사다 먹었다.

항공전자 부서 직원들은 인쇄회로기판 작업이나 하드웨어 시험, 비행 소프트웨어 작성 등의 일을 하다가 잠시 쉴 때 탁구 시합을 하면서 간식을 먹곤 했다.

"이미 할 만큼 하고 있는데도 더 빠르게 하라고 계속 압박이 들어왔어요. 그걸 끊어 낼 뭔가가 절실했어요." 알탄이 말했다. "난 스페이스X에서 그냥 즐기자는 생각이었거든요. 그러지 않았다면 초창기는 정말 살아남기 힘든 시간이었을 겁니다."

그 외에도 머스크는 중요한 면에서 경쟁자들과 달랐다. 스페이스X에서는 실패가 하나의 선택지였다. 대체로 다른 항공우주 회사의 직원들은 인사고과에 나쁘게 반영될까 봐 실수를 두려워했다. 하지만 머스크는 직원들에게 빨리 움직이고 물건을 만들고 다시 부수라고 지시했다. 일부 정부 연구소와 대형 항공우주 회사에서는 엔지니어가 업무 시간 내내 산더미 같은 문서 작업에만 몰두하느라 하드웨어는 만져 보지도 못하는 수가 있다. 팰컨1을 설계한 엔지니어들은 일하는 시간 대부분을 작업 현장에서 보내면서 아이디어를 시험했다. 아이디어에 대해 논쟁을 한 것이 아니다. 그들은 말은 적게 하고 행동은 많이 했다.

로켓 같은 복잡한 시스템을 만드는 데는 기본적으로 두 가지 접근 방식이 있다. 첫째는 선형적 접근 방식으로, 먼저 목표를 정한 다음 그것을 충족하는 데 필요한 항목들을 개발하면서 진행해 나간다. 이어서 하위 시스템의 품질을 수없이 많이 시험한 후 그 하위 시스템을 조립하여 구조, 추진, 항공전자기기 같은 로켓의 주요 부분을 만든다. 이 방식을 따르면 개발을 시작하기 전에 프로젝트를 기획하는 데만 몇 년이 걸린다. 일단 하드웨어를 구축하기 시작한 뒤에는 설계와 주요 항목들을 수정하기가 어렵고 시간과 비용이 많이 들기 때문이다.

이와 달리 반복적 접근 방식은 목표를 정한 다음 거의 즉시 개념 설계, 대상 시험, 시제품 제작으로 뛰어든다. 한마디로 빨리 만들고 시험해서 결함을 발견하고 수정하는 것이 이 방식의 핵심이다. 이것이 스페이스X 엔지니어들과 기술자들이 엘세군도 작업 현장에서 실행한 일이다. 그들은 이 방식으로 초기 시험 모델의 기본 결함을 찾아내고 설계를 수정해서 차츰 완성 단계로 나아가는 데 성공했다.

행성학자 필 메츠거Phil Metzger는 스페이스X 같은 독립 기업이라면 반복적 접근법을 감당할 수 있을 거라고 말했다. 그는 2012년에 NASA의 케네디우주센터에서 스웜프웍스Swamp Works 프로젝트를 공동으로 설립했다. 설립 목적은 NASA가 프로젝트를 신속하게 개발하도록 이끌기 위해서였으나 끝내 정부의 관료주의를 극복하지 못했다.

"우리는 프로젝트 초기에 적합한 반복적 접근 방식을 쓰려고 계속 싸웠습니다." 메츠거가 NASA 시절 경험을 들려주었다.

"그 방식을 적용하려면 실패하는 걸 숨기지 않아야 합니다. 비판적인 사람들이 실패를 비난의 구실로 삼을 때 적절하게 대응해야 하고요. 바로 이 때문에 국가 우주 기관들이 이런 방식을 적용하기 어려워하는 겁니다. 지정학적 사정과 국내 정치는 인정사정이 없으니까요."

스페이스X에서 실패가 선택 사항이었던 까닭은 사장이 직원들에게 불가능한 일을 자주 요구했기 때문이기도 하다. 회의할 때 머스크는 언뜻 어처구니없어 보이는 일을 엔지니어들에게 시키기도 했다. 직원들이 그건 불가능하다고 항변하면 머스크는 엔지니어들이 그 문제에 마음을 열게끔 유도하는 질문과 잠재적 해결책을 가지고 대응했다. 그는 물었다. "그걸 하려면 뭐가 필요할까요?"

가령 머스크는 카수프에게 15m 높이 울타리를 뛰어넘으라고 요구하더라도 불가능하다는 대답은 듣고 싶어 하지 않았다. 그 대신 카수프가 특수한 스프링이 달린 포고스틱^{일명 스카이콩콩}이나 제트팩 같은 1인용 추진 장비라도 요청해서 그 일을 해나가기를 바랐다. 머스크는 엔지니어들이 어려운 문제에 새로운 방식을 시험해 보도록 밀어붙였다. 그들에게 멋진 아이디어만 있다면 머스크는 필요한 자원을 제공해 기꺼이 뒷받침했다.

구조, 추진, 항공전자 부서를 이끌 소수의 전문 인력, 그러니까 톰슨, 뮬러, 쾨니히스만을 고용한 뒤로 머스크는 주로 대학을 갓 졸업한 사람들을 데려왔다. 대부분 업무 외에 다른 볼일이 없는 사람들이어서 야근이 길어져도 언제 퇴근할 수 있냐고 묻거나 따지지 않았다. 그들은 깎아야 할 잔디가 있는 주택이 아니라 아파트에 살았다. 돌봐야 할 아이들이 없었다. 그래서 머스크가 그들에게서 뽑아낼 수 있는 전부를 쥐어짜는 동안 그들은 장시간 힘들게 일했다. 그리고 대부분 자기 인생의 전성기를 스페이스X에 기꺼이 내주었다. 머스크는 매혹적인 노래로 유능한 젊은이들을 불러들이는 세이렌Seiren이었다. 그는 사람들을 취하게 하는 맥주 같은 비전과 카리스마, 대담한 목표와 자원뿐 아니라 무료 카페라테와 콜라를 제공했다. 직원들에게 뭔가가 필요하면 머스크는 수표를 썼다. 회의에서는 직원들이 가장 어려워하는 기술적인 문제를 해결할 수 있게 도왔다. 늦은 밤에도 계속 일하며 직원들과 함께 현장에 있는 날도 많았다. 그리고 직원들에게 자극이 필요할 때면 특유의 눈빛이나 몇 마디 날카로운 말을 효과적으로 사용했다.

머스크는 그 모든 것을 동원해 엔지니어들이 발사에만 집중할 수 있게 했다. 원래 그는 스페이스X가 2003년 말까지 첫 로켓을 발사하기를 원했다. 머스크는 남자 화장실 소변기 위에 이 일정을 붙여 두었다. 회사는 날짜를 지키지 못했지만 2003년 하반기에는 반짝이는 공장 바닥이 로켓 부품들로 채워지기 시작했다. 불과 2년 후인 2005년 12월 하순, 스페이스X는 지구 반대편에서 카운트다운 하며 발사대에 로켓을 세웠다. 궤도를 향해 이토록 광적으로 돌진하는 태도는 머스크가 엘세군도 건물에 불어넣은 직장 문화와 함께 시작됐다. 그는 자기 손에 직접 기름을 묻히고, 아이디어가 자유롭게 흐르는 기술회의를 길게 열고, 늦은 밤 게임 시간을 허용하면서 돌진해 나갔다. 물론 못 견딘 사람들도 있었다. 그 까다로운 문화에 적응하고 받아들이거나 아니면 떠났다.

머스크가 스페이스X에서 가장 듣기 싫어했던 말은 "하지만 언제나 그렇게 해 왔는걸요"였다. 점점 늘어나는 직원들은 경력자든 초보자든 모두 어딘가 다른 곳에서 왔다. 학교에서 바로 채용

되지 않은 사람들, 특히 기술자들은 보잉이나 록히드처럼 자신들만의 문화가 있는 대형 항공우주 회사에서 왔다. 이런 회사들은 대개 정부 사업으로 먹고사는데, 고객이 원하는 바를 따르면서 자기들의 이윤을 극대화하는 그들만의 사업 방식이 있었다. 계약 기간을 길게 잡는 방법도 그중 하나다. 미국 정부가 시간에 대한 비용을 치르고 있기에 가능한 일이었다. 초창기 엘세군도에서 열린 회의에서 보잉과 록히드를 거쳐 온 직원들은 자신들의 이전 회사와 일 처리 방식의 장점을 늘어놓으며 농담을 주고받기 시작했다.

머스크는 목소리를 높여 그 논의를 끝냈다. "여러분은 이제 스페이스X에서 일합니다." 그는 단호하게 못을 박아 말했다. "그 이야기를 한 번만 더 꺼내면, 우린 심각한 문제를 겪게 될 겁니다."

메시지는 분명했다. 그들이 어디에서 왔든 그곳에서 무엇을 배웠든 그들은 이제 스페이스X의 일원이었었다. 머스크는 세상을 바꾸기 위해 그들 모두를 직접 고용했다. 그들 앞에는 해야 할 일이 있었다. 그것도 상당히 어려운 일이.

2

멀린 MERLIN

2002년 8월~2003년 3월

톰 뮬러는 2003년 3월의 마흔두 번째 생일을 고대했다. 지난 한 해 동안 많은 일이 정신없이 이어졌다. 스페이스X에 합류한 이후 뮬러는 팰컨1의 엔진을 설계하는 데 저돌적으로 뛰어들었다. 특히 지난 반년은 어떻게 보냈는지도 모르게 지나갔다. 먼저, 핵심 직원 몇 명을 고용해 작은 팀을 꾸렸다. 그다음에는 캘리포니아에서 텍사스로 나라의 절반을 가로질러 이동하며 엔진을 시험했고 마침내 그가 이끈 팀이 멀린^{Merlin} 엔진의 심장을 완성했다. 이제 뮬러의 생일에 촛불을 밝힐 차례였다.

멀린의 심장이라 할 수 있는 연소실의 첫 시험을 앞두고 뮬러는 값비싼 술 한 병을 텍사스주 맥그레거^{McGregor}로 가져갔다. 몇 주 전에 그는 메리 베스 브라운의 책상에서 병 모양이 특이한 코냑을 발견했다. 얼마 전에 열린 우주 콘퍼런스에서 남은 거라고 그녀가 말했다. 소매가 1,200달러짜리 술이었다.

강렬한 인상을 받은 뮬러는 그 술을 텍사스로 가져가 추진팀이 엔진을 처음 가동하는 날을 축하하고 싶다고 메리 베스 브라운에게 말했다. 그녀도 동의했다. "그래서 그 병을 가져왔죠. 그때가 연소시험 한 달 전쯤이었습니다. 술병을 맥그레거 사무실 캐비닛에 넣고, 엔진 가동 때까지 아무도 건드리지 말라고 팀원들에게 말했어요. 그러고는 정말로 손대지 않았죠."

3월 11일 밤 9시 50분, 추진팀은 액체산소와 등유^{케로신}가 뒤섞이고 연소할 엔진 연소실 가동 준비를 완료했다고 선언했다. 그들은 엔진을 점화하고 0.5초간 가동했다. 멀린 엔진은 바라던 대로 연소했고 폭발 없이 작동을 멈췄다. 마땅히 축하해야 할 순간이었다. 뮬러는 작은 종이컵을 돌리고 코냑을 따르기 시작했다. 몇 잔 마신 후에야 그들은 맥그레거 시험장에서 와코 외곽에 빌린 아파트까지 돌아가려면 25분 정도 운전해야 한다는 사실을 깨달았다. 그 당시 추진팀은 인원이 몇 안 돼서 숙소에서 일터까지 허머^{Hummer} H2 차량을 함께 타고 다녔다. 시험장 감독이자 엔지니어인 팀 부자^{Tim Buzza}가 운 나쁘게 운전사로 뽑혀 그 밤에 흰색 허머를 몰고 84번 국도를 달렸다.

숙소로 가는 길은 대체로 순조로웠다. 국도에서 빠져나와 아파트 쪽으로 접어드는 길을 타려고 부자가 속도를 줄이기 전까지는 말이다. 밝은 불빛이 백미러에 비쳤다. 경찰관이 순찰차 사이렌을 켜고 허머를 길가에 세웠다. 그곳은 텍사스였다. 그들은 술을 마신 상태였다. 상황이 좋지 않았다. 뮬러는 차 안에 흐르던 분위기를 기억했다. "우린 이런 생각을 했죠. 젠장, 전부 감옥에 가겠군."

주 경찰관이 다가오더니 부자를 허머 밖으로 끌어냈다. 그러고는 차량 후미 쪽으로 부자를 데리고 가 나무라듯 물었다. "말해 봐요, 무슨 일이죠?"

부자는 뭘 잘못했는지 집히는 게 없었다. 허머는 어떤 교통법규도 위반하지 않았고 딱히 속력을 내지도 않았다. 아마 화려한 흰색 허머가 경찰관의 관심을 끌었으리라 짐작했다. 텍사스 시골 도로를 달리는 차량은 대부분 낡아빠진 픽업트럭과 농기계들이었다.

부자는 있는 그대로 말하는 게 최선이라고 생각했다. 그래서 자기들이 방금 약 27t짜리 로켓엔진을 처음으로 가동했고, 그러느라 그날 밤늦게까지 일했으며, 차에 탄 사람들은 그저 이 길로 조금 더 달려서 집에 가 잠을 자고 싶을 뿐이라고 설명했다.

경찰관은 그런 터무니없는 이야기는 생전 처음 들어 본다며 사실대로 말하는 게 좋을 거라고 하더니 일단 가던 길을 가라고 했다. 그러고는 흰색 허머를 뒤쫓아 숙소까지 따라왔다. 숙소에 도착해서 추진팀은 잠에 빠져들었다. 톰 뮬러가 절대 잊지 못할 생일이었다.

뮬러는 아이다호주 세인트매리스에서 자랐다. 캐나다 국경 아래로 160km쯤 떨어진 작은 마을로, 1년 중 절반 정도는 밤 기온이 영하로 내려가는 곳이다. 고등학교의 마스코트는 벌목꾼인데, 그것만 봐도 이 지역 경제가 무엇을 중심으로 돌아가는지 알 수 있다. 실제로 톰이 어렸을 때 뮬러의 아버지는 아이다호를 가로질러 통나무를 운반했다. 그러다 뮬러가 고등학교를 졸업할 무렵이었던 1979년에 작은 불도저를 사들였다. 아버지는 벌채

된 산에 흩어져 있는 원목을 운반하기 좋은 장소까지 불도저로 날랐다.

청소년기를 거치며 뮬러는 아이다호의 작은 마을에서 벌목꾼으로 살기보다는 다른 인생을 살고 싶다고 느꼈다. 물론 흙투성이 자전거를 타고 친구들과 숲을 누비며 노는 건 정말로 재미있었다. 한편으로는 SF 소설을 읽으며 도서관에서 많은 시간을 보내기도 했다. 그리고 언제나 로켓에 관심이 있었다. 뮬러는 할아버지 댁 마당에서 모형 로켓을 발사하곤 했다. 독서와 로켓을 좋아하고 가만히 있지 못하는 성격이었음에도 뮬러는 북부 아이다호 이외의 세계에 대해서는 현실적으로 아는 게 없었고 장차 뭘 할지 특별히 생각해 보지도 않았다.

그러다 고등학교 기하학 수업 시간에 뜻밖의 행운이 찾아왔다. 제자가 수학에 소질이 있음을 알아차린 게리 하인즈 선생님이 뮬러에게 물었다. "뮬러, 너 수학을 정말 잘하는구나. 엔지니어가 될 거지?"

손을 써서 일하기 좋아하고 날아다니는 것들을 좋아했던 뮬러는 아마 항공기 정비사가 될 것 같다고 대답했다.

선생님은 뮬러가 그 이상의 일을 할 수 있을 거라고 격려했다. "비행기를 고치는 사람이 되고 싶니, 아니면 그 비행기를 설계하는 사람이 되고 싶니?" 뮬러는 선생님 말씀이 인상 깊었다. 하인즈 선생님은 뮬러가 대학에 진학하는 데 도움이 되도록 수업 과목을 조정해 주었다. 그래서 친구들이 졸업반 현장 학습을 하거나 쉬운 수업을 들을 때 뮬러는 미적분과 고급 생물학 수업을 들었다.

샘 커밍스 선생님도 지대한 영향을 끼쳤다. 커밍스 선생님은 학생들의 재능을 발견하고 그것을 발현하게끔 장려하는 열정적인 교사로, 많은 제자의 삶에 영향을 끼친 분이었다. 그는 세인트매리스 고등학교에서 34년 동안 과학을 가르치며 국가와 주에서 주는 상을 여러 번 받았다. 특히 학생들이 과학경시대회에 참가하도록 독려했다. 뮬러도 선생님의 권유에 따랐고, 아버지의 용접 토치로 로켓엔진을 만들었다. 그 결과, 1978년 국제과학기술경진대회 참가 자격을 얻은 뮬러는 대회에 참가하기 위해 태어나서 처음으로 캘리포니아주 남부 애너하임으로 가는 비행기를 탔다.

고등학교를 마친 뮬러는 세인트매리스에서 약 100km 떨어진 아이다호대학교에 진학할 돈을 어렵게 모았다. 그러나 아직 벌목에서 완전히 벗어나지는 못했다. 학비를 대려면 여름마다 집에 돌아와 벌목용 사슬톱을 가지고 숲으로 가야 했다. 등골이 빠지도록 힘든 일이었지만 보수가 좋았다. 뮬러는 벌목 구역의 나무를 우선 넘어뜨린 다음, 운반하고 처리하기 쉽도록 나무 윗부분을 잘라내는 일을 하면서 산비탈에서 힘들고 뜨거운 날들을 보냈다. 여름 해는 아침 5시 전에 떴고 밤 9시까지 지지 않았다. 그는 동료 한 명과 서로 부르는 소리가 들리는 거리에서 일했다. 사슬톱이 돌아가는 소리가 한동안 멈추면 동료가 괜찮은지 확인하는 것이 규칙이었다.

1982년 여름 어느 날, 뮬러는 죽은 나무 근처에 있던 나무 한 그루를 베었다. 이런 일은 벌목에서 손에 꼽을 만큼 위험한 작업 중 하나다. 뮬러는 목표했던 나무를 벤 다음, 그 충격으로 죽은 나무가 자기 쪽으로 넘어지지 않는지 확인하려고 세심하게 살폈다. 죽은 나무는 잠시 흔들렸으나 곧 진정되는 것 같았다. 뮬러는 숨을 내쉬고 잠시 쉬려고 사슬톱을 땅에 내려놓느라 몸을 숙였다. 그리고 다시 일어서며 그 나무를 힐끗 돌아보았다. 죽은 나무가 소리도 없이 넘어지기 시작했고 빠르게 그의 시야를 덮쳤다. 뮬러는 간발의 차이로 그 자리를 피했다. "돌아보지 않았으면, 난 죽었을 겁니다." 다행히 뮬러는 돌아보았다. 나무는 뮬러의 왼발만 스쳤고 그는 발목을 접질렸다.

뮬러가 대학을 졸업하는 데는 5년이 걸렸다. 어느 한 해 여름에 벌목 회사가 집에 돌아온 벌목꾼들을 고용하지 않았기 때문이었다. 뮬러는 학비를 버느라 한 학기를 쉬어야만 했다. 그렇게 졸업하고 이제 막 기계공학자가 된 뮬러는 그다음에 무엇을 할 것인가 하는 어려운 문제와 마주했다.

몇 년 전, 친척 한 명이 아이다호대학교에 다녔고 기계공학을 전공했었다. 그는 존슨콘트롤즈라는 산업건축 회사에 취직해서 캘리포니아로 갔다. 하지만 그는 일에 전념하지도 않았고 그곳에 정착하지도 않더니 곧 세인트매리스로 돌아왔다. 그는 학위를 숨기고 마을에서 쓰레기를 수거하는 일자리를 얻었다.

뮬러는 그런 이야기에 위축되지 않았다. 대학을 마치자 현지 지게차 회사가 일자리를 제안했다. 아이다호의 주도 보이시에 있는 휴렛팩커드에서도 제안이 왔다. 하지만 뮬러는 두 회사 어디에서도 일하고 싶지 않았다. 그는 3, 4학년 때부터 모형 로켓을 발사했고 투박한 로켓엔진을 만들었다. 뮬러가 무엇보다 하고 싶었던 일은 아이다호를 벗어나 진짜 로켓을 만드는 것이었다. 뮬러는 캘리포니아로 이주하기로 마음을 정하고 부모님께 알렸다.

당시 그는 대학에서 아내를 만나 결혼한 상태였고 장모님이 로스앤젤레스에 살고 있었다. 아직 직장을 구하기 전이었으나 뮬러는 남부 캘리포니아야말로 항공우주 분야 일자리를 찾기 좋은 곳임을 알았다. 부모님은 아들이 미쳤다고 생각했다. 아버지는 대학을 졸업한 청년이 수백만 명은 될 거라며 뮬러를 말렸다. 우주왕복선 시대가 막 시작되었다. 누구나 그런 직업을 선망했다. 뮬러는 어째서 자기가 그런 직장을 구할 수 있으리라 확신했을까?

"그게 일론이 나를 좋아한 이유인 것 같아요. 난 아주 낙관적이었거든요. 아버지는 정말 비관적인 분이었는데, 내 낙관주의가 어디서 왔는지 모르겠습니다. 하지만 난 그냥 이렇게 생각했어요. 아니야, 난 직장을 구하고 로켓을 만들 거야. 가서 원하는 일을 하게 될 거야. 나를 막는 건 아무것도 없어."

부모님은 그가 돌아오게 될 거라고, 숲도 기다리고 있을 거라고 했다. 그러나 뮬러는 다시 돌아오지 않았다. 로스앤젤레스에 가기로 한 결정은 그가 TRW와 스페이스X에서 차례로 로켓엔진을 설계하는 첫걸음이 되었다. 그리고 2020년, 거의 10년 만에 미국 땅에서 날아올라 궤도에 도달하는 우주인은 뮬러가 설계한 로켓엔진 꼭대기에 앉게 된다.

뮬러는 1985년 여름에 로스앤젤레스에 도착해 이력서를 발송하기 시작했다. 특별히 내세울 만한 이력은 없었다. 사실 그런 경험은 하나도 없었고 성적은 그저 그랬다. 그는 5월부터 8월까지 10여 통의 편지와 이력서를 보냈다. 단 한 군데서도 회신이 없었다. 공학 잡지에 실린 전화 영업 회사에도 이력서를 보냈다. 여전히 소식이 없었다. 여름이 끝나 가자 점점 조바심이 났다. 불신에 찬 아버지의 목소리가 마음 깊숙한 곳에서 메아리쳤다. 꿈의 도시가 그의 꿈을 서서히 짓밟자 자존심을 굽히고 아이다호로 돌아가야 할지도 모른다는 두려움이 일었다.

돌파구가 마련된 것은 그해 가을 항공우주 취업박람회에 참석했을 때였다. 뮬러는 이력서상으로는 눈에 띌 만한 특징이 없었지만 직접 만나 보면 로켓에 대한 열정과 지식이 넘쳐흐르는 사람이었다. 그는 면접을 세 번 봤고 세 번 모두 취업 제안으로 이어졌다. 로켓다인Rocketdyne은 우주왕복선 주 엔진에 관한 일을 제안했다. 일은 더할 나위 없이 마음에 들었으나 급여가 낮았다. 제너럴다이내믹스General Dynamics는 스팅어 지대공미사일 부서에 들어오라고 제안했고 뮬러도 흥미를 느꼈다. 그런데 뮬러가 로스앤젤레스 서쪽 포모나에 있는 그 회사 시설에 차를 몰고 갔을 때 스모그가 마치 산불처럼 그를 온통 에워쌌다. 마음에 안 들었다. 휴스에어크래프트Hughes Aircraft는 위성에 관한 업무를 제안했다. 로켓엔진은 아니었으나 보수가 훌륭했고 엘세군도에 있는 회사 위치가 마음에 들었다. 뮬러는 그 일을 맡았다.

몇 년 후, 친구를 통해 TRW에서 사람을 구한다는 소식을 들었다. TRW는 자동차 부품 및 항공우주 기계를 만드는 큰 회사로, 우주 분야에서 흥미로운 일을 많이 하고 있었다. 닐 암스트롱Neil Armstrong과 버즈 올드린Buzz Aldrin을 달에 보낸 바로 그 로켓엔진도 TRW의 작품이었다.

TRW로 옮긴 뮬러는 15년간 그곳에서 크고 작은 로켓엔진을 개발했다. 1990년대 중반에는 TR-106 프로젝트에 착수했다. 수십 년 만에 탄생한 아주 강력한 로켓엔진 중 하나였다. 액체연료를 사용하는 이 신형 엔진의 추력은 약 300t으로, 우주왕복선의 주 엔진보다 30% 더 강했다. 뮬러는 TR-106 엔진으로 보잉의 새 로켓 델타4Delta IV에 동력을 공급하는 계약을 따내고 싶었다. 뮬러의 말에 의하면 TRW는 대당 약 500만 달러로 엔진을 만들 수 있을 거로 추산했다고 한다. 그러나 보잉은 로켓다인이 만든 엔진을 선택했다. 추진 분야에서 오랜 전통을 자랑하던 로켓다인은 비유하자면 로켓엔진계의 나이키나 루이뷔통이었다. 그래서 그들이 TRW보다 네 배나 더 높은 금액을 제시했는데도 보잉은 그 엔진을 택했고, TRW는 아무런 항의도 하지 않았다. "우리 엔진은 멋지게 작동했습니다." 뮬러가 말했다. "하지만 회사는 우리 엔진을 뒷받침해 주지 않았어요. TRW는 로켓에는 진정으로 관심을 기울이지 않았습니다. 오로지 우주선에만 관심이 있었죠. 그들이 로켓 만드는 직원들을 데리고 있었던 건 우주선에 어쩔 수 없이 로켓이 필요했기 때문이었습니다."

TR-106 엔진 작업을 시작했을 즈음, 뮬러는 반응연구동호회 모임에도 참석하기 시작했다. 동호회 회원들은 주말마다 도심에서 북쪽으로 두세 시간씩 운전해 가서 자기들이 만든 것을 발사하곤 했다. 뮬러는 이 모임에서 존 가비를 포함해 생각이 비슷하고 열정 넘치는 사람들과 친구가 되었다. 마음이 잘 통했던 뮬러와 가비는 함께 로켓엔진을 개발했는데, 약 5.4t의 추력을 내는 그 엔진은 아마추어 로켓엔진 중에서 세계 최강이라 할 만했다. 뮬러가 기술 작업 대부분을 맡았으며 가비는 산업단지에 작업 공간을 갖추고 엔진의 연료탱크를 만들 재원을 마련했다. 그들은 자기들이 만든 로켓에 'BFR'라는 애칭을 붙였다. '졸라 큰 로켓Big Fucking Rocket'의 줄임말이다.

2002년 1월, 가비는 뮬러에게 일론 머스크라는 인터넷업계 백만장자가 돌아오는 주말에 작업장에 들러 뮬러를 만나고 아마추어 엔진을 보고 싶어 한다고 전했다. 뮬러는 대수롭지 않게 생각했다. 며칠 후 머스크와 그의 아내 저스틴이 작업장 안으로 걸어 들어오기 전까지는 말이다. 저스틴은 임신 중이었고 딱 봐도 그 사실이 드러났지만 시내에서 저녁 시간을 보내기에 적당한 옷을 못 입을 정도는 아니었다. 그들의 우아한 차림은 땀에 얼룩진 로켓과학자들 모습과 뚜렷이 대조를 이루었다. 머스크가 들어섰을 때 뮬러와 가비는 약 36kg짜리 엔진을 볼트로 기체에 접합하려 애쓰고 있었다.

"더 큰 것도 작업해 본 적 있습니까?" 머스크가 물었다.

뮬러는 대형 TR-106 엔진을 비롯해 예전에 작업했던 몇 가지 추진 프로젝트에 관해 설명했다. 머스크는 계속해서 질문을 쏟아냈다. 추력에 관한 기술적 세부 사항, 분사기의 구조, 가장 중요한 비용까지 꼬치꼬치 캐물었다. 머스크는 강력한 엔진을 만들려면 비용이 최소한 얼마나 들지 뮬러와 좀 더 이야기하고 싶었으나 그날 저녁에 다른 일정이 있었다. 머스크는 그다음 주말에 다시 만날 수 있겠는지 물었다.

뮬러는 머뭇거렸다. 55인치 와이드 스크린 TV를 새로 장만해서 커다란 캐비닛 위에 설치한 지 얼마 되지 않았기 때문이다. 그 당시만 해도 HD TV는 최신 유행하는 신기술이었고 폭스 채널에서는 사상 처음으로 미식축구 챔피언 결정전을 와이드 스크린 포맷으로 제작하고 있었다. 뮬러는 새 TV를 친구들에게 자랑하고 싶어서 아내와 함께 파티를 계획해 둔 참이었다. 그런데 머스크가 제멋대로 끼어들었다. 롱비치에 있는 뮬러 집에서 열린 그 축구 행사에 머스크와 가비, 또 다른 추진 전문가 몇 명이 참석한 것이다.

"한 플레이 정도 겨우 봤던 것 같습니다." 뮬러가 회상했다. 3개월 뒤에 그는 결국 스페이스X에 합류했다.

2016년 봄, 아마존 설립자 제프 베이조스Jeff Bezos는 기자 몇 명을 워싱턴주 켄트에 있는 로켓 공장으로 초대했다. 그전까지 언론의 내부 출입을 한 번도 허용하지 않았고 15년간 베일에 싸여 있던 베이조스의 우주 기업, 블루오리진Blue Origin이 마침내 모든 계획을 밝히려는 참이었다. 머스크처럼 베이조스도 우주에 나가는 데 비용이 많이 드는 점이 인류의 태양계 진출을 방해하는 핵심 요인이라고 생각해서 재사용할 수 있는 로켓을 개발하고 있었다.

베이조스는 세 시간 동안 반짝거리는 공장 내부를 직접 안내하며 블루오리진의 관광용 우주선과 육중한 로켓엔진, 거대한 3D프린터를 차례로 보여 주었다. 또 자신의 기본 철학인 '그라다팀 페로키테르Gradatim ferociter', 즉 '단계적으로 맹렬하게'라는 뜻의 라틴어를 소개했다. 베이조스는 로켓 개발의 출발점은 엔진이라고 설명했다. 블루오리진은 그 당시 BE-4로 알려진 4세대 엔진을 개발하는 중이었다. "로켓은 원료를 구매해서 필요한 부품을 생산하고 현장에 조달하기까지 시간이 오래 걸리는 품목이죠." 파란색과 흰색이 어우러진 체크무늬 셔츠에 유명 디자이너 브랜드 청바지를 입고 태평하게 공장을 거닐며 베이조스가 말했다. "운송 수단 하나만 놓고 보더라도 엔진 개발은 시간이 걸리는 항목입니다. 만드는 데 6년이나 7년이 걸립니다. 낙관적인 사람이라면 4년 안에 할 수 있다고 생각하겠지만 적어도 6년은 걸립니다."

2019년 가을, 나는 머스크의 제트기를 타고 가면서 이 이야기를 그에게 들려주었다. 토요일 오후였고 우리는 로스앤젤레스에서 텍사스로 가는 길이었다. 원래는 그 전날 이른 저녁에 캘리포니아주 호손Hawthorne에 있는 스페이스X 공장에서 인터뷰하기로 했었는데, 예정보다 한 시간이 지나 머스크의 비서가 미안해하며 문자메시지를 보내왔다. 머스크의 기분이 몹시 좋지 않아서 인터뷰를 다른 날로 미뤘으면 한다는 내용이었다. 나는 호텔로 돌아와 집으로 돌아갈 준비를 했다. 그런데 비서가 다시 전화를 걸어왔다. 머스크가 텍사스 남부에 있는 스타십 개발 공장을 방문할 예정인데, 내가 따라가고 싶은지 궁금해한다는 것이었다. 마다할 이유가 없었다. 인터뷰는 비행 중에 하기로 했다.

머스크의 세 아들이 반려견 마빈을 데리고 아빠의 여행을 따라왔다. 마빈은 애니메이션 캐릭터 '화성인 마빈'에서 따온 이름이었다. 녀석은 털이 잘 손질됐고 훈련도 잘된 쿠바 원산 허배너스 종이었다. 마빈은 자기 주인을 아주 좋아해서 머스크의 발치에 머물렀다. 우리는 인터뷰를 하기 위해 비행기 뒤쪽 탁자에 둘러앉았다. '핵무기로 화성을 공격하라'는 뜻의 구호 Nuke Mars*가 인쇄된 검은색 티셔츠에 검은색 청바지를 입은 머스크는 아이들이 아빠의 지나온 이야기를 들었으면 하고 바랐다.

제프 베이조스의 엔진 개발 일정을 듣고 머스크는 웃었다. "솔직히 말해서 베이조스는 공학을 잘 몰라요. 실은 말이죠, 난 훌륭한 공학자를 잘 알아봅니다. 또 나는 팀의 공학적 효율성을 최적화하는 데 아주 능하죠. 난 공학을 잘하는 편입니다. 설계 결정은 좋든 나쁘든 대부분 내가 해요." 그가 자화자찬하는 것 같은가? 어쩌면 그렇다. 하지만 스페이스X는 머스크의 주도로 3년도 안 돼서 첫 로켓엔진을 만들고 시험했다.

머스크와 베이조스는 적어도 로켓을 만드는 과정이 엔진에서 시작한다는 데는 동의할 것이다. 알고 보면 엔진engine이 엔지니어engineer의 어원이다. 로켓의 추진 시스템은 이론적으로는 간단하다. 산화제와 연료가 각각의 탱크에서 분사기로 흘러들고 그 둘이 연소실로 들어가면 분사기는 그것들을 잘 섞는다. 연소실 안에서 연료는 점화되고 연소하여 엄청나게 뜨거운 배기가스를 만든다. 엔진 노즐은 이 배기가스를 로켓이 가려고 하는 반대 방향으로 배출한다. 그러고 나면 모든 작용에는 크기가 같고 방향이 반대인 반작용이 따른다는 뉴턴의 운동 제3법칙이 뒤를 책임진다.

---

* 화성에 핵무기를 터트려 대기 온도를 지구만큼 올릴 수 있을 정도의 이산화탄소를 방출하면 화성의 대지가 인간이 살기에 적합한 조건이 될 것이라는 일론 머스크의 제안을 담은 구호.

그러나 연료의 흐름을 관리하고 연소를 통제하고 폭발력을 이용해서 무언가를 하늘로 쏘아 올리는 기계를 실제로 만드는 현실은 엄청나게 복잡하다. 연료 효율은 말할 것도 없다. 로켓엔진의 추력은 연소하는 연료의 양과 배출 속도, 압력에 달렸다. 이 변수들 각각이 클수록 엔진 추력이 커지고 더 무거운 화물을 궤도에 올릴 수 있다. 반대로 충분한 추력을 내는 데 필요한 연료가 너무 많거나 엔진이 너무 무거우면 로켓은 절대 지상을 떠날 수 없을 것이다.

머스크는 추진에 관한 한 뮬러가 그냥저냥 괜찮은 엔지니어가 아님을 일찍이 알아보았다. 뮬러는 아주 뛰어난 엔지니어였다. 팰컨1 로켓용으로 머스크가 원한 것은 약 32t의 추력을 내는 가볍고 효율적인 엔진이었다. 그 정도면 작은 위성을 궤도로 올리는 데 충분할 거라고 판단했기 때문이다. 뮬러는 TRW에서 몇 가지 엔진을 설계하고 만들었는데, 이보다 더 강력한 것도 있었고 약한 것도 있었다. 그 엔진들에 적용했던 개념과 아이디어 중 일부를 멀린 엔진에도 적용했겠지만 뮬러의 말로는 그와 머스크가 '백지'에서 다시 설계를 시작했다고 한다. 업계에 있는 뮬러의 친구들은 정부의 뒷받침 없이 완전히 새로운 액체연료 로켓엔진을 만들기는 불가능하다고 생각했다. "친구들 모두가 민간기업은 로켓엔진을 만들 수 없다고 하더군요. 그러려면 정부의 도움이 필요하다고요." 뮬러가 회상했다.

스페이스X라고 해서 사전 작업 없이 뚝딱 멀린 엔진을 만들어 낸 것은 아니었다. 거의 모든 로켓엔진이 그렇듯 멀린도 이전 작업에서 진화했다. 예를 들어 뮬러는 다양한 엔진을 많이 개발하긴 했어도 터보펌프 설계 경험은 부족했다. 로켓은 엄청난 양의 추진제를 사용하는데, 터보펌프는 추진제를 가능한 한 빠르게 로켓엔진으로 공급하는 기계다. 팰컨1 로켓 안에서 액체산소와 등유는 각각의 탱크에서 빠르게 회전하는 펌프로 흘러가고, 펌프는 이 추진제를 고압으로 내뱉어서 최대 추력을 내도록 준비된 연소실로 공급한다. 뮬러가 가장 먼저 해결해야 했던 과제는 터보펌프를 어떻게 만드는가 하는 것이었다.

NASA는 1990년대 후반에 거의 멀린 엔진만큼 강력한 패스트랙Fastrac이라는 로켓엔진을 개발했었다. 패스트랙은 액체산소와 등유를 같은 비율로 섞어 사용했고 분사기도 멀린과 비슷했다. 재사용 가능성도 있었다. 그런데 NASA는 일련의 연소시험에 성공하고도 2001년에 이 프로그램을 폐기했다. 멀린과 패스트랙의 몇 가지 공통점을 생각하면 패스트랙 엔진용으로 NASA가 만든 터보펌프를 스페이스X가 사용할 수도 있을 것 같았다. 패스트랙 폐기 직후인 2002년에 뮬러와 머스크는 앨라배마주에 있는 NASA의 마셜우주비행센터를 방문해서 자기들이 터보펌프를 가져도 되겠는지 물었다. 스페이스X가 NASA의 조달 프로그램을 통과한다면 가능할 것이라는 대답이 돌아왔다. 그러려면 1~2년은 걸릴 텐데, 스페이스X는 일정상 그럴 여유가 없었다. 그래서 머스크와 뮬러는 그 터보펌프를 만든 바버니콜스Barber-Nichols라는 업체를 찾아갔다.

바버니콜스는 패스트랙의 터보펌프를 만드느라 아주 골치가 아팠다고 했다. 그런데 그보다 더 큰 엔진에 맞는 작업을 하려면 많은 부분을 재설계할 필요가 있었다. 바버니콜스와 스페이스X

의 엔지니어들은 서로 왕래하며 문제를 해결해 갔다. 뮬러가 콜로라도에 있는 바버니콜스 본사를 방문한 어느 날, 한 설계자가 뮬러에게 엔진 이름을 제안했다. 머스크는 로켓 이름을 팰컨매으로 정한 뒤 엔진 이름은 뮬러가 붙여도 좋다고 했다. 다만 FR-15 같은 이름은 아니어야 한다는 단서를 달았다. 명사로 된 이름이어야 했다. 바버니콜스의 한 직원은 매를 부리는 사냥꾼이기도 했는데, 뮬러에게 매 이름을 따서 로켓엔진 이름을 지으라고 권했다. 그러더니 다양한 종류의 매 이름을 나열하기 시작했다. 뮬러는 1단 엔진 이름으로 중간 크기 매인 멀린을 골랐다. 2단 엔진은 가장 작은 매 이름을 따서 케스트럴Kestrel이라고 부르기로 했다.

2003년, 마침내 바버니콜스는 재설계한 터보펌프를 스페이스X에 납품했다. 하지만 큰 문제들이 여전히 남아 있었다. 그래서 뮬러와 그의 팀은 터보펌프 기술 속성 과정을 시작해야 했다. "나쁜 소식은 우리가 모든 걸 다 바꿔야 했다는 거죠." 뮬러가 말했다. "좋은 소식은 터보펌프에 생길 수 있는 모든 문제와 그걸 실제로 고치는 법을 배웠다는 겁니다."

로켓엔진은 추진제의 압력을 높여 최대 출력을 짜내기 때문에 성능 좋은 터보펌프가 반드시 있어야 한다. 말하자면 터보펌프는 스페이스X가 전 세계 발사 시장을 궁극적으로 장악하는 데 필요한 비장의 무기인 셈이다. 바버니콜스가 만든 원래 펌프는 무게가 약 68kg이고 3,000마력의 출력을 냈다. 그 후 15년간 스페이스X 엔지니어들은 계속해서 설계를 바꾸고 부품을 개선해나갔다. 오늘날 팰컨9 로켓에 장착하는 멀린 엔진 터보펌프는 무게가 여전히 68kg이지만 출력은 1만 2,000마력이다.

스페이스X에서 뮬러의 원래 팀은 인원이 몇 안 됐다. 뮬러가 멀린 엔진의 기술적 세부 사항을 해결해 가는 동안 시험장을 찾고 건설할 누군가가 회사에 필요했다. 로켓엔진은 안 좋은 일을 종종 일으키므로 시험장은 외딴곳이어야 했다. "로켓엔진 개발 과정은 초기에 정말 험난합니다." 뮬러가 말했다. "항상 그렇죠. 잘못될 여지가 언제나 너무 많고 그런 일이 실제로 일어나면 대개는 꽤 엄청나거든요."

2002년 8월에 뮬러는 머스크에게 팀 부자를 추천했고 회사가 무엇이든 안전하게 날려 버릴 수 있게끔 시험장을 건설했다. 부자는 1970년대 후반에 영화 〈디어 헌터〉의 실제 배경지인 펜실베이니아 철강 지역에서 성장했다. 아버지는 기계 공장을 하나 가지고 있었는데, 부자와 형제들은 하교 후 매일 네 시간씩 그곳에서 일했다. 부자는 중학교 3학년 때 도구나 부품 따위를 만드는 기계를 프로그래밍하는 법을 배웠고 펜실베이니아주립대학교에 진학할 만한 자질을 보였다. 대학에서 부자는 로켓엔진과 사랑에 빠졌다.

이후 부자는 맥도널더글러스McDonnell Douglas와 보잉에서 14년을 보내며 비행기와 로켓에서 고장 날 가능성이 있는 부분을 미리 알아내기 위해 부품을 극한으로 밀어붙이는 시험을 담당했다. 부자는 델타4 로켓뿐 아니라 대형 군용 수송기 C-17도 작업했다. 2002년 여름에 보잉 동료였던 크리스 톰슨이 부자에게 전화해 스페이스X에서 일하는 건 어떻겠냐고 했을 때, 부자는 이

제 막 자기 집을 새로 고쳤고 주택융자 상환금이 두 배가 되었으
며 아내는 둘째 아이 출산으로 하던 일을 접은 참이었다. "한 번
도 만난 적 없는 사람이 설립한 새 회사 때문에 보잉을 떠난다는
걸 합리화하다니, 내가 정신이 나갔던 거죠." 부자가 당시를 회
상하며 말했다.

부자는 스페이스X가 멀린 엔진의 역량을 시험할 수 있도록 시
험장을 확보하는 일에 착수했다. 로스앤젤레스 북쪽에 있는 모
하비항공우주비행장에 엔진 시험 시설이 있었다. 전 세계에서
일반 비행장, 우주 비행장, 항공기 폐기장, 로켓 개발 창고를 모
두 겸비한 곳은 여기밖에 없다. 이곳은 2004년에 스케일드컴포
지트Scaled Composites가 제작한 최초의 민간자본 우주선, 스페이
스십원SpaceShipOne이 처음으로 유인 우주 비행에 성공한 기념비
적인 장소이기도 하다. 2000년대에 엑스코르XCOR, 마스턴스페
이스시스템Masten Space Systems, 버진갤럭틱Virgin Galactic은 이 시
설을 자기네 개발 활동의 고향이라고 부르곤 했다. 그곳은 스페
이스X에도 이상적으로 보였다. 부자는 멀린 엔진을 시험하기 위
해 엑스코르의 일부 건물과 설비를 사용하는 계약을 맺었다.

곧 그 공간을 쓸 일이 생겼다. 뮬러는 2002년 가을에 이미 멀
린 엔진의 가스발생기 시제품을 만들었다. 가스발생기는 그 자
체가 작은 로켓으로, 그 안에서 산화제와 여분의 연료가 연소하
여 뜨겁고 검은 배기가스를 만들어 내 터빈을 돌린다. 그러면 터
보펌프가 작동하고 로켓엔진의 심장에 에너지가 공급된다. 로켓
엔진을 가동하고 싶다면 그 시작은 다름 아닌 가스발생기라고
할 수 있다.

가스발생기 시험을 돕기 위해 부자는 보잉의 또 다른 엔지니어 제러미 홀먼 Jeremy Hollman 을 영입했다. 2000년에 아이오와주립대학교를 졸업한 중서부 출신 청년 홀먼은 그때 갓 스물네 살이었다. 홀먼은 보잉에 있을 때 부자와 함께 일하면서 신뢰를 얻었다. 9월에 스페이스X에 합류한 홀먼은 금세 뮬러의 추진 부관으로 성장해 10월부터 함께 가스발생기를 시험하기 시작했다. 홀먼은 시험 활동 절차를 작성하고 하드웨어 작업을 했으며 부자는 지원 장비를 샅샅이 살펴보고 소프트웨어를 작성했다. 뮬러는 전체적인 책임을 맡고 작업을 감독했다. 홀먼은 뮬러 밑에서 일하는 것이야말로 "액체 추진 분야의 박사급 교육"이라고 말했다.

초창기 가스발생기 시험 중 몇 번은 꽤 아슬아슬했다. 2002년 가을이 겨울로 넘어갈 무렵, 그들은 모하비에서 90초를 꽉 채우는 첫 연소시험을 했다. 이 시험으로 우주 비행장 위에 엄청나게 크고 검은 구름 같은 연기가 생겼다. 거의 정확히 시험이 끝나자마자 바람이 멈췄다. "구름이 말 그대로 관제탑을 둘러싸고 멈췄어요." 홀먼이 말했다. "비행장에서 그보다 더 안 좋은 장소에 그런 구름을 걸쳐 놓을 수는 없었을 겁니다."

뮬러가 팰컨1 가스발생기와 추진 부품들의 설계도를 작성하고 나면 누군가는 그것을 만들어야 했다. 뮬러는 TRW에 있을 때 지역 기계가공 회사인 머스탱엔지니어링 Mustang Engineering 과 함께 일한 경험이 있었다. 이제 그는 TRW가 아니라 스페이스X에서 머스탱엔지니어링으로 그림 파일과 PDF를 이메일로 보내기 시작했다. "세상에, 그 사람들이 보낸 건 그때까지 본 것 중 제일

정신 나간 헛소리였어요." 머스탱엔지니어링의 공동사업자 밥 레이건Bob Reagan의 말이다. 스페이스X는 결제도 빨리빨리 했다. 레이건은 스페이스X에서 주문서를 받고 하루 안에 수표를 받았다. 처음에 레이건은 메리 베스 브라운에게 통상적으로 일을 어떻게 처리하는지 설명했다. 다른 회사라면 공급 업체가 부품을 완성하고 송장을 제출한 지 30일 후에 수표를 지급할 거라고 머스크의 비서에게 알려 주었다. 그녀는 동요하지 않았다. 스페이스X는 부품을 빨리 받기를 원했다. 레이건은 그 뜻을 알아챘고 뮬러의 주문을 우선으로 처리하기 시작했다.

레이건은 1982년에 고등학교를 졸업한 직후 캘리포니아 남부에서 기계를 가공하기 시작했다. 일을 시작한 초기에는 고체연료 추진 로켓을 만들면서 우주왕복선 부품을 제작했고 허블우주망원경을 궤도 선회 우주선의 적재 공간 안에 고정하는 받침대 제작을 도왔다. 또 보잉이 델타4 로켓을 제작할 때 그들의 주문을 많이 받았고 그 외 다른 대형 항공우주 회사들의 주문도 많이 받았다.

그러나 스페이스X처럼 빠르게 돌아가는 회사는 처음이었다. 레이건은 스페이스X에서 주문서를 받으면 며칠 안으로 알루미늄이나 그 밖의 재료로 만든 부품을 실어 보냈다. 그런데 2003년 가을 어느 날, 홀먼이 전화해서 특정 부품을 급히 제작해 달라고 했을 때 레이건은 평소와 달리 도움을 주지 못할 것 같다고 대답했다. 레이건과 공동사업자의 사이가 틀어지는 바람에 머스탱엔지니어링의 문을 닫게 된 것이었다. 스페이스X는 다른 업체에서 부품을 조달해야 하는 상황에 놓였다. 기계가공 업체를 새로 알아보던 홀먼은 절망했다. 그동안 스페이스X는 레이건의 신속함에 시나브로 의존하게 된 것이었다. 홀먼은 레이건에게 와서 머스크를 만나라고 권했다.

뮬러는 그게 괜찮은 생각일지 확신이 서지 않았다. 말투는 무뚝뚝하며 장발에 귀걸이를 하고 할리데이비슨을 타는 레이건을 보고 머스크가 어떻게 반응할지 알 수 없었다. 그러나 뮬러와 홀먼은 결국 레이건이 와서 면접을 봐야 한다는 데 뜻을 모았다. 알고 보니 그들의 걱정은 쓸데없는 것이었다. 레이건은 필요하면 말쑥하게 씻는 사람이었다. 어쨌거나 그는 보잉과 함께 일한 적도 있다. 누구든 보잉과 만나기로 했다면 넥타이를 매는 편이 좋을 것이다.

머스크가 넥타이에 신경 쓴 것은 아니었다. 귀걸이도 마찬가지였다. 그는 단지 필요한 물건을 빠르고 저렴하게 만들 수 있는 사람을 원했을 뿐이다. 면접하는 동안 머스크는 스페이스X에 들어가는 모든 비용을 자기가 부담하고 있다고 설명했다. 그런 다음 레이건에게 물었다. "얼마면 일할 수 있습니까?" 그들은 한동안 실랑이를 벌였고 결국 머스크는 레이건이 원하는 금액을 맞춰 주기로 했다. 그는 레이건의 도움이 필요했다. 10분 뒤에 머스크는 계약서를 들고 돌아왔다. 11월 1일 토요일 오후 5시였다. 머스크는 기계가공 부문 신임 부사장이 그날 저녁부터 일을 시작하기를 원했다.

레이건은 곧 노래를 흥얼거리며 스페이스X에 작업장을 차렸다. 그는 머스탱엔지니어링의 기술자 여섯 명을 고용했고 머스크는 그 회사가 청산하려던 기계를 사들였다. 레이건을 회사 내부로 데려옴으로써 머스크는 상당 부분의 제조 원가를 절반으로 줄였다. 이제 그는 필요한 만큼 알루미늄을 구매하고, 자기 건물 안에서 직원들이 그것을 마음껏 주무르게 해서, 협력 업체의 가격 인상이나 일정 지연 없이 필요한 부품을 만들 수 있게 되었다. 그리고 스페이스X의 엔지니어들과 제작팀 간의 통신선은 활짝 열려 있었다.

"전에는 고객과 문제가 있으면 구매자에게 전화해야 했습니다." 레이건이 설명했다. "그러면 구매자가 엔지니어에게 전화를 걸 테고 난 일주일 후에나 전화로 답변을 받겠죠." 스페이스X에서 레이건은 작은 방이 많은 사무실에 앉았다. 그가 보기에 엔지니어들이 바보 같은 일이나 잘 안 될 것 같은 일을 한다면 레이건은 그들에게 바로 말할 수 있었다. 서로 간에 존중이 있었다.

레이건과 머스크의 관계는 단순했다. "그는 거짓말하는 사람을 못 견디고 도둑을 싫어합니다." 레이건의 말이다. "혹시 당신이 뭔가를 할 수 있다고 말했다면 어떻게든 그걸 하는 게 좋을 겁니다." 머스크는 새로 고용한 부사장의 말과 행동이 마음에 들었던 게 틀림없다. 그가 엘세군도 공장에서 주당 75~80시간을 일하기 시작했으니 말이다. 레이건이 출근한 지 한 달도 되지 않아 머스크는 맥라렌McLaren 스포츠카에 레이건을 태우고 점심을 먹으러 나갔다. 주차장을 빠져나가기 전에 머스크는 레이건에게 임금이 1만 달러 오를 거라고 얘기했다.

"사람들 말이, 당신이 훌륭하다고 하더군요." 머스크가 그에게 말했다. "이 정도로 훌륭한지는 몰랐습니다."

레이건은 뮬러가 이전에 몸담았던 TRW와 논쟁하는 것을 눈

앞에서 지켜봤다. 2002년에 뮬러가 떠난 직후 항공우주 분야 대기업인 노스럽그러먼Northrop Grumman이 TRW의 미사일 개발 및 우주선 부서들을 매입했다. 노스럽은 세계 최대 무기 제조 업체 중 하나인데, 민간 우주개발 사업도 한다. 대대로 NASA의 우주개발 업무를 맡아 온 양대 업체는 보잉과 록히드마틴이지만 노스럽도 그 뒤를 바짝 따르고 있다.

뮬러와 TRW 간에 불거진 문제는 멀린 엔진의 분사기에 적용한 특별 설계에 관한 것이었다. 엔진의 분사기는 산화제와 연료가 연소실로 들어가는 흐름을 조절한다. 연료가 너무 많으면 연소하지 않은 추진제가 엔진에 남아서 낭비되고, 너무 적으면 추력이 떨어진다. 추진제의 흐름을 조절하고 점화 직전에 추진제를 혼합하는 분사기는 종류가 여러 가지다. 뮬러는 분사기를 개발할 때 자기에게 익숙한 설계에서 출발했는데, 동축케이블*과 비슷하게 생긴 핀틀분사기pintle injector가 그것이었다. 멀린 엔진의 경우 액체산소가 중앙으로 흘러 들어가 마차 바퀴의 바큇살처럼 퍼져 나왔다. 등유는 핀틀 바깥쪽으로 이동해서 평평하고 얇은 종이처럼 나왔다. "우리는 그걸 종잇장등유이 팬액체산소을 때린다고 말하곤 했죠." 뮬러가 말했다.

TRW는 1960년대에 달 착륙선 하강 엔진용으로 핀틀분사기를 발명했다. 노스럽그러먼은 바로 이 점을 문제 삼았다. 멀린 엔진의 수정 설계를 알게 된 노스럽은 뮬러와 스페이스X가 기업

* 장거리 전화망, 유선 TV, 구내 정보 통신망 따위에 주로 사용하는 고주파 전송용 케이블로, 가운데 도선을 다른 재료들로 겹겹이 감싼 모양을 하고 있다. 단면 모양이 하나의 축을 중심으로 몇 개의 동심원이 겹쳐진 모습이어서 동축(同軸)케이블로 부른다.

비밀을 훔쳤다며 캘리포니아주 법원에 소송을 제기했다. 스페이스X는 노스럽이 공군 자문 역할을 한다는 지위를 이용해서 스페이스X를 염탐했다고 맞소송했다. 레이건은 노스럽의 소송이 터무니없었다고 얘기했다. 스페이스X는 멀린의 분사기를 만들려고 50가지 다른 설계를 고안했고, 그런 과정을 줄곧 반복했으며, 만든 것들을 시험하다 날려 먹었고, 담당 기술자들은 2003년부터 2년 내내 바쁘게 일했기 때문이다. "정말이지 어이가 없었습니다." 소송에 관해 레이건이 한 말이다.

2005년 초쯤에 두 회사는 서로 소송을 중단하기로 합의했다. 어느 쪽도 범법 행위를 인정하지 않았고 소송비와 손해 배상금도 지급하지 않았다.

스페이스X는 자기들만의 방식과 일정으로 일하기를 좋아한다. 그들은 실험하고 반복하고 때로 검은 구름 같은 연기가 엄청나게 피어올라 관제탑을 덮어 버리기를 바란다. 이런 폭발적인 노력을 늦추는 것은 무엇이든 헤치고 나가야 할 장애물이다. 그런데 모하비항공우주비행장은 그 특성상 어느 정도 통제받을 수밖에 없는 환경이었다. 그러니 얼마 못 가 스페이스X에는 성에 차지 않는 장소가 될 것이 뻔했고 2002년 늦가을에는 그 사실이 분명해졌다.

추진팀이 팰컨1의 가스발생기 설계를 수정할 때 부자는 모하비 시설을 장기 임대하는 문제에 관해 우주 비행장 총지배인과 자세히 논의했다. 총지배인은 이전에 이미 스페이스X가 하려는 일에 대해 환경 문제를 염려한 바 있었다. 결국 협상 마지막 단계에서 그는 엔진 추력 약 14t으로 시험 범위를 제한하려고 했다. 물론 작은 엔진일수록 폭발력이 작다. 그러나 총지배인이 제시한 기준은 스페이스X의 멀린 엔진이 궁극적으로 추구하는 추력의 절반에도 미치지 못했다.

"좁은 땅에, 사방에는 장애물이고, 당장 해야 할 일은 많은 상태였습니다. 이래서는 애초에 성공할 가능성이 없겠다 싶었죠." 부자가 말했다.

스페이스X는 결국 모하비를 떠난다. 그해 가을에 머스크와 추진팀은 모하비 근처에 있는 캘리포니아의 에드워드 공군기지 지역, 앨라배마와 미시시피에 있는 NASA의 기존 시험장 등 다른 장소를 몇 군데 검토했다. 그러나 그들은 정부의 통제를 일절 받지 않는 장소를 원했다. 그들은 모두 몇 년 전에 파산한 빌에어로스페이스Beal Aerospace라는 로켓 회사를 알고 있었다. 텍사스주 맥그레거에 이제는 사용하지 않는 그 회사의 시험장이 있었는데, 온라인에 사진이 남아 있었다. 아주 좋아 보였다.

2002년 11월, 퍼듀대학교가 머스크를 강연자로 초청했다. 퍼듀대학교는 NASA의 가장 유명한 비행감독과 닐 암스트롱을 포함해 우주비행사를 여러 명 배출한 항공우주 프로그램으로 유명하다. 그런 만큼, 이 초청은 머스크에게 매우 영광스러운 일이었다. 머스크는 졸업생들을 영입하려고 회사 간부 몇 명을 데려갔다. 그곳에서 부자와 뮬러는 스콧 마이어Scott Meyer 교수와 이야기를 나누었는데, 그는 전에 빌에어로스페이스의 추진 부문 선임엔지니어였다. 마이어 교수는 부자와 뮬러의 질문에 더 많이 답해 줄 수 있게끔 조 앨런Joe Allen이라는 사람의 전화번호를 알려 주었다. 앨런은 전에 맥그레거 시험장의 직원이었고 아직 그 지역에 살고 있었다.

머스크는 바로 그날 텍사스로 날아가 그 시험장을 확인하기로 했다. 가는 길에 뮬러는 앨런에게 위성 전화를 걸어 자기들을 만나서 시험장을 안내해 줄 수 있는지 물었다. 빌에어로스페이스의 마지막 직원이었던 앨런은 2000년 10월에 회사가 문을 닫은 뒤에도 8개월간 그곳에 머물면서 회사가 자산을 청산하는 동안 시험장을 관리했다. 근처에 있는 텍사스주 머리디언 출신으로, 기계가공을 전공한 앨런은 그전에 30년간 무역업을 했었다. 하지만 빌에서 일한 3년 동안 로켓의 모든 것이 컴퓨터로 운영되는 것을 보고는 퇴사 후에 텍사스주립기술대학에서 프로그래밍 수업을 듣기 시작했다. 뮬러가 전화했을 때 앨런은 시험을 보는 중이었지만 그들을 만나는 데 흔쾌히 응했다. 커다란 삼각대 밑에서 날 찾으세요, 바로 보일 겁니다, 라고 앨런이 말했다.

텍사스 중부의 넓은 평원을 가로질러 맥그레거의 작은 마을 근처에 있는 로켓 시험장까지 운전해 가면서, 머스크와 일행은 그곳이 잘 고립되어 있다는 점에 마음을 빼앗겼다. 높이 솟은 콘크리트 삼각대는 찾기 쉬웠고 전화로 얘기한 대로 그 아래에 앨런이 낡은 청색 픽업트럭 밖에 서서 그들을 기다리고 있었다. 맥그레거 시험장은 스페이스X가 원하는 조건에 꼭 맞았다. 빌에어로스페이스가 로켓엔진을 시험하기 위해 이곳을 특별히 개발한 덕분이었다. 앨런은 머스크와 일행을 안내했다. 삼각 시험대는 물론이고 엔진 점화 과정을 지켜볼 수 있는 커다란 벙커와 다른 시설들도 보여 주었다. 당시 맥그레거시^市가 이곳의 모든 것을 소유하고 있었으며 그 모두를 임대할 의사가 있었다. 현지 공무원들이 임차인으로 개인보다는 회사를 원했으므로 간섭은 최소한일 테고 엔진 크기에 대한 규제도 없을 것 같았다. 실제로 텍사스주는 캘리포니아주보다 훨씬 규제가 덜했고 좀 더 기업 친화적인 법률을 두고 있었다. 머스크는 그 자리에서 앨런을 고용했고 시험장을 임대했다. "정말로 우리에게 완벽한 곳이었어요." 부자가 말했다. "우리가 바라던 게 다 있었습니다."

다만 아쉬운 것은 접근성이었다. 맥그레거는 로스앤젤레스에서 약 2,300km 떨어져 있었다. 규모를 불문하고 가장 가까운 민간 공항이 차로 두 시간 거리에 있었다. 추진팀이 거기 가는 데 꼬박 하루, 다시 돌아오는 데 또 하루가 걸릴 것이라는 계산이 나왔다. 문제없어, 머스크가 뮬러에게 말했다. 추진팀은 머스크의 소형 세스너^{Cessna} 제트기를 타고 활주로가 한 개뿐인 맥그레거 공항으로 바로 날아갈 수 있었다. 그곳에 추진팀이 착륙하면 앨런이 흰색 허머를 몰고 그들을 데리러 오면 되었다. "우린 그걸 텍사스로 소몰이한다고 얘기했죠." 뮬러가 말했다.

2002년이 저물고 2003년으로 접어들어 회사를 설립한 지 6개월쯤 되자 머스크는 텍사스를 여기저기 돌아다닐 여유가 생겼다. 이제 스페이스X의 엔진 설계자들이 그곳에 새로운 시험장을 건설할 차례다. 탁 트인 데다가 규제도 별로 없는 그런 곳에 말이다. 그다음 2년간 뮬러, 부자, 홀먼 그리고 다른 동료 몇 명이 멀린 엔진을 함께 뚝딱거리고 성능을 시험한다. 연소실을 태워 먹고, 연료탱크를 날려 버리고, 정부의 비밀경호원들이 찾아올 만큼 소동을 일으키면서 말이다. 그러다가 2005년 즈음, 그들은 거의 백지상태에서 강력한 뭔가를 만들어 낸다. 굉음과 함께 거의 반 톤의 무게를 우주로 날려 보낼 만큼의 추력을 내는 그것.

이것이 바로 멀린 엔진이 팰컨1 첫 비행에서 해낸 일이다. 적어도 34초 동안.

3

콰절레인 KWAJALEIN

2003년 1월~2005년 5월

발사팀의 하루는 일찍 시작됐다. 2005년 5월 21일 아침, 이른 시각이었는데도 다들 가뿐하게 자리에서 일어났다. 그날 오후에 어떤 결과를 마주하게 될지는 아무도 몰랐지만 엔지니어와 기술자 10여 명은 캘리포니아주 롬포크의 호텔 방에서 옷을 갈아입으며 저마다 희망에 부풀었다.

이전의 첫 시도에서는 실패했으나 오늘 두 번째 시도에서는 꼭 팰컨1이 깨어나 로스앤젤레스 북쪽 캘리포니아 해변을 뒤흔들기를 바랐다. 스페이스X가 설립된 지 3년이 지났고 오랜 기간 잠 못 드는 밤을 보낸 끝에 그들은 결국 로켓을 설계하고 조립해 냈다. 회사도 중요한 시험을 앞두고 추진 로켓 점화 허가를 받으려고 복잡미묘한 공군의 규칙에 따르며 각종 요구 사항들을 처리했다.

엔지니어 한 팀이 발사장에서 몇 킬로미터 떨어진 작은 관제센터로 출발했다. 그들은 12m 길이의 트럭 트레일러를 개조해

서 10여 개의 단말기가 있는 관제센터를 만들었고 그것을 관제
밴Command Van이라 불렀다. 바다 근처 발사장에는 좀 더 많은 인
원이 팰컨1의 데뷔 무대를 준비하려고 모였다. 지상연소시험을
할 때는 로켓이 날아오르지 못하도록 강력한 고정 장치로 붙잡
아 두고 엔진을 점화해서 몇 초 동안 연소시킨다. 그렇게 해서 실
제로 발사하기 전에 로켓의 준비 상태를 확인하는 것이다.

스페이스X는 운 좋게도 공장에서 상당히 가까운 발사장을 찾
았다. 로스앤젤레스 북쪽으로 세 시간만 운전하면 되는 거리였
다. 50년도 더 전에 미 공군은 태평양 너머로 미사일을 발사하
려고 해안을 따라 자리 잡은 이 산악 지역을 이용하기 시작했다.
이후 이 지역은 미국의 주요 우주 비행장으로 성장했다. 노르망
디상륙작전을 도운 장성의 이름을 따서 반덴버그 공군기지로
부르는 이곳에서 공군은 보잉의 델타 로켓과 록히드마틴의 타
이탄Titan, 아틀라스Atlas 로켓을 포함해 몇몇 기업의 로켓 발사
수백 건을 관리 감독했다. 자신만만한 새내기 스페이스X는 이
제 그런 형님들과 같은 테이블에 앉게 되었다. 적어도 그렇다고
생각했다.

발사장에서 엔지니어와 기술자 들이 각기 맡은 일을 수행하
자 흰색 몸체에 검은색 띠를 두른 멋진 로켓이 그들 머리 위로 솟
아올랐다. 액체산소와 등유를 로켓의 연료탱크에 주입할 수 있
도록 사람들은 하나둘씩 발사장을 벗어났다. 곧 관제밴 안에 모
두 모여 헤드셋을 쓰고 자기들이 만든 로켓이 서리 같은 산소 구
름을 대기로 내뿜는 모습을 비디오 영상으로 지켜보았다. 그리
고…… 그들은 간발의 차이로 실패했다. 그날도 변함없이 카운

트다운 시계는 마지막 순간을 향해 똑딱거렸을 테고, 로켓에 탑재된 컴퓨터는 엔진 압력이 너무 높다거나 온도가 너무 뜨겁다는 등 뭔가 잘못된 점을 감지하고는 멀린 엔진이 점화하기 전에 자동으로 운전 정지 명령을 내렸을 것이다.

그렇게 문제를 확인하고 다시 시도하기를 반복하는 사이에 로켓에 공급할 액체산소가 부족해졌다. 게다가 액체산소를 실은 마지막 트럭이 로스앤젤레스를 빠져나오다가 길을 잘못 들었다. 결국 산소 부족으로 그날의 지상연소시험을 취소해야 했다. 어느새 태평양 해변에 어둠이 내리기 시작했다. 오직 그 순간에 도달하기 위해 밤낮으로 일했던 스페이스X 발사팀은 실망감을 느꼈다.

"그때가 처음이었어요, 뭔가를 제대로 성취하지 못한 게요. 그래서 당황했죠." 반덴버그에 스페이스X 발사장을 확보하는 데 큰 몫을 했던 엔지니어 앤 치너리Anne Chinnery가 그날을 회상했다. "모두 다 좀 힘들어했습니다."

로켓을 정지하고 시설들을 잠근 후 지치고 낙담한 직원들은 발사장을 벗어나 가장 가까운 번화가인 롬포크로 가서 슬픔을 달랬다. 비참한 기분을 느끼지 않으려고 엔지니어 조시 영Josh Jung이 독한 술을 샀다. "우린 모두 바에서, 세상에, 완전히 취해버렸죠." 치너리가 말했다. "절대 잊지 못할 거예요. 그날이 아마 내 인생에서 가장 많이 취한 날일 겁니다." 발사팀은 잠깐이지만 치너리를 잃어버리기도 했다. 그래도 결국 동료를 찾아서 모두 무사히 호텔로 돌아왔고 기진맥진하고 낙심한 채로 각자의 침대에 쓰러졌다.

다음 날 아침 일찍 불만에 찬 머스크가 팰컨1 시험 및 발사 책임자인 팀 부자에게 전화를 걸었다. 숙취에다 전날 있었던 일들로 피곤이 가시지 않은 상태로 전화를 받은 부자는 머스크로부터 그다음 날 곧바로 지상연소시험을 다시 하라는 지시를 들었다. 그는 직원들이 회복하는 데 시간이 좀 필요하다고 힘겹게 상사를 설득했다. 발사팀 모두가 며칠간 노력을 쏟아부어 지칠 대로 지쳐 있었다.

통화를 마친 부자는 발사팀에게 로스앤젤레스로 돌아가라고 지시했다. 다시 시험하러 오기 전 이틀간의 휴식이 주어졌다. 그날 오후, 부자는 마음이 시키는 대로 101번 국도를 따라 돌아왔다. 도중에 샌타바버라 동쪽으로 몇 마일 떨어진 산타클로스레인에 멈춰 조금 쉬었다.

"해가 지고 있어서 해변에 나갔습니다." 부자가 그날을 회상했다. "잠시 해변에 누웠는데 몇 시간을 잤어요. 일어나 보니 어둡고 추웠죠. 소금기에 짭짤했고요."

1969년, 닐 암스트롱이 또 다른 세상에 인류의 첫발을 내디딜 때 앤 치너리의 부모님은 잠자던 세 살 아이를 깨워 그 순간을 경험하게 했다. 아폴로 11호가 달에 착륙하는 장면은 치너리에게 흐릿하고 혼란스러운 기억으로 남아 있다. 하지만 그녀의 성격과 관심사를 형성하는 데는 크고도 지속적인 영향을 끼친 듯하다. 치너리는 어린 시절 내내 우주에 관심이 있었고 언젠가 우주로 날아가기를 열망했다. 1980년대 초반이 되자 그런 꿈이 현실에 한층 가까워졌다. 치너리가 고등학교를 졸업할 무렵 NASA는 미국 최초의 여성 우주비행사 샐리 라이드^{Sally Ride}를 우주로 보냈다.

그즈음 치너리의 가족은 콜로라도로 이사했고 그녀는 혹시나 우주로 가는 길이 되지 않을까 하는 기대와 모험심으로 근처에 있는 공군사관학교에 진학하기로 했다. 치너리는 우주공학 학위를 받은 뒤 10년 넘게 공군에 복무했으며 군은 치너리가 꿈꾸던 모험을 일부나마 실현하게 해 주는 제2의 고향이 되었다. 그녀는 인공위성 제작에 참여했고 외국산 탄도미사일의 위협성을 평가했으며 발사 업체들을 지원하면서 반덴버그 공군기지에서 하루하루를 보냈다.

그러다 20세기가 저물어 갈 무렵 치너리는 앞날에 대해 새로 고민하기 시작했다. 30대 초반이었던 그녀는 향후 10년 더 공군에 머물면서 꽤 괜찮은 보수를 받을 수 있었다. 아니면 서류 업무는 덜 하고 엔지니어링 업무를 더 하는 민간 부문에 자리를 알아볼 수도 있었다.

어느 날 치너리는 충동적으로 달 식민지와 탐사에 관한 콘퍼런스에 참석했고 그곳에서 제임스 워츠^{James Wertz}를 만났다. 워츠는 마이크로코즘의 당시 회장이었다. 1999년에 워츠의 회사로 옮긴 치너리는 곧 그윈 숏웰과 한스 퀘니히스만 같은 동료들과 친구가 되었다. 그런데 친구들이 하나둘 회사를 떠나기 시작했다. 2002년 5월에 퀘니히스만이 가장 먼저 회사를 그만두었고 몇 달 뒤에는 숏웰이 떠났다. 치너리 역시 그해 9월에 마이크로코즘을 떠나기로 마음먹었다. 심신이 다 소진된 듯한 느낌을 받은 그녀는 로켓업계를 벗어나 쉬고 싶었다.

그런데 이제는 스페이스X에서 일하는 친구들이 치너리에게 계속 연락을 해 왔다. 그해 가을에 친구들은 엘세군도 사무실에 면접을 보러 오라고 치너리를 설득했다. 팰컨1을 발사할 장소를 찾는 일에 관해서라면 치너리의 이력이 분명 도움이 되리라는 걸 친구들은 알고 있었다. 치너리라면 공군 경력으로 반덴버그 공군기지와의 연락망을 확보하고 군사적 승인이 필요한 일을 쉽게 처리할 것이 분명했다. 그러나 신규 고용에 적극적이던 머스크가 이번에는 달랐다. 그는 별다른 인상을 받지 못하고 치너리의 면접을 끝냈다. "자신이 원하는 목표에 그렇게 뚫어지게 집중하는 사람은 본 적이 없어요." 치너리가 면접 경험을 이야기했다. "그는 아주 진지했는데, 지독하게 위협적으로까지 느껴졌어요. 그 사람과 면접 보는 건 힘들어요." 입사 제안은 없었다.

하지만 그녀의 친구들은 포기하지 않았고 2003년 초에 치너리는 자문 역으로 스페이스X에 합류했다. 곧 그녀가 지난 10년간 반덴버그에서 일했던 경험이 스페이스X에 큰 이익을 안겨 주었다. 치너리는 반덴버그 사람들을 잘 알았으며 그 기지가 어떻게 돌아가는지도 알았다. 치너리는 그해 말에 정규직으로 고용되었다. 딱 한 번, 머스크의 직관이 빗나갔다.

"초기에 일론은 외부 기관과의 상호작용이 얼마나 중요한지, 또 그게 얼마나 어려운지 이해를 못 했습니다." 치너리가 설명했다. "공군은 로켓 설계부터 개발, 발사 등 모든 과정을 관리 감독하고 싶어 합니다. 그런 사실을 일론은 전혀 몰랐던 거예요. 하지만 그건 내 전문 분야였죠."

스페이스X는 반덴버그에서 로켓을 날리고 싶어 했다. 반덴버

그는 회사 공장에서 가장 가까운 발사장이고 그곳에서 발사한 로켓은 육상 구간을 비행하지 않고 거의 정남향으로 날아갈 수 있기 때문이다. 이렇게 하면 위성을 극궤도로 올리는 데 유리하다. 극궤도에 오른 위성은 남극 상공을 지난 다음 북극 상공을 지나게 된다. 지구가 위성 아래서 자전함에 따라 극궤도에 있는 위성은 하루 안에 지구 전체를 관측할 수 있다. 스페이스X는 팰컨1으로 작은 상업용 위성을 쏘아 올릴 계획이었는데, 그런 위성 대다수가 같은 이유로 극궤도를 돈다.

스페이스X에 합류한 치너리는 반덴버그에 접근하는 데 필요한 서류를 작성하고 넓게 뻗은 기지에 회사의 발사장을 확보하는 데 큰 몫을 했다. 또 공군과 달리 밤낮없이 길게 일하는 새 회사의 실리콘밸리식 업무 관습도 잘 받아들였다. 저녁이면 퀘이크나 '둠' 같은 게임을 하면서 엘세군도의 다른 방 직원들과도 잘 어울렸다. 작업장이 남성 중심적이라는 사실은 신경 쓰이지 않았다. "그 당시만 해도 항공우주산업은 압도적으로 남성 중심적이었어요. 하지만 난 이미 혼자만 유일하게 여성인 환경에 아주 익숙했습니다."

2004년 초, 공군은 반덴버그의 우주 발사장 중 SLC-3^{Space Launch Complex 3} 시설 일부를 스페이스X가 사용하도록 허가했다. 이 발사장은 최초의 아틀라스 로켓 일부를 발사하기 위해 건설한 것으로, 1950년대에 지은 발사대 두 개로 이루어져 있었다. 2000년대 초에는 동쪽 발사대에서 간혹 로켓을 발사했고 더 작은 서쪽 발사대는 전혀 사용하지 않고 있었다. 스페이스X는 발사 시설이 거의 허물어진 서쪽 발사대를 사용하도록 허가받았다. 작은 콘크리트 건물 한 채와 로켓에서 열기와 배기가스를 내보내는 화염 덕트 하나만 SLC-3 서편에 남아 있었다.

그 당시 미국 로켓 회사들은 위엄 있고 느긋한 발사 절차를 따랐는데, 추진 로켓을 발사대 쪽으로 굴리는 데만 수개월을 보내는 경우가 허다했다. 이런 일정은 우주 발사를 상품화하려는 회사로서는 용납할 수 없는 일이었다. 스페이스X는 로켓을 자체 공장에서 만들고 완성하는 즉시 평상형으로 개조한 트럭에 실어 101번 국도를 따라 반덴버그로 보낼 생각이었다. 발사장에 도착하면 몇 시간 또는 며칠 안에 로켓을 발사장 쪽으로 옮기고 마치 시곗바늘이 9시에서 12시로 움직이듯 하늘을 향해 수직으로 로켓을 세울 계획이었다. 그러고 나면 발사감독이 불을 붙이고, 발사하는 것이다. 적어도 목표는 그랬다.

점화할지 말지 최종 결정을 내리는 것은 부자의 몫이었다. 과거 경험을 토대로 그는 새 로켓이 어떤지 잘 파악했다. 처음부터 회사가 원하는 순간에 발사하기는 힘들어 보였다. 처음에는 추진 로켓의 발사 전 검사와 준비에만 몇 주가 걸릴 텐데, 이 문제는 반덴버그에서 특히 골칫거리였다. 개방형 발사장이 태평양에서 1.5km도 되지 않는 거리에 있었기 때문이다. 스페이스X는 로켓을 보호하려고 내구성 좋은 천으로 덮인 커다란 골조 건물을 사들였다. 그런데 텐트 같은 이 건물이 불에 타 버리지 않도록 발사하기 전에 치워야 한다는 사실을 뒤늦게 깨달았다. 애초에 이 텐트는 굴러가도록 설계된 것이 아니었으므로 엔지니어들은 창의력을 발휘해 바퀴를 달았다. 하지만 쉽게 굴러가지 않았다. 그래서 발사팀은 레일을 만들었다. 그제야 팰컨1을 보호해 주는 이동식 건물을 가지게 되었다.

폭풍이 몰아치기 전까지는 괜찮았다. 2004년 크리스마스 이틀 뒤, 태평양에서 발생한 강풍이 날카로운 소리와 함께 시속 80km 이상의 속도로 몰아치며 우주 비행장을 가로질렀다. 부자는 일에서 잠시 벗어나 캘리포니아주 실비치의 집에서 가족과 연휴를 즐기다가 반덴버그에 있는 회사 담당자의 전화를 받았다. 공군 당국자가 스페이스X의 텐트가 언덕 아래로 날려간 것을 발견했다고 한다. 말 그대로 탈선한 것이었다.

"거의 쉬지도 못했고 그땐 크리스마스 연휴였는데, 다시 출발해서 거기까지 운전해야만 했죠." 부자가 말했다. 그는 발사장 관리인과 함께 텐트를 제자리로 옮기면서 연휴 마지막 날을 보냈다. "리프트 두 대로 텐트를 들어서 그걸 다시 레일 위에 올렸어요. 그런 다음 좀 더 단단히 고정했습니다. 이건 우리가 가진 것들을 활용해 임시방편으로 어떻게든 대처했던 한 예에 불과하죠. 필요한 만큼 강력하지가 않았어요."

2004년이 2005년으로 바뀔 때까지 부자와 치너리를 비롯한 발사팀은 반덴버그에서 많은 일을 했다. 발사장에 전선을 설치하고 지휘 통제 장비를 발사장까지 연결하고 액체산소를 실은 대형 트럭이 발사장에 들어올 수 있도록 콘크리트를 부었다. 그 외에도 로켓을 위한 수백 가지 다양한 것들을 설치하고 조립하거나 준비해야 했다. 그제야 비로소 준비를 마쳤다. 2005년 봄, 회사는 첫 번째 완성 로켓을 반덴버그로 실어 날랐다.

머스크는 처음부터 스페이스X가 정부 발사 계약만 수주해서는 지속적인 수익을 낼 수 없을 거라고 예상했다. 물론 저가의 주문형 발사 로켓은 미군에게 매력적이었다. 하지만 미군은 정찰과 통신용 위성을 날릴 준비만 되어 있었다. 스페이스X가 돈을 벌려면 소위 '상업' 고객으로 범위를 확장해야 했다. 지구를 촬영하거나 그 밖에 다른 사업 목적으로 위성을 날리고 싶어 하는 민간기업과 자체 발사산업을 보유하지 않은 나라들이 예상 고객이었다.

2003년 초에 말레이시아 정부 관계자가 팰컨1에 대해 문의하려고 회사에 연락해 옴으로써 스페이스X는 처음으로 실제 상업 고객을 확보했다. 그들은 자기들이 만들고 있는 180kg짜리 지구 관측 위성을 발사할 수 있을지 문의했다. 말레이시아는 2000년에 러시아 로켓으로 자국의 첫 소형 인공위성 티웅샛-1TiungSAT-1을 쏘아 올렸다. 이제는 라자크샛RazakSAT이라는 더 큰 위성을 근적도궤도에 올리고 싶어 했다. 말레이시아는 위도상으로 적도에서 북쪽으로 몇 도밖에 떨어지지 않은 곳에 있어서 위성이 하루에 열두 번 이상 자기 나라 상공을 비행하도록 할 수 있었다.

이 임무는 스페이스X에 몇 가지 문제를 안겨 주었다. 반덴버그에서는 위성을 적도궤도에 올릴 로켓을 동쪽으로 발사할 수 없었다. 로켓이 미국 땅 위를 비행해서는 안 되기 때문이다. 스페이스X가 말레이시아 고객의 의뢰를 받아들이려면 동쪽을 향하는 발사대가 있어야 했다. 더구나 라자크샛은 초창기 팰컨1에는 너무 무거웠다. 그만큼의 덩어리를 궤도에 올리려면 적도에 매우 인접한 곳에서 로켓을 발사해서 지구의 자전에 편승해야 했다. 적도에서 정동쪽으로 발사된 위성은 궤도로 가는 길에 시속 1,600km의 이득을 안고 출발한다. 이 말은 저위도에서 발사된 로켓이 고위도에서 발사된 같은 로켓보다 실질적으로 더 많은 중량을 들어 올릴 수 있다는 뜻이다. 북위 28.5°에 자리 잡은 케네디우주센터 같은 기존 발사장에서 팰컨1이 라자크샛을 안정 궤도까지 올려놓기에는 힘이 부족했다.

"그들은 발사 계약서에 사인할 준비가 돼 있었어요." 당시 사업개발 부사장으로, 계약이 성사되기를 갈망했던 그윈 숏웰의 말이다. "말레이시아 측에서 600만 달러를 제시했어요. 당장 사인하고 싶었지만 그전에 먼저 적도 근처 발사장을 찾아야 했습니다."

그해 봄에 숏웰은 퀘니히스만과 함께 세계지도를 펼쳤다. 퀘니히스만은 캘리포니아 해안에서 적도를 따라 서쪽을 손으로 훑었다. 8,000km쯤 떨어진 마셜제도까지 전부 바다였다. 그들의 시선이 무질서하게 늘어선 일련의 작은 섬들에 이르렀을 때 숏웰은 콰절레인 환초Kwajalein Atoll를 알아보았다. 제2차 세계대전 중 그곳에서 전투가 벌어졌다고 들은 것이 기억났다. 거기 미군이 주둔할 게 분명했다.

실제로 1944년 초에 미 육군과 해군 8만 5,000명이 콰절레인섬, 로이섬, 나무르섬에 상륙했고 콰절레인 환초는 잠시 태평양 무대의 중심지가 됐었다. 치열한 전투 끝에 미군은 작은 섬들이 무리 지어 있는 마셜제도에 첫 발판을 마련함으로써 괌섬 같은 더 큰 목표를 추가로 공격할 길을 열었다. 전쟁 이후 미군은 마셜제도를 핵무기 시험장으로 이용했으며 1964년에 미 육군이 기지를 건설했다. 그 후 미군은 '로널드 레이건 탄도미사일 방어시험장'으로 알려진 미사일 발사장을 구축했다. 이 시설 전체는 앨라배마주 헌츠빌에 있는 육군 우주·미사일 방어사령부의 관할지가 되었다. 그중 콰절레인은 팀 맹고^{Tim Mango}라는 중령이 담당하고 있었다.

머스크는 흥미를 느꼈다. "가능성이 얼마나 될까요? 혹시 이거, '캐치-22'* 같은 상황인가요? 그러니까 누군가가 소령과 대령이 낸 과제 사이에서 이러지도 저러지도 못하고 있는 그런 상황 말이에요. 우리가 맹고 중령을 데려다가 열대 섬의 책임을 맡기면 어떨까요?" 머스크는 전화기를 들고 앨라배마에 있는 맹고의 집무실로 전화를 걸었다.

맹고에게는 그 전화가 너무나 뜬금없었다. 전화를 걸어온 사람은 자기 이름이 일론 머스크라고 밝히고는 약간 외국인 같은 억양으로 자기가 페이팔 지분을 팔고 우주산업에 뛰어든 백만장자라고 소개했다.

"2분 동안 그의 말을 듣다가 전화를 끊어 버렸습니다." 맹고의 설명이다. "웬 미친 사람인가 싶었죠."

맹고는 전화를 끊고 나서 구글에서 머스크를 검색해 보았다. 맥라렌 스포츠카에 손을 얹은 머스크의 사진이 있었다. 그 뉴스 기사에는 머스크가 스페이스X라는 신생 우주 회사를 설립했다고 쓰여 있었고 로켓 회사의 홈페이지 링크도 있었다. 맹고는 링

---

* 조지프 헬러의 1961년 소설 《캐치-22》에 나오는 군대의 암묵적인 조항으로, 모순적이거나 비논리적인 상황을 뜻한다. 소설을 원작으로 동명의 드라마로도 제작되었다.

크를 클릭해서 회사 정보를 좀 더 읽었다. 혹시 이 머스크라는 사람, 진심이었나? 맹고는 스페이스X 웹사이트에서 연락처를 찾아 전화를 걸었다. 누군가가 거의 즉시 전화를 받았다. 조금 전과 똑같이 특색 있는 목소리였다. 맹고가 자신을 다시 소개하자 머스크가 물었다. "이봐요, 방금 내 전화를 끊은 겁니까?"

맹고는 조만간 로스앤젤레스에 볼일이 있으니 그때 시간을 내서 스페이스X 사무실에 방문하겠다고 했다. 얼마 뒤, 거의 텅 빈 건물에 들어선 맹고는 머스크가 사무실 한가운데 여남은 명의 직원들 사이에 앉아 있는 것을 보고 깜짝 놀랐다. 그들은 잠시 이야기를 나누었고 머스크는 로스앤젤레스의 고급 레스토랑 저녁 식사에 맹고를 초대했다. 한 끼 식사비가 육군 장교의 일일 경비를 훨씬 웃도는 식당이었다. 맹고는 군 생활 중 처음으로 윤리적 문제를 의논하기 위해 군 변호사에게 전화를 걸었다. 변호사는 맹고가 그 자리에 간다면 값비싼 식사비를 그가 전부 부담해야 문제가 없을 거라고 조언했다. "결국 그냥 프랜차이즈 레스토랑에 갔던 것 같습니다." 맹고가 말했다.

한 달쯤 지나 헌츠빌에 있는 레드스톤 병기창에서 열린 육군 회의에서 대화가 이어졌다. 머스크와 직원 몇 명이 그곳으로 날아갔고 맹고는 저녁 식사 초대에 화답했다. 헌츠빌은 남부 캘리포니아의 레스토랑 같은 세련된 분위기에는 비할 수 없었으나 현지의 고유한 멋이 있었다. 육군 장교들은 화려하지는 않아도 최고의 남부 요리를 내놓는 레스토랑으로 스페이스X 일행을 안내했다. 그들은 머스크에게 메기 요리를 먹어 보라고 권했고 머스크는 기꺼이 동의했다. 머리가 그대로 있는 통메기 튀김 요리가 나왔다. 현지인들만큼 재밌어하지는 않았지만 어쨌든 머스크는 메기 요리를 맛보았다.

머스크는 2003년 6월에 크리스 톰슨과 퀘니히스만, 치너리를 콰절레인으로 보내서 발사장으로 쓸 수 있을지 알아보게 했다. 그들은 맹고와 함께 로스앤젤레스에서 4,000km를 날아 하와이 주 호놀룰루로 가서 호텔에서 하룻밤을 묵었다. 호놀룰루공항 14번 탑승구에서 콘티넨털항공이 콰절레인을 포함한 마셜제도 몇 군데로 가는 비행기를 주 3회 운항하고 있었다. 비행기는 오전 9시 30분에 이륙했고 맹고와 일행은 환초에서 가장 크고 남쪽에 있는 콰절레인섬까지 또 4,000km를 날아갔다.

하늘에서 바라본 섬들은 청록색 바다에 흩어져 있는 진주같이 아름다웠다. 콰절레인 환초는 작은 섬 90개로 이루어져 있으나 그 땅덩어리를 다 합쳐도 겨우 15km², 그러니까 맨해튼 면적의 약 4분의 1에 불과하다. 산호로 뒤덮인 섬들은 모두 해수면에서 머리만 살짝 내밀고 세계 최대의 석호 주변에 끊어질 듯 이어져 있다.

부대는 방문객들을 환대해 주었다. 그 당시 군대는 일반적으로 주요 활동 예산의 약 60%만 지원받았기에 시설 관리 담당자들이 상업 계약을 통해서 나머지 40%를 충당하고자 애썼다. 콰절레인의 소금기 많고 무더운 열대 환경 탓에 그곳 군사 시설은 피폐했다. 그래서 맹고와 부대 관계자들은 레이더와 원격 측정기, 그 밖의 지원 장비에 지갑을 열 만한 외부 사용자들을 계속 찾고 있었다.

"거기 있는 내내 부대 사람들이 진수성찬을 대접해 줬어요."

치너리가 말했다. "우리를 마치 귀빈처럼 대접했죠." 섬에는 군 구내식당 외에 다른 식사 장소가 사실상 없었지만 부대 관계자들은 최선을 다했다. 그들은 좋은 식기와 식탁보를 준비했고 특별한 음식을 내왔다. 스페이스X 3인방은 약간 그을린 채 활짝 웃으며 해변에 서서 기념 사진을 찍었다. 군 관계자들은 그들을 헬리콥터에 태워 섬을 탐방시켜 주었다. 430km에 달하는 환초를 살펴보는 데 헬기는 단연 최고의 방법이었다.

나중에 머스크도 발사장으로서의 가능성을 보려고 콰절레인을 방문했는데, 그도 똑같이 헬리콥터로 섬을 둘러보았다. "〈지옥의 묵시록〉 같았습니다." 영화에서 주인공이 헬기 중대로 공격을 이끄는 상징적인 장면을 언급하며 머스크가 말했다. "진짜 베트남전쟁 시절 휴이Huey 헬리콥터를 타고 비행했습니다. 문은 활짝 열어 두었죠. 우리가 할 일은 그 영화 장면에 등장했던 바그너의 〈발키리의 기행〉을 연주하는 것뿐이었습니다. 빠진 거라면 그게 유일했거든요. 난 이랬죠. 이 헬기에 음향 장치 있나요?"

환초의 섬들을 평가한 결과, 콰절레인 북쪽으로 약 30km 떨어진 작은 섬이 최고의 선택지로 보였다. 그 섬의 면적은 3만 m²가 조금 넘는 정도로, 뉴욕시의 두 개 블록 정도밖에 되지 않았으나 그 정도면 충분했다. 무엇보다 그 섬은 위치가 완벽했는데, 동쪽으로 수천 킬로미터 탁 트인 대양 외에는 아무것도 없었다. 게다가 육군이 미사일 시험장으로 사용하는 더 큰 섬 메크와 그 섬이 인접해 있었다. 대형 쌍동선이 민간인과 군인 들을 태우고 콰절레인섬과 메크섬 사이를 매일 운항하고 있어서 스페이스X 직원들을 위해 이웃 섬 오멜렉Omelek에 들러 줄 수도 있었다.

치녀리는 자기가 사는 대륙에서 생각할 수 있는 한 최고로 멀리 떨어진 태평양 한가운데 있었다. 그 당시 치녀리는 이 행성에서 가장 외딴곳에 발사장을 짓는다는 계획에도 압도되지 않았다. "뭐든지 가능하다고 믿는 그 이상한 스페이스X 병에 나도 걸렸던 거죠." 그녀가 회상했다. "정말로 그곳에서 발사하면 얼마나 멋질까 하는 생각을 하고 있었어요. 콰절레인은 진짜 근사해요. 어디서도 그보다 더 예쁜 물을 본 적이 없어요. 그곳에서 했던 스노클링은 최고였어요. 우리에게 필요한 모든 걸 섬으로 들여오는 게 얼마나 어려운 일이 될지는 하나도 생각나지 않았답니다."

실제로 2003년에는 그 계획이 집에서 지구 반 바퀴 떨어진 바위 해변까지의 거리처럼 아주 먼 미래 같이 느껴졌다. 언젠가 회사는 이 비현실적인 낙원에 두 번째 발사장을 건설하고 말레이시아 위성을 적도궤도로 쏘아 올리겠지만, 그렇게 금방은 아니었다. 아직 팰컨1이 우주로 가는 길은 콰절레인의 산호초가 아니라 로스앤젤레스 북쪽 언덕으로 이어져 있었다. 콰절레인 답사에 나섰던 직원들은 다시 캘리포니아 집으로 날아와 밀물 썰물과 파도를 교통 체증과 업무로 바꾸었다.

스페이스X는 5월 첫 주에 반덴버그에서 첫 번째 지상연소시험을 시도했으나 소프트웨어 버그와 상태 나쁜 계기 장치들을 발견하고 시험을 중단했다. 얼마 뒤에 두 번째로 시도했을 때는 독한 술로 슬픔을 달랬다. 문제는 액체산소였다. 그들에게는 액체산소가 계속 부족했다.

공군은 연료탱크와 산화제탱크가 모두 가득 차 있을 때는 사람이 로켓에 접근하지 못하게 하는 엄격한 규칙을 두고 있었는데, 이것은 당연한 일이었다. 연료탱크가 가득 찬 로켓은 본질적으로 폭발을 기다리는 폭탄이기 때문이다. 따라서 시험 도중 로켓엔진을 멈추었다 하더라도 치너리와 엔지니어들이 그냥 픽업트럭에 올라타 붕 하고 발사장으로 달려가서 컴퓨터의 펌웨어*를 조사할 수는 없었다. 그 대신 액체산소를 근처 자갈밭에 모두 버려서 없애야만 했다.

산소는 매우 낮은 온도인 영하 183℃에서 액체로 응결하는데, 이것은 명왕성 표면 온도보다 약간 더 따뜻한 정도다. 그러니 극저온 연료를 다루는 일은 까다로울 수밖에 없다. 로켓 발사 카운트다운 장면을 한 번이라도 봤다면 로켓에서 하얀 연기가 나오는 모습이 기억날 것이다. 그 하얀 연기가 대개 탱크에서 끓어서 흘러나오는 액체산소다. 그러나 액체산소는 다루기 어려운 만큼 가치가 있다. 물질은 기체보다 액체 상태일 때 공간을 덜 차지하므로 극저온 산소를 사용하면 로켓 연료탱크는 좀 더 작고 가벼워도 된다. 그리고 액체산소는 강력한 산화제로, 로켓 연료와 결합하여 빠르고 강하게 연소한다.

스페이스X 직원들은 액체산소를 버리고 나서야 겨우 로켓에 접근할 수 있었다. 그런 다음 비행 제어 컴퓨터에 발생한 문제를 해결하고 다시 액체산소를 탱크에 채우는 번거로운 작업을 시작

---

* 데이터나 정보를 변경할 필요가 없는 핵심적인 소프트웨어를 롬(ROM) 따위에 기록해서 하드웨어처럼 사용하는 것.

했을 것이다. 그 당시 회사는 이동식 유조탱크 트럭을 이용해서 액체산소를 발사장에 들여왔는데, 이동 과정에서 산화제가 증발하는 탓에 트럭 한 대당 한 번이나 두 번 정도만 재급유를 할 수 있었다. 5월 하순의 그날 아침에 머스크는 액체산소 때문에 몹시 화가 난 상태로 부자에게 전화를 걸었다. 머스크는 액체산소가 부족해서 일을 중단하는 사태가 또다시 생긴다면 발사팀을 모두 해고할 거라고 으름장을 놓았다. "그 이후로 우리 사이에선 액체산소가 항상 '빌어먹을' 2t은 있어야 한다는 말이 유행어가 됐죠." 치너리가 말했다. 그날 이후 발사 현장에는 언제나 이동식 유조탱크 트럭이 적어도 두세 대씩 줄지어 대기하고 있었다. 필요할 때 즉시 달려올 준비를 하고서 말이다.

초기에는 이런 어려움을 겪을 수밖에 없다. 새 로켓은 아무리 잘 설계해서 만들더라도 개별 부품을 전체 로켓으로 조립할 때 항상 문제가 생긴다. 그 모든 문제를 파악하고 해결하는 데는 시간이 걸린다.

마침내 5월 27일, 모든 것이 합쳐졌다. 짙은 아침 안개가 로켓을 뒤덮었으나 카운트다운은 순조롭게 진행됐다. 카운트다운 시계가 '0'을 알리자 로켓이 우르릉거리기 시작했다. 주변을 감싼 안개와 엔진에서 나온 연기가 로켓의 자태를 일부 가리긴 했어도 발사대에서 일어난 일을 오인하기란 불가능했다. 처음으로 팰컨1이 생명을 내뿜었다. 밝고 뜨겁고 우렁차게 타올랐다.

안타깝게도 사상자가 하나 있었다. 스페이스X 직원들이 몇 달 동안이나 쫓아 버리려고 애쓴 외양간올빼미였다. 엔진이 연소할 때 로켓엔진에서 나오는 화염의 방향을 바꾸려고 만들어 둔 커다란 덕트에 하필이면 녀석이 집을 지은 것이다. 멀린 엔진을 점화하자 올빼미는 화염에 휩싸인 참호 바깥으로 나왔지만 심하게 그을리고 말았다. 그날 지상연소시험에 돌입하기 전에 배관에 남은 연료를 날려 버리느라 시끄럽게 정화 작업을 했음에도 이 강인한 올빼미는 아랑곳없이 아침 내내 둥지를 튼 곳에 머물러 있었다. 엔지니어들은 다친 올빼미를 근처 들판에서 발견해 동물 재활 시설에 전화를 걸었다.

"동물보호단체 소녀들이 와서 가여워하며 올빼미를 데려갔습니다." 자기가 만든 엔진이 굉음을 내며 살아나는 것을 지켜보았던 톰 뮬러가 말했다. "상태가 좋아 보이지 않았어요. 정화 절차가 시작되고 발사대가 지옥보다 더 시끄러운데도 올빼미는 물러나지 않았던 거죠. 다들 정화 절차가 시작되면 날아가겠거니 생각했지만, 전혀요. 그러다 엔진에 불이 붙자 그제야 나가야겠다 싶었나 봐요."

스페이스X는 이만큼이나 해냈지만 진짜로 로켓을 발사하려면 아직도 먼 길을 가야 했다. 반덴버그 시험대의 팰컨1은 겉보기에 완전한 비행체 같았으나 2단에는 아무것도 없었다. 2단은 그냥 텅 빈 통이었다. 진공의 우주공간에서 빛을 내며 연소할 2단 엔진은 아직 준비되지 않았다. 로켓의 항공전자기기 작업을 좀 더 해야 했다. 그러고도 훨씬 많은 일이 남아 있었다. 그러나 스페이스X는 첫 번째 큰 산을 넘었다.

치너리와 직원들은 희열에 넘쳤다. 한편으로는 몇 달간 끝나지 않았던 기술적 문제들을 해결하느라 진이 다 빠져 있었다. "우린 그날 밤에도 한잔하러 나갔는데, 이번에는 위로주가 아니라 축하주었답니다." 치너리는 금요일 밤 파티를 마치고 집으로 가서 주말 내내 잠을 잤다.

스페이스X의 작은 팀이 단잠에 빠져 있는 동안 공군 고위 관리들은 문제가 생긴 것을 깨달았다. 설마설마했던 이 회사가 어쨌거나 로켓을 만들어 냈고 지상연소시험까지 했다. 그리고 이제 그것을 발사할 준비를 하고 있었다.

"오늘 우리는 발사하기 전에 남은 가장 큰 이정표를 완성했습니다." 지상연소시험을 성공적으로 마친 후 머스크가 말했다. "몇 달 안에 우리는 공군의 비행 허가를 받을 겁니다."

그러나 공군은 그 허가를 내주지 않는다.

공군과 스페이스X의 관계는 처음부터 불편했다. 군대는 경직된 문화에 위계질서가 엄격했으며 요구 조건이 많았다. 스페이스X의 문화는 느슨했고 위계가 거의 없었다. 그리고 군의 요구 조건들을 대부분 시간 낭비로 여겼다. 스페이스X는 단지 일을 진행하기만 원했고 공군은 승인하기 전에 환경, 안전, 기술적 세부 사항 등 모든 요건을 하나하나 검토하는 것이 임무인 사람들이었다.

그전까지 반덴버그 같은 커다란 집단을 실제로 상대해 본 적이 없었던 퀘니히스만에게 이들은 재밌기도 하고 답답하기도 했다. "공군과 우리는 말하는 방식이나 일을 대하는 방식이 참 안 맞았어요. 공군이 내민 몇몇 요구 사항에 대해선 우리가 말 그대로 미친 듯이 웃었다니까요. 웃다가 숨을 골라야 할 정도였죠. 아마 그들도 같은 식으로 우리를 비웃었을 겁니다."

그러나 2005년 초부터 회사와 공군은 더는 웃지 않았다. 그해 봄에 숏웰은 군에 팰컨1 발사 서비스를 판매하고 발사안전관과 친분도 쌓아 둘 겸 반덴버그에 갔다. 그녀는 방문 당시의 불편했던 분위기를 기억했다. 공군 고급 장교와 부지를 둘러보는 동안 숏웰은 반덴버그 사람들이 말하는 방식에서 뭔가 떨떠름한 분위기를 느꼈다. "내가 상상하는 마피아 모임 같은 거였어요. 대놓고 말하진 않았어도 그들의 행동은 딱 이런 얘길 하고 있었죠. '너희가 이러면 안 되지'."

그래도 2005년 상반기까지 공군은 스페이스X에 발사장을 내주었다. 스페이스X에서 누구보다 군대 문화를 잘 이해했던 치너리는 그 기지의 공군 간부들이 스페이스X의 저력을 몰라서 그랬을 거라고 설명했다. 그러니까 로켓을 그렇게나 빨리 만들고 발사하겠다는 야심 찬 계획이 성공할 리 없다고 생각했을 거라는 뜻이다. 공군은 스페이스X를 최소한으로만 지원했으며 서류 업무와 승인 과정을 감독하는 업무를 하위급 직원들에게 맡겼다. 그렇다고 그들이 스페이스X를 방해한 것은 아니었다.

치너리가 설명했다. "초기에는 모든 걸 그렇게 정밀하게 검토하지 않았어요. 그들은 정말로 믿지 않았던 거죠. 그러다 우리가 지상연소시험을 하고 나니까 이 사람들이 갑자기 정신을 차린 거예요."

공군이 신생 로켓 회사의 약속을 믿지 않은 데는 그럴 만한 이유가 있었다. 전에도 몇몇 업체가 반덴버그를 거쳐 갔다. 그 회사의 후원자들도 머스크와 비슷한 말을 했었다. 우주로 가는 접근 비용을 낮추고, 작은 위성 전용 로켓을 제공하고, 더 새로운 기술로 빨리 만들고 시험해서 수정해 나가는 린^{lean} 방식 경영을 통해 본질적으로 항공우주산업을 바꾸겠다는 포부를 다들 내보였다. 아니나 다를까, 모두 용두사미로 끝났다.

그나마 기억에 남을 만한 회사는 1985년에 조지 코프만^{George Koopman}이 설립한 암록^{Amroc}이었다. 남부 캘리포니아의 유명 인사였던 코프만은 할리우드에서부터 우주여행, 초자연 현상에 이르기까지 관심사가 다양했다. 그는 베트남전쟁 때 군사정보분석가로 복무했고 군대 훈련용 영화를 제작했으며 할리우드 블록버스터 영화의 스턴트를 중계하기도 했다. 그리고 강력한 환각제인 LSD를 의료용으로 사용하자고 주장한 심리학자 티머시 리어리와 배우 댄 애크로이드 같은 사람들과 친구로 지냈다. 배우를 친구로 둔 인연을 통해 코프만은 1980년 영화 〈블루스 브라더스〉의 스턴트 감독을 맡았는데, 당시 촬영을 위해 450m 상공 헬리콥터에서 고층 건물로 둘러싸인 시카고의 작은 광장으로 소형차를 떨어뜨리는 허가를 연방항공청에서 받아 내기도 했다. 그런가 하면 배우 캐리 피셔와 사귀었다고 주장하기도 했다.

1985년에 암록을 설립한 코프만은 투자자들에게서 2000만 달러를 확보했다. 그리고 엔지니어 한 팀을 고용해서 액체연료와 가연성 고체 물질을 모두 사용하는 혁신적인 하이브리드 로켓엔진을 개발하도록 했다. 그 엔진의 추력은 약 32t으로, 팰컨1을 쏘아 올릴 엔진과 동등한 수준이었다. 1989년에 열린 국제우주개발 콘퍼런스에서 코프만이 한 연설은 마치 한 세대 전 머스크의 연설처럼 들린다.

"우리의 목표는 현재의 발사 비용을 90% 감축하는 것입니다.

우리는 화물을 지구 상공으로 가져가고 가져오는 운송 사업을 할 회사를 시작했습니다. 포장 배송 서비스죠. 우주 시장에서 페덱스나 UPS처럼 되는 것이 바로 우리 목표입니다." 머스크처럼 코프만도 사람들이 우주에서 사업을 영위하고 지구를 벗어나 먼 곳까지 인류의 활동 영역을 넓히기 위해 우주에 정기적으로 오가도록 만들고 싶어 했다.

NASA의 제트추진연구소에서 우주탐사선 마리너Mariner, 바이킹Viking, 보이저Voyager의 우주 비행 업무를 하면서 20년간 뛰어난 경력을 쌓은 제임스 프렌치James French가 암록의 수석엔지니어로 고용되었다. 그는 마이크 그리핀이라는 청년을 함께 데리고 왔는데, 후에 머스크에게 초기 조언을 하게 되는 바로 그 엔지니어다. 그리핀은 그 일을 위해 저축해 놓았던 돈을 일부 찾아서 나라 반대편으로 왔다. 그러나 좋은 시절은 잠시였다. 그들은 곧 코프만이 진지한 로켓과학자라기보다 수완 좋은 사업가임을 알게 되었다. 코프만은 업계에서 유행하는 말을 잘 알고 있었으나 그의 지식은 다양한 주제를 피상적으로만 아는 정도였다.

정부 지원도 개인 자산도 부족했던 코프만은 부유한 후원자들의 기부금에 의존해야만 했다. 잠재 투자자들과 회의하는 자리에서 코프만은 단 6개월 안에 암록의 로켓을 발사할 거라고 말하곤 했고, 프렌치에게 자기 말을 뒷받침하게 하면서 그를 곤란하게 했다. 프렌치는 이런 일에 곧 신물이 났다. "그런 말도 안 되는 소리를 해 놓고는 내가 자기 말을 뒷받침해 주기를 바랐죠." 프렌치가 말했다. "나는 그럴 수 없었고, 우리는 그 때문에 심하게 다퉜습니다." 프렌치와 그리핀은 2년 후 암록을 떠났다.

어쨌거나 코프만은 마침내 공군과 협약을 맺고 반덴버그의 낡은 발사장을 재건축했다. 그런데 1989년, 마흔네 살의 코프만이 자동차 사고로 갑작스레 목숨을 잃었다. 카리스마 넘치는 설립자를 비극적으로 잃은 뒤에 회사는 첫 번째 시험 비행에 '코프만 익스프레스'라는 이름을 붙이며 분발해 나갔다. 그리하여 같은 해 10월 초에 드디어 발사 카운트다운을 했다. 하지만 이륙 순간에 산화제 밸브가 일부만 열리는 바람에 액체산소가 제대로 흘러나오지 못했고 결국 로켓은 이륙할 만큼 강한 추력을 얻지 못했다. 불붙은 로켓은 발사대 위에서 넘어졌다. 암록은 또 다른 민간 항공우주 회사인 시에라네바다Sierra Nevada의 자회사 스페이스데브SpaceDev에 지식 재산권을 팔기 전까지 몇 년간 고난에 빠져 그 로켓과 비슷한 운명을 겪었다.

10여 년 후에 일론 머스크가 반덴버그에 나타났을 때 공군 선임자들은 이 회사가 무엇을 보여 줄지 뻔하다고 생각했다. 우주 산업을 개혁하겠다는 호언장담. 고급 승용차. 그리고 실망스러운 결말.

2000년대 초에는 공군 역시 반덴버그에서 군 발사 프로그램을 재건하려는 큰 계획을 세우고 있었다. 수십 년 전에 NASA의 우주왕복선 비용을 대는 데 도움이 되고자 백악관이 중개한 협정에 따라 지미 카터 대통령은 공군의 모든 정찰 및 통신 위성을 민간 우주선에 실어 보내라고 명령했다. 공군은 자기들의 발사 업무를 NASA와 협력해서 진행해야 하는 상황에 화가 났으나 명령을 받들어 낡은 로켓들을 단계적으로 폐기하기 시작했다.

　1982년 6월, 우주왕복선은 네 번째 발사 만에 군의 첫 화물을 궤도로 올려보냈다. 1986년에 우주왕복선 챌린저Challenger호 폭발 사고가 없었다면 민간 우주선과 군의 강제 결합 상태는 계속 이어졌을지도 모른다. 그 사고는 분명 비극이었지만 군 지휘부에게는 자기들 소유의 우주발사체가 별도로 필요하다고 백악관을 설득하는 계기가 되었다. 장군들은 NASA가 챌린저호 사고의 원인을 조사하고 문제를 해결하느라 수년을 보내는 동안 군은 적시에 우주에 접근하지 못하게 됐다고 강력하게 항의했다. 또 고급 장교들은 우주왕복선 시대 이전에 자기들이 날렸던 대륙간 탄도미사일을 개조한 로켓 말고 최신 로켓을 원했다. 마침내 레이건 행정부가 동의했고 공군은 록히드마틴과 보잉 등 주요 방위산업체와 함께 구식 아틀라스와 델타 계열 로켓들을 현대화하기 시작했다.

　세기가 바뀔 무렵에는 최신 고성능 로켓을 향한 공군의 오랜 기다림이 거의 끝나 가고 있었다. 2003년에 드디어 록히드의 날렵한 최신 로켓 아틀라스5가 개발 마지막 단계에 들어섰고 극지 임무를 수행하기 위해 서부 해안 발사대가 필요했다. 그리하여 공군은 SLC-3 동편 발사대, 그러니까 스페이스X가 팰컨1을 시험하게 될 곳에서 인접한 발사대를 록히드에 배정했다. 공군은 거의 2년간 2억 달러 이상을 투자해서 발사장에 있는 기존 이동 시설을 비롯해 발사대와 로켓을 잇는 동력 케이블 설비를 개선했고 화염이 지나가는 참호를 확장했다. 공군이 새 단장을 거의 마무리했을 즈음, 스페이스X가 팰컨1 지상연소시험을 수행했다. 스페이스X의 발사대 근처에는 록히드에 배정한 발사대 외에도 공군의 귀중한 자산이 더 있었다. 2005년 봄, 국가정찰국의 10억 달러짜리 첩보 위성을 탑재한 타이탄4 로켓이 반덴버그의 SLC-4 발사장에서 겨우 몇 킬로미터 떨어진 발사대로 이동하고 있었다.

바로 이 때문에 스페이스X가 팰컨1 발사 허가 요건을 모두 충족했음에도 그동안 준비한 서류들이 블랙홀로 사라지기라도 한 듯 답보 상태에 빠졌다. 공군은 그저 최종 서류를 승인하지 않았다. 공군의 계산은 단순했다. 신생 우주 회사가 검증되지도 않은 로켓을 날리도록 허가할 것인가, 아니면 혹시라도 팰컨1 발사가 잘못돼서 생길 각종 위험으로부터 엄청나게 소중한 국가 안보 자산을 보호할 것인가. 장군들에게는 쉬운 결정이었다.

군 관계자들은 타이탄4가 국가정찰국의 10억 달러짜리 위성을 싣고 무사히 날아오르기 전까지 스페이스X의 발사를 허락하지 않으려고 했다. 게다가 군은 정확한 발사 날짜를 확답해 줄 수 없었다.

스페이스X가 지상연소시험에 성공한 다음 날, 머스크와 부자는 반덴버그 공군기지 사령관과 국가정찰국 책임자와의 전화 회의에 따로따로 참석했다. 관계자들은 스페이스X가 팰컨1을 발사하는 것을 환영하지만 발사 시기는 국가정찰국의 값비싼 위성이 안전하게 궤도에 오른 후여야 한다고 못 박았다.

이것은 스페이스X를 끔찍한 상황에 몰아넣는 처사였다. 그들의 말대로 팰컨1이 발사 차례를 기다리는 동안 아무도 그 비용을 스페이스X에 보상하지 않을 것이기 때문이다. 스페이스X는 고객의 화물을 싣고 발사를 해야만 돈을 받을 수 있다. 반대로 군이 아틀라스나 델타 로켓과 국가 안보 발사 계약을 할 때 록히드와 보잉은 원가보상계약을 맺어서 어떤 지연 상황이 발생해도 그 비용을 정부에 청구하게끔 되어 있었다.

"엄밀히 말해 우리가 반덴버그에서 쫓겨난 건 아니었습니다." 머스크가 말했다. "단지 그들이 우리 일정을 늦추었을 뿐이죠. 공군은 안 된다고 말한 적도 없고, 그렇다고 된다고 말하지도 않았어요. 그런 상황이 6개월 동안 계속됐죠. 회사 재정은 말라 가고 있었습니다. 사실상 굶어 죽어 가는 것과 같았어요."

거의 초창기부터 스페이스X는 극궤도에 쉽게 접근할 수 있고 공장에서 겨우 240km 떨어진 이 발사장에 희망을 걸었다. 지상 시스템 구축을 서두르면서 스페이스X는 반덴버그 발사 시설에 700만 달러를 투자했다. 그 비용은 돌려받지 못할 것이다. 머스크는 손실을 감당해야 한다. 아직은 초기 투자에서 남은 자금이 있었으나 100명이 넘는 직원 급여를 생각하면 스페이스X의 앞날은 1년 정도 남은 셈이었다. 그리고 만약 공군이 반덴버그에서 발사할 날을 무기한 기다리라고 한다면 더 항의하지도 못하고 그저 받아들이는 수밖에 없는 처지가 됐다. 빨리, 가능한 한 빨리 달리라고 압박하는 DNA를 가지고 태어난 회사가 요지부동의 힘에 부딪힌 것이다.

불공평한 처사였지만 머스크에게는 선택지가 별로 없었다. 회사는 느리게 움직이는 관료주의를 대면하고 있었다. 공군은 안 된다고 말하지 않았다. 차라리 그랬다면 스페이스X는 맞서 싸웠을 것이다. 그러나 항의할 게 없었다. 소송을 제기했더라도 군에 반하는 법원의 명령은 나오지 않았을 것이고, 수년 후 법원이 호의적인 판결을 하더라도 그것은 무의미하고 때늦은 승리가 되었을 것이다.

기다릴 수도 소송할 수도 항의할 수도 없다는 것을 안 머스크에게 남은 선택지는 단 하나였다. 정부 관계자와 전화 회의를 마친 머스크는 곧바로 부자에게 전화했다. 우린 콰절레인으로 갑니다, 머스크가 말했다. 내일, 부자는 짐을 싸야 한다.

치너리가 태평양 한가운데 콰절레인 환초를 처음 방문해서 군 관계자들에게 와인과 식사를 대접받는 초현실적인 경험을 한 지 2년이 지났다. 8,000km 떨어진 저 먼 곳의 작은 섬들이 이룬 고리가 스페이스X에 중요한 생명줄을 이어 주게 됐다. 2005년 상반기 동안 치너리는 반덴버그 공군기지에서 거의 살다시피 했다. 이제 그녀와 부자, 10여 명의 엔지니어와 기술자는 그해 하반기를 콰절레인에서 보내야 한다. 보트를 타고 매일 오멜렉섬으로 통근하면서 말이다. 그들은 발사장 하나를 건설하려고 지치도록 일했다. 이제 돌아서서 두 번째 발사장을 건설할 차례다.

콰절레인은 집에서 멀었지만 적어도 스페이스X의 문을 닫게 하려고 버티는 공군 관계자들은 없었다. 육군은 스페이스X를 환영했다. 섬은 그들 차지였다.

4

1차 발사
FLIGHT ONE
2005년 5월~2006년 6월

반짝거리는 바다에 둘러싸인 콰절레인은 열대 낙원이다. 다만 육군 버전의 낙원이다. 콰절레인에는 호화 리조트, 시원한 전망이 펼쳐지는 발코니, 무제한 아침 뷔페 대신에 콘크리트 벽과 작은 창, 군대식 구내식당이 있는 육군 호텔이 두 개 있다. 메이시즈호텔은 같은 이름의 백화점과는 닮은 구석이 하나도 없고, 콰절레인로지는 특색이라 할 만한 게 전혀 없다. 칙칙한 방에서는 곰팡내가 나고 장식 같은 건 없다. 오락용으로 육군 TV를 제공하는데, 익숙한 채널이 거의 없다. 모든 가구에는 미국 정부의 관리 번호가 찍혀 있다.

"사람들은 그곳을 아주 싫어하거나 아주 좋아했죠." 한스 퀘니히스만이 얘기했다. 과묵한 독일인 엔지니어 퀘니히스만은 그곳이 마음에 들었다. 육군이 낙원을 애써 꾸미지 않아도 열대 섬은 이미 아름다웠다. 퀘니히스만은 얼마 안 되는 자유 시간에 바닷속으로 다이빙해서 환초의 매력을 제대로 즐겼다.

그가 자주 가서 시간을 보낸 장소 중 하나는 제2차 세계대전 당시에 활약한 독일 순양함 프린츠오이겐Prinz Eugen이었다. 길이 약 200m의 낡은 중순양함이 수면 35m 아래 거꾸로 누워 있었다. 프린츠오이겐은 독일군 최대 전함인 비스마르크와 함께 영국 군함 HMS후드를 침몰시키는 데 일조했으나 전쟁이 끝나면서 연합군에 넘겨졌다. 미 해군은 프린츠오이겐을 마셜제도의 비키니 환초로 보내 핵무기 시험에 사용했다. 이 배는 1946년에 시행한 에이블, 베이커 시험*에서 살아남았지만 후에 콰절레인 석호로 예인되어 수장되었다. 지금은 프로펠러와 키만 수면 위로 올라와 있고 나머지 부분은 거의 물속에 잠겨 있다.

"그 밑에 내려가서 머무르곤 했습니다." 쾨니히스만이 회상했다. "용골 밑으로 헤엄쳐서 배 아래로 내려갔다가 다시 올라오곤 했어요. 낮에는 일해야 해서 주로 밤에 다이빙하곤 했습니다. 아무나 누리는 기회는 아니죠."

프린츠오이겐은 전쟁이 끝난 수십 년 후에도 분쟁의 역사와 분단이라는 결과가 생생히 남아 있는 독일을 연상케 했다. 독일에 뿌리를 둔 쾨니히스만은 프랑크푸르트에서 안락한 어린 시절을 보냈다. 자라면서 자신이 과학과 수학에 재능이 있음을 알게 됐는데, 제일 좋아한 과목은 물리학이었다. 가장 쉬웠기 때문이라고 한다. 그는 이런 재능을 발휘해서 조종사가 되고 싶었으나 그러기에는 시력이 나빴다. 항공우주산업은 그 차선책이었다.

---

* 1946년부터 1958년까지 비키니 환초에서 시행한 미국의 핵무기 시험 중 일부. 에이블(Able), 베이커(Baker), 찰리(Charlie) 단계로 계획했다가 베이커 단계까지 진행 후 찰리 단계는 취소됐다.

베를린의 한 기술대학교에서 몇 년을 보낸 퀘니히스만은 비행기에 싫증이 났다. 그러다 인공위성으로 관심사가 옮겨갔고 다른 학생들과 함께 언젠가 궤도에 오를지도 모를 작은 우주선을 만들기 시작했다. 1989년, 그는 독일 북부에 있는 브레멘대학교의 '응용 우주기술과 극미중력센터'라는 과학 연구소로 자리를 옮겼다. 그곳에서 퀘니히스만은 다섯 명의 팀을 이끌어 지구 근처 초소형 운석과 먼지 입자를 연구하는 약 65kg짜리 인공위성을 만들었다. 위성 이름은 브렘샛BremSat이었다. 당시 NASA는 국제 파트너들을 우주왕복선 프로그램에 참여시키고 있었는데, 그 프로그램의 하나로 1994년 2월에 브렘샛을 디스커버리Discovery호에 실어 발사하기로 했다. 퀘니히스만은 발사 1년 전에 미국을 10여 차례 이상 여행하면서 케네디우주센터를 포함한 NASA 시설을 여러 번 방문했다. 그는 발사탑에서 우주왕복선까지 우주인들이 거쳐 갔던 플랫폼을 가로질러 걸었다. 그리고 잠깐이지만 그 발사의 지휘관이자 네 번이나 우주 비행을 한 찰스 볼든Charles Bolden을 만났다.

브렘샛을 발사한 뒤로 퀘니히스만은 기분이 들떠 있었다. 서른 번째 생일을 앞두고 있었고 신혼이었으며 아내는 임신 중이었다. 그는 미국 여행 경험이 좋았다. 이들 부부는 함께 큰 변화를 꾀하기로 했다. 1996년에 가족과 함께 로스앤젤레스로 이주한 퀘니히스만은 작은 회사 마이크로코즘에 일자리를 구했다. 캘리포니아에서 그는 짧게 비행하는 경량 로켓 제작에 참여했다. 이런 고층 기상 관측 로켓들은 궤도 진입 최저 속도에 도달하기에는 강력한 한방이 부족했지만, 지구 대기권 위로 잠시 솟아

올라 호를 그리며 비행할 수 있었고, 아래로 떨어지기 전에 작은 탑재물이 몇 분간 무중력 상태에 놓이게 할 수 있었다. 퀘니히스만은 로켓 경험이 많지 않았다. 사실상 전혀 없는 것이나 마찬가지였다. 그러나 작은 인공위성의 우주 비행을 직접 통제해 본 경험이 많았다. 그는 로켓의 유도, 항법, 제어 작업도 분명 크게 다르지 않겠거니 생각했다.

"아주 자연스러웠어요. 우리 모험의 한 부분이라고 할까요? 아내는 정말 여기로 오고 싶어 했습니다. 캘리포니아에서 지내고 싶어 했죠." 퀘니히스만 부부는 모험을 즐기고 있었다. 그리고 한스 퀘니히스만은 그 이후로 로켓에 관해 지독히 많은 것을 배우게 된다.

퀘니히스만의 모험은 그를 서쪽으로 더 멀리 데려갔다. 2003년에 치너리, 톰슨과 함께 콰절레인으로 첫 실사 여행을 떠났던 경험 덕분에 그는 이미 이 지역은 물론이고 환초까지 가는 고된 여행에도 친숙했다. 그래서 2005년 6월에 스페이스X가 대체 발사장을 건설하기로 했을 때 퀘니히스만이 서쪽으로의 진격을 진두지휘했다.

로스앤젤레스에서 콰절레인까지 옮길 것이 너무 많았다. 직원들이 이틀에 걸쳐 비행기를 두 번 타며 로켓 핵심 부품을 나르지 않는 한, 화물 대부분은 한 달 걸리는 배로 운송해야 했다. 직원들은 엘세군도 본사에서 대형 화물선에 실을 10여 개의 해상 화물 컨테이너에 짐을 싸기 시작했다. 얼마 전 반덴버그에 발사 시설을 건설한 경험을 통해 그들은 오멜렉섬에서 팰컨1을 조립하고 시험하고 발사하려면 그야말로 모든 게 필요하리란 것을 알았다. 그래서 작은 공구부터 기중기, 크고 작은 배관, 컴퓨터까지 필요한 것 전부를 12m짜리 화물 컨테이너에 채워 넣어 항구로 보냈다. 그해 여름 3개월 동안 회사는 배와 군용 항공기를 동원해 약 30t의 화물을 태평양을 가로질러 실어 날랐다.

쿼니히스만과 동료 대부분은 군대식 숙소를 정말로 신경 쓰지 않았다. 하루를 일찍 시작해서 종일 일해도 꼬박 일주일이 걸리는 업무 강도 때문이었다. 스페이스X가 오멜렉섬으로 바로 가는 배를 마련하기 전에 직원들은 메크섬으로 가는 승객들이 타는 쌍동선을 함께 타야 했다. 그 배는 해가 뜨기 전에 콰절레인 선착장을 출발해서 약 한 시간 후에 스페이스X 팀을 오멜렉에 내려 주곤 했다. 팀원들은 쌍동선이 다시 태우러 오는 늦은 오후까지 일을 했다. 저녁에 콰절레인으로 돌아오면 다음 날 할 일에 대한 계획을 많이 세워야 했다. 그날 발견한 문제를 해결하고 캘리포니아에 있는 엔지니어들과 회의하고 물류 계획을 짜거나 로켓 발사에 필요한 허가를 받기 위해 육군 관계자들과 협의해야 했다.

치너리를 포함한 일부 직원은 아예 환초로 이사 왔고 2005년 하반기 거의 전부를 콰절레인과 오멜렉에서 보냈다. 쿼니히스만처럼 가족이 로스앤젤레스에 있는 직원들은 몇 주를 섬에서 보내고 본토로 돌아갔다. 시간이 흐를수록 그렇게 왔다 갔다 하는 일이 직원들을 지치게 했다.

"내 평생 하와이에 가 본 적이 없었어요." 그 기간에 쿼니히스만의 핵심 부관 중 한 명이던 필 카수프가 말했다. "그런데 6개월 동안 거길 너무 많이 가 봐서 다시는 가고 싶지 않았습니다."

스페이스X는 오멜렉에 작은 콘크리트 벙커를 제외하고는 기반 시설이 아무것도 없는 상태에서 일을 시작했다. 발사팀은 콘크리트로 발사대를 만들고 로켓을 보관할 격납고를 지어야 했다. 그들은 캘리포니아에서 400kVA^{킬로볼트암페어} 용량의 거대한 발전기를 사서 콰절레인으로 보냈다. 브라이언 벨데의 첫 임무는 스페이스X가 콰절레인에서 로켓과 통신할 수 있게 하는 것이었다. 로켓은 워낙에 폭발 위험이 크고 오멜렉은 면적이 너무 좁아서 발사할 동안에는 아무도 섬에 남아 있을 수 없었다. 그래서 스페이스X는 콰절레인에 있는 육군 시설에 관제센터를 세웠다. 팰컨1이 경로를 벗어나면 발사안전관이 관제센터에서 로켓에 신호를 보낼 수 있어야 한다. 그러나 오멜렉은 콰절레인에서 가시거리 밖에 있었다. 벨데는 송수신선이 직결된 무선 통신이 제대로 작동할지 확신이 서지 않았다. 그는 오멜렉섬의 지상에서 UHF안테나*와 통신 장비들을 이용해 콰절레인으로 인터넷 접속을 시도했다. 통신 상태가 너무 나빴다. 이번에는 고소작업대 리프트를 타고 수직으로 세운 팰컨1의 안테나 높이 정도 되는 지점까지 올라갔다. 신호가 잘 잡혔다. 수십 미터 차이로 모든 것이 달라졌고 오멜렉에서 콰절레인까지 신호를 중계할 기지를 따로 건설하지 않아도 돼서 비용을 절감했다.

벨데와 동료들은 대부분 적도 부근의 열기와 습도를 난생처음

---

* 주파수대 300~3,000MHz에 해당하는 전파를 극초단파(ultra high frequency)라고 하며, 극초단파 대역에서 쓰는 안테나를 UHF안테나 또는 극초단파안테나라고 한다.

경험하는 중이었다. 첫 몇 달간 오멜렉에서는 석호로 뛰어드는 것 외에 열기를 식힐 다른 방도가 없었다. 에어컨은커녕 그 섬에서 한숨 돌릴 곳이라고는 양쪽이 뚫린 콘크리트 벙커뿐이었다. 그 안에 있으면 바람이 소리를 내며 지나갔고 약간의 그늘에서 적당한 휴식을 취할 수 있었다. 그래서 종종 군용 도시락을 벙커 안으로 가져가서 샌드위치, 쿠키, 감자튀김 등을 먹었다. 그들은 꾸준히 일했다. 그리하여 2005년 가을 무렵에 발사 시설이 거의 준비되었다. 아무것도 없는 섬에 발사장을 짓는 데 넉 달밖에 걸리지 않았다.

치너리는 이렇게 빠른 속도를 낼 수 있었던 원인이 반덴버그 SLC-3 서편에 첫 발사대를 조립하면서 학습한 경험과 원격지에 있는 육군 관계자들의 호의 덕분이라고 설명했다. 그 덕분에 회사는 자체의 자연스러운 속도로, 그러니까 최대한 빠르게, 움직일 수 있었다. "아주 초기부터 스페이스X가 아는 건 한 가지뿐인 것 같았어요." 그녀가 말했다. "우리는 그 무엇도 머무적거리느라 시간을 낭비하지 않았습니다. 뭔가를 배에 실어야 한다는 걸 알면 곧바로 실행했죠."

스페이스X는 오멜렉 발사장을 개발하는 동안 가능한 한 편의를 우선했다. 그래서 모양새 나고 세련된 방식을 버리고 빠르고 간편한 방식을 택했다. 한 예로 엔지니어들은 로켓을 만들고 조립할 격납고에서 140m 떨어진 콘크리트 발사대까지 로켓을 옮길 때 값비싼 대형 수송 차량을 이용하지 않기로 했다. 대신에 그들은 청동기 시대의 방법을 고안했다. 스트롱백strongback이라고 부르는 이동식 받침대에 로켓을 수평으로 놓고, 이 받침대에 커다란 금속 바퀴를 달아 부드러운 표면을 구를 수 있게 만들었다. 그러나 오멜렉에는 산호와 모래, 잡초가 빽빽했다. 그런 지면을 가로지르기 위해 발사팀은 커다란 합판을 땅에 깔고 이동식 받침대를 한 번에 1.5~2m씩 민 다음 합판을 다시 옮겨 깔았다. 보기에는 허접했어도 어쨌거나 일은 진행되었다. 그렇게 발사대에 도착하면 스트롱백이 팰컨1을 수직으로 들어 올려 발사 위치를 잡았다.

퀘니히스만은 발사대 건설 과정을 되돌아보다가 회사가 어떻게 그렇게 빠르게 움직일 수 있었는지 신기해했다. 콰절레인과 오멜렉의 물류 관리는 어처구니가 없었기 때문이다. "정말 말도 아니었어요. 우리가 어떻게 그걸 해냈는지 모르겠습니다."

9월에 로켓의 1단과 2단이 도착하면서 작업량은 증가하기만 했고 완전히 새로운 물류 악몽이 시작되었다. 발사팀이 오멜렉에서 작업하는 도중에 부품 하나가 고장 나면 새 부품이 도착할 때까지 발사 작업을 진행할 수가 없었다. 집에서 멀리 떨어진 곳에서 할 일도 없이 2주 동안 앉아만 있고 싶어 하는 직원은 아무도 없었다. 그래서 엔지니어들은 로스앤젤레스로 돌아와 새 부품이 콰절레인으로 운송되기를 기다렸다.

어떤 때는 해결하기 어려워 보이던 문제가 발사팀이 섬을 떠난 직후에 해결되기도 했다. 한번은 첫 발사 준비 기간에 작업이 중단돼서 집으로 가는 비행기를 탔는데, 직원들이 호놀룰루공항에 막 도착했을 때 전화기가 울리기 시작했다. 발사팀에게 전해진 소식은 일단 집으로 가되 어쩌면 돌아와야 할 수도 있다는 내용이었다. 저녁 7시 30분, 로스앤젤레스공항에 도착하자마자 그들은 사실상 콰절레인으로 돌아가야 한다는 것을 알았다. 하지만 그다음 비행기는 다음 날 이른 아침에야 있었다. 직원들은 집에서 겨우 몇 시간 눈을 붙이고 가족이나 친구들과 단 몇 마디만 나눈 뒤 다시 콰절레인으로 향했다.

그해 가을에 스페이스X는 커다란 트레일러를 오멜렉에 가져다 놓았다. 그곳에서 엔지니어와 기술자 들이 잠을 잘 수 있게 된 덕분에 작은 팀은 배가 떠난 후에도 밤늦게까지 로켓 작업에 매달릴 수 있었다. 외딴 섬에 마련한 초창기 숙박 시설은 상당히 조잡했다. 그래서 크리스 톰슨은 섬에서 하룻밤을 묵는 사람들을 위해 티셔츠를 제공하기로 했다. 그 당시 〈서바이버〉라는 리얼리티 TV 쇼가 미국에서 인기를 끌고 있어서 톰슨은 그 쇼의 로고를 티셔츠 디자인에 응용했다. 〈서바이버〉의 구호는 '아웃위트, 아웃플레이, 아웃라스트Outwit, Outplay, Outlast'로, 뛰어난 전략과 뛰어난 기량으로 끝까지 살아남으라는 뜻이었는데, 톰슨은 '아웃스웨트, 아웃드링크, 아웃론치Outsweat, Outdrink, Outlaunch', 즉 더 땀 흘리고 더 마시고 끝까지 발사하라는 구호를 티셔츠에 적었다. 스페이스X는 각자의 첫 밤을 무사히 넘긴 직원에게 이 티셔츠를 주었다.

할 일이 너무 많아서 그들은 늦게까지 일해야만 했다. 처리해야 할 문제들이 늘 있었기에 엔지니어와 기술자 들은 해가 진 뒤에도 오랫동안 지칠 때까지 일했다. 제러미 홀먼이 이끈 추진팀은 오멜렉에서 특히 어려움을 겪었다. 로켓의 액체산소와 등유가 잘 섞여서 안정적으로 연소하게끔 해야 하는 멀린 엔진의 점화 시스템이 계속해서 문제를 일으켰다.

첫 발사에 집중하던 기간에 오멜렉에서 일하던 10~20명 남짓한 엔지니어와 기술자 들이 소외감을 느끼면서 분위기가 험악해졌다. 부자, 톰슨, 퀘니히스만을 포함해 콰절레인에 있던 관리자들은 캘리포니아 본사에 있는 직원들과 화상회의를 열어 문제를 의논했고, 회의에서 나온 지침을 오멜렉에 있는 팀원들에게 전화나 이메일로 전달하곤 했다. 물론 오멜렉에 있는 직원들을 도우려는 의도였으나 때로 그런 지침이 하드웨어 작업을 하는 이들에게는 버겁게 느껴졌다.

발사 예정일이 가까워지면서 콰절레인에 있는 부사장들이 문서 작업이 부족하다고 불평하기 시작하자 팀원들의 스트레스가 한층 가중되었다. 관리자들은 작업 내용을 모두 꼼꼼히 기록해두어야 한다고 강조했는데, 불렌트 알탄처럼 오멜렉에서 일하는 엔지니어들은 그런 요구에 짜증이 났다. 그들은 발사 예정일을 맞추려고 죽을힘을 다하는 와중에 더 빠르게 작업하라는 압박까지 받는 상태였다. 그런 데다가 전에는 상관하지 않던 일들을 지금 하라고 요구받는 상황에 분개했다.

발사가 눈앞에 다가온 어느 날, 쌓이고 쌓인 긴장이 폭발했다. 콰절레인에 있는 부사장들이 오멜렉으로 전화해서 문서, 양식, 표 같은 것들이 부족하다고 또다시 불평했다. "우린 호되게 야단맞았죠. 어마어마하게 질책받았어요." 알탄이 말했다. "우린 오멜렉에 내놓은 노예 같았습니다. 모든 권리를 박탈당한 노예 말이에요."

게다가 그들은 배까지 고팠다. 오멜렉 첫해에는 물류 시스템이 부실했다. 그 작은 섬에 산업용품이 부족했던 것과 마찬가지로 때때로 그들은 먹을 것이 부족한 채로 지내기도 했다. 문서 문제가 터진 바로 그날, 음식과 맥주와 담배를 싣고 오기로 한 배가 나타나지 않았다.

"우린 밤낮없이 일하고 있었어요." 홀먼이 얘기했다. "이거 해라, 저거 해라, 하는 말을 듣는 데 신물이 났습니다. 어느 순간 모든 게 지긋지긋해졌고 우리도 팀의 일원이라는 걸 알려야겠다고 결심했죠."

그들은 파업에 들어갔다. 홀먼은 헤드셋을 쓰고 콰절레인에 있는 발사 책임자 팀 부자에게 다시 전화를 걸어, 오멜렉 팀은 음식과 담배가 올 때까지 일하지 않겠다고 선언했다. 그들은 진절머리가 났다.

사태의 심각성을 인지한 부자는 군용 헬리콥터 한 대를 급히 섭외해서 당장 닭 날개 몇 접시와 담배를 섬에 배달하도록 했다. 그런데 헬기 조종사는 오멜렉에 착륙하기를 거부했다. 그는 작업자들이 발사탑에서 위험물을 다루는 작업을 하고 있어서 착륙할 수 없다고 보고했다. 부자는 임기응변으로 대응했다.

"난 그 헬기 조종사와 잘 알았습니다. 그래서 보급품을 오멜렉에 떨어뜨려 주면 콰절레인에 있는 바에서 맥주를 대접하겠다고 약속했죠." 부자의 요청을 받은 조종사는 착륙하지 않고 오멜렉 섬 위를 맴돌다가 헬기의 옆문으로 음식과 담배를 떨어뜨렸다.

헬기 조종사가 왜 착륙하지 않으려 했는지에 대해 알탄은 다른 의견을 내놓았다. 발사탑은 헬기 착륙장에서 멀리 떨어져 있었다. 그 대신 후줄근한 차림을 한 직원 여남은 명이 《파리 대왕》*의 한 장면처럼 어둠 속에서 별안간 나타났을 것이다. 낡은 옷에 그을음과 기름으로 얼룩진 셔츠를 입은 사람들이 헬기가 다가오는 것을 보고는 착륙장으로 우르르 모여들었다. "우린 그저 먹을 것을 기다리는 야생 동물이었던 거죠." 보급품이 땅에 떨어지자 홀먼과 함께 일했던 기술자 에디 토머스Eddie Thomas는 즉시 담배를 향해 달려갔다. 그는 단박에 담배 두 개비를 입에 물고는 한꺼번에 피웠다.

약간의 음식과 니코틴으로 오멜렉의 반란은 잠잠해졌다.

2005년 11월이 하순으로 접어들 무렵, 이제 다 된 것 같았다. 스페이스X는 아무것도 없는 상태에서 놀라운 속도로 일하며 3년 반 만에 두 개의 발사대와 비행 가능한 로켓을 만들어 냈다. 추수감사절 3일 후인 11월 27일, 발사팀은 일몰 몇 시간 전에 액체산소와 등유를 로켓에 채웠다. 육군은 스페이스X가 지상연소시험을 마치는 데 아침나절부터 오후까지 여섯 시간을 주었다. 그러나 발사는 나중으로 미루어졌다. 그날 아침에 헬륨을 로켓에 싣는 과정이 예상치 못하게 번거로워지면서 카운트다운이 늦춰졌다. (헬륨은 추진제가 연료탱크에서 흘러나올 때 남아 있는 연료와 액체산소를 로켓엔진으로 밀어 넣는 데 쓰인다.) 게다가 섬에 있는 대형 액체산소 저장 탱크 하나에 문제가 생겼다. 밸브 하나가 '잠김'이 아니라 '배출'로 설정되어 있었다. 스페이스X는 카운트다운을 중단했다.

---

* 윌리엄 골딩의 장편 소설. 무인도에 고립되어 야만 상태로 돌아간 소년들의 원시적 모험담을 통해 인간 내면에 잠재해 있는 권력과 힘에 대한 욕망을 우화적으로 그렸다.

직원 몇 명이 배를 타고 섬으로 건너가 그 밸브를 수동으로 잠그기 위해 육군의 승인을 얻어야 했다. 그런 다음 로켓엔진에 다시 급유하고 나니 시간이 부족해졌다. 엎친 데 덮친 격으로 카운트다운 하는 동안 주 엔진 컴퓨터 역시 말을 듣지 않았다. 머스크는 연료 공급 문제와 컴퓨터 문제를 모두 해결하고 12월 중순에 다시 시도하라고 지시했다.

스페이스X는 12월 20일에 다시 콰절레인에 모였다. 2005년이 가기 전에 다시 한번 시도하기 위해서였다. 연료 공급은 원활했으나 이번에는 날씨가 협조해 주지 않았다. 열대 바람이 시속 50km 이상의 속도로 콰절레인 환초를 휩쓸었다. 이 정도면 발사 안전 수위를 넘어선 것이었다. 발사팀은 실망했지만 다른 날 시도하기로 하고 연료를 내렸다. 그런데 등유탱크를 비우고 있을 때 참사가 일어났다.

로켓의 구조 책임자였던 톰슨은 직원들이 탱크를 비우는 모습을 콰절레인 관제실에서 모니터로 지켜보다가 뭔가 이상한 것을 발견했다. "잠깐, 저건 그림잔가?" 모두가 그 화면을 올려다보았다. 톰슨이 말한 그림자는 점점 어두워졌다. 그 순간, 탱크가 로켓에서 분리됐다. 그리고 무너졌다.

가압 밸브 하나에 합선이 일어나는 바람에 추진제가 흘러나오면서 탱크 안이 빠르게 진공상태가 되고 있었다. 1단의 얇은 벽이 안으로 무너지며 찌그러지기 시작했다. 이 때문에 전체 로켓과 엔진, 모든 것이 파괴될 위험에 처했다. "제일 먼저 연료 배출을 중단시켜야 했는데, 관제실은 혼란의 도가니였습니다." 톰슨이 말했다. 겨우 몇 초의 여유로 그들은 연료 배출 과정을 늦추었고, 팰컨1을 산산이 조각내서 발사대 주변에 흩뿌릴 수도 있었던 내부 폭발을 막았다.

그날 늦게 톰슨, 머스크, 퀘니히스만과 몇 사람이 배를 타고 피해 상황을 보러 갔다. 바람이 환초 전역에 파도를 일으켰다. 배가 비게지섬을 지날 때 큰 파도에 부딪히는 바람에 톰슨이 공중으로 붕 날아올랐다. 머스크는 회사의 구조 책임자가 몇 미터 위로 강하게 내던져졌다가 아래로 떨어지면서 난간에 부딪힌 일을 기억했다. 오멜렉에 도착하니 톰슨의 무릎은 배구공만 하게 부풀어 있었다. 로켓 역시 상태가 좋지 않았다. 1단의 연료탱크는 완전히 찌그러져 있었다. 오멜렉을 떠나 콰절레인으로 실려 온 톰슨은 팰컨1을 그해에 발사하지 못하리란 예감이 들었다.

초창기의 이런 좌절을 겪으면서도 퀘니히스만은 스페이스X가 택한 로켓 제작 방식이 옳다고 차츰 확신하게 되었다. 1990년대 마이크로코즘에서 경험한 방식은 돈과 절박함이 별로 없는 회사들이 어떻게 실패하는지 보여 주는 방증이었다. 마이크로코즘 설립자 제임스 워츠는 자본금이 넉넉하지 않았다. 그래서 1993년에 공군연구소에서 받은 몇백만 달러를 시작으로 소액의 정부 지원금을 연속으로 받아 스코르피어스Scorpius 로켓을 만들려고 했다. 첫 단계로 크기가 작고 궤도에 닿지 않는 추진 로켓을, 그다음 단계에는 몇 톤을 저궤도까지 쏘아 올릴 수 있는 2단짜리 로켓을 만들 계획이었다.

발사장으로 재빨리 굴려 가서 우주로 날려 보낼 수 있는 단순한 로켓을 저비용으로 개발하겠다는 마이크로코즘의 계획은 전체적으로 스페이스X의 생각과 다르지 않았다. 퀘니히스만은 1999년과 2001년에 각각 한 차례씩 마이크로코즘이 뉴멕시코주 화이트샌드 미사일시험장에서 궤도에 닿지 않는 스코르피어스 로켓을 발사하는 일을 도왔다. 마이크로코즘은 그 두 번의 시험이 성공적이라 평가했지만 실제로는 그렇지 않았다. 그 당시 마이크로코즘에서 일하며 화이트샌드 시험장을 쓸 수 있도록 추진했던 앤 치너리는 2001년에 회사가 더 큰 스코르피어스 시제품을 발사했으나 금세 항로를 벗어났다고 말했다. 문제의 원인 가운데 일부는 퀘니히스만의 유도 시스템에 있었다. 그는 당시의 실패에서 중요한 교훈을 얻고 스페이스X로 옮겼다.

퀘니히스만이 배운 교훈은 원하는 성과를 내려면 그럴 만한 돈이 있어야 한다는 것이었다. 워츠가 소규모 정부 계약으로 추진 로켓 개발 비용을 대려고 애쓰다 보니 스코르피어스 프로그램은 덜컥거리기 일쑤였다. 2002년 초에 머스크를 처음 만난 퀘니히스만은 어쩌면 이 문제를 해결할 수도 있겠다고 생각했다. 스페이스X 설립 전이었다. 백만장자가 투자한다면 마이크로코즘의 로켓 프로그램이 살아날지도 몰랐다. 퀘니히스만은 머스크를 워츠에게 소개하고 싶어서 스코르피어스의 자금 문제를 의논하는 회의를 주선했다. 그는 자기 상사와 투자자가 서로 잘 맞기를 바랐지만 뜻대로 되지 않았다.

"아무리 봐도 마이크로코즘의 로켓 프로그램은 진척이 안 되는 것 같았어요. 그런데 로켓을 만들고 싶어 하는 사람이 하나 있습니다. 그러니 둘을 붙여 놓으면 누이 좋고 매부 좋은 일 아니겠어요? 문제는 이 일을 추진하는 방식에 제임스와 일론 모두 자기만의 생각이 있었다는 겁니다. 그러다 보니 제임스는 눈앞의 기회를 전혀 알아보지 못했어요. 속에서 천불이 나더군요."

회의가 형편없이 끝난 지 몇 주 후에 퀘니히스만은 머스크의 전화를 받았다. 새로운 로켓 회사에 와서 일하는 게 어떻겠습니까? 퀘니히스만은 그러겠다고 했다. 머스크는 특유의 공격적 방식으로 면접을 제안했는데, 산페드로에 있는 퀘니히스만의 집에서 만나자고 했다. 산페드로는 로스앤젤레스 남쪽 끄트머리에 있는 마을로, 그 지역의 큰 항구가 있는 곳이다. 그 당시 퀘니히스만의 부모님이 독일에서 와 있었던 까닭에 그는 영화를 보러 가라며 부모님을 밖으로 내보냈다.

면접은 두 시간 정도 진행되었다. 남아프리카공화국에서 태어난 사람과 독일에서 태어난 사람이 미국의 어느 거실에 함께 앉아 우주에 관해 이야기했다. "정말 좋은 생각이었어요." 퀘니히스만이 말했다. "누군가에 대해 제대로 알고 싶다면 그 사람 집에서 만나세요. 주방과 책장을 확인하세요. 나한테는 기술 관련 서적이 상당히 많았고 고전도 좀 있었죠." 항공우주공학 교과서들과 아이작 아시모프의 SF 소설들은 머스크에게 깊은 인상을 주었을 테고, 존 스타인벡의 사실주의 소설들은 그저 그랬을 것이다.

퀘니히스만의 가족은 어느덧 미국에서 6년을 지냈다. 이제 자기들의 미국 모험이 수명을 다했는지 알아봐야 했다. 가족들은 미국에 더 머물고 싶어 했는데, 그러기 위해 한스는 지금보다 임금이 많고 앞날이 밝은 일자리를 찾아야 했다. 그래서 머스크가 일자리를 제안했을 때 하겠다고 대답하는 데 0.1초밖에 걸리지 않았다. 머스크는 자기 돈 1억 달러를 이 프로젝트에 투입했다. 얼마 안 되는 정부 지원금으로 절름거리며 나아가지는 않을 것 같았다. 퀘니히스만이 협상하고자 했던 단 한 가지 계약 조건은 더 많은 휴가였다. 독일에 있는 가족을 방문할 시간이 필요했기 때문이다. 머스크는 동의했다. 퀘니히스만이 너무 바빠서 그 휴가를 쓸 일이 없을 거라는 것을 잘 알고서 말이다. 그리고 실제로 그랬다.

크리스마스 직전에 1단 탱크 폭발이라는 뼈아픈 사고를 겪은 스페이스X는 2006년 초에 로켓의 새 1단을 오멜렉으로 실어 날랐다. 1단이 도착하자 발사팀은 그것을 멀린 엔진과 결합하고 지상연소시험을 준비하려고 서둘렀다. 육군은 2월의 첫 2주 동안에 시험을 완료하라고 당부했다. 그 뒤로는 한 달 이상 콰절레인 발사장을 닫고 점검에 들어갈 예정이었다. 따라서 이번에도 차질이 생기면 스페이스X는 몇 주간의 중단 비용을 치러야 할 판이었다.

2월 첫 주에 발사팀은 로켓을 조립해 격납고에서 발사대까지 굴려 갔다. 로켓을 발사 위치로 세운 다음에는 어지러울 정도로 많은 선을 1단과 2단 탱크 모두에 연결해야만 했다. 그 선들이 연료, 산화제, 헬륨, 그 밖의 가스와 액체를 추진 로켓에 공급한다. 또 로켓에는 탱크 압력을 조절하고 밸브를 열고 닫을 충분한 전력이 필요했다. 로켓을 수평에서 수직으로 세울 때마다 이 모든 설비를 분리했다가 연결해야 했으며 반대 경우에도 마찬가지였다.

뾰족한 로켓 꼭대기에서 2단에 있는 연료와 각종 선을 연결하는 일은 거의 하루가 걸리는 번거로운 작업이었다. 이 일은 주로 구조 엔지니어 플로렌스 리와 불렌트 알탄에게 돌아갔는데, 리프트 위에서 능숙한 솜씨를 선보인 리는 그 무렵 '고소작업대의 여왕'이라는 별명을 얻었다. 팰컨1은 로켓치고는 작은 편이었는데도 엔진 바닥에서부터 화물 탑재 공간의 뾰족한 꼭대기까지 길이가 약 20m로, 거의 6층 건물 높이였다. 작은 바구니를 타고 올라가기엔 먼 거리였다.

리와 달리 고소공포증이 있었던 알탄에게는 리프트 바구니를 타고 그만한 높이까지 올라가는 게 고역이었다. 하지만 로켓의 척추를 따라가는 그 전선들을 책임지는 것이 알탄의 임무였다. 그는 평생 겪어 온 공포증을 열대의 태양 아래서 극복해야만 했다. "로켓을 세우고 눕히고 할 때마다 난 겁에 질린 채로 플로렌스와 함께 리프트를 탔죠."

리와 알탄이 로켓에 생명을 불어넣을 모든 선을 연결했을 즈음에는 지상연소시험을 할 수 있는 기간이 며칠 남아 있지 않았다. 2월 6일, 발사팀은 팰컨1의 전원을 켜기로 했다. 잘못될 수 있는 것들이 너무 많았기에 한순간도 긴장을 놓을 수 없었다. 로켓에 공급해야 할 전력 수요가 많아서 항공전자팀은 전압을 더 세게 올렸다. 충분한 전류가 긴 케이블을 따라가서 기체까지 도달하도록 하기 위해서였다. 그러나 전원을 켜도 로켓은 살아나지 않았다. 2단 로켓에 전력 공급 문제가 발생했다.

리와 알탄은 고소작업대 리프트에 다시 탔다. 로켓 2단 안에 있는 항공전자기기 구역까지 도달해야 하는 골치 아픈 일이 기다리고 있었다. 해당 구역의 문은 작업을 단순하게 하느라 완전히 밀폐하지 않고 내부가 물에 젖지 않게끔 실리콘으로 마무리해 놓은 상태였다. 리와 알탄은 실리콘을 제거한 다음 문을 뜯어내기 위해 열 개가 넘는 나사를 다시 풀었다. 문을 열자마자 두 엔지니어는 불에 탄 전자기기의 불길한 냄새를 맡았다. 그들은 로켓 2단 부품에 전력을 공급하는 여러 상자를 하나씩 확인해 나갔다. 마침내 알탄이 만든 주요 배전함 가운데 하나에 이르렀다.

합선이었다.

"가슴이 철렁했습니다. 실패의 원인이 내 배전함, 내 설계였어요. 나 때문에 회사가 적어도 한 달 반을 손해 보게 된 겁니다."

알탄은 전력함의 배선도를 확인했다. 그 안에 사용된 축전기가 발사팀이 로켓에 동력을 공급하려고 높인 전압에 적합한 등급이 아님을 그때야 알았다. 1단 전력함에도 같은 축전기를 쓰고 있었으므로 그것 역시 언제라도 문제를 일으킬 수 있다는 뜻이었다. 두 전력함의 축전기를 교체하는 일은 비교적 간단한 문제였지만 콰절레인에는 전자제품을 파는 곳이 없었다. 필요한 축전기는 겨우 5달러였는데, 1만 km나 떨어진 미네소타의 전자제품 판매점에서 사 와야만 했다.

시간이 촉박했다. 며칠 후면 육군이 발사장을 닫을 것이다. 발사팀은 급하게 계획을 짰다. 텍사스에서 오는 인턴사원이 머스크의 세스너 제트기를 타고 스페이스X 공장에서 미네소타로 날아가 축전기를 샀다. 다행히도 주 3회 콰절레인에서 호놀룰루로 가는 비행 편 중 하나가 그날 오후에 출발할 예정이었다. 알탄이 재빨리 움직인다면 그 비행 편으로 다음 날 오후에 로스앤젤레스에 도착할 수 있을 테니 그곳에서 인턴사원을 만나면 된다. 알탄은 기술자 한 명과 함께 신속하게 1단과 2단 배전함을 제거하고 안에 있는 인쇄회로기판을 빼냈다. 그는 펠리컨케이스^{Pelican} cases[*]에 인쇄회로기판을 넣고 딱 그것만 챙겼다. 그런 다음 보트를 타고 급하게 콰절레인으로 돌아갔다.

콰절레인을 떠난 비행기는 그날 새벽 2시쯤 호놀룰루에 착륙했다. 로스앤젤레스로 가는 다음 편은 다섯 시간 후 이륙할 예정이었다. 호텔에 머물기엔 너무 짧은 시간이었다. 하지만 호놀룰루공항은 그 밤 마지막 비행기가 착륙한 후 문을 닫았다. 터미널 안에서 잠을 잘 수 없게 된 알탄은 머리와 옷이 흐트러진 채 공항 입구 바로 바깥 콘크리트 블록에 누워 몇 시간 눈을 붙이려 했다. 그러나 공항은 문을 닫았어도 녹음된 안내 방송은 멈추지 않았다. "그날 밤에 마할로^{Mahalo**}를 수백 번은 들었을 겁니다. 그 모든 게 아드레날린과 합쳐져서 잠자는 건 불가능했어요." 그가 말했다.

알탄의 아내가 로스앤젤레스공항에서 그를 마중했다. 그녀는 알탄을 태우고 곧장 네바다 211번지에 있는 스페이스X의 항공전자 부서로 갔다. 인턴사원은 이미 새 축전기를 가지고 도착해 있었다. 축전기를 교체하는 데 한 시간이 채 걸리지 않았고 모든 것이 의도한 대로 작동하는지 확인하는 합격판정검사를 완료하는 데 두 시간이 추가로 들었다. 그동안 알탄은 집에 돌아가 새

---

* 밀폐, 방수 기능을 갖춘 단단한 짐 가방.
** 고맙다는 뜻의 하와이 말.

옷을 갈아입고 후반부 여정을 준비했다. 콰절레인으로 복귀하는 길은 좀 더 편안할 예정이었다. 머스크가 직접 합류해서 지상연소시험을 감독하기로 했기 때문이다. 세스너 제트기보다 더 큰 머스크의 다소Dassault 제트기에 모두가 함께 탔다. 텍사스 인턴사원도 함께 탔는데, 부분적으로는 미네소타까지 다녀온 노고에 대한 보상이었고 다른 한편으로는 일손이 더 필요한 상황에 대비해서였다.

알탄은 제트기의 넓은 가죽 좌석에 파묻혀 밀린 잠을 자고 싶었다. 그런데 머스크가 질문을 퍼부어 댔다. 정확히 무슨 일이 일어난 것인가? 어떻게 고장 난 전자기기가 로켓에 실렸던 것인가? 머스크는 자세한 내용을 하나라도 더 듣기를 원했고, 질문에 대한 정확한 답변과 그들이 콰절레인에 도착해서 무엇을 할 것인지에 대한 자세한 계획을 요구했다. 알탄은 한숨도 못 잤다.

콰절레인의 비행장에는 육군 헬기가 엔진을 켜고 기다리고 있었다. 하지만 언제나 그렇듯 콰절레인 방문자들은 세관신고서를 먼저 작성해야 했으며 육군 기지에서 시행 중인 부대 방호 규칙을 잘 지켜야 했다. 알탄과 인턴사원은 신고서를 작성한 뒤 펠리컨케이스를 손에 들고 헬기에 올라탔다. 그들은 오멜렉으로 날아가 1단과 2단 안에 배전함을 설치하고 연결하는 과정을 거꾸로 다시 했다. 비행체는 순조롭게 작동되었다. 알탄은 그날 밤 오멜렉에서 잠들기 전까지 거의 예순 시간을 깨어 있었다. 그리고 이 말도 안 되는 축전기 오디세이 덕분에 스페이스X는 2월 13일에 지상연소시험을 해서 발사장 사용 기한을 지키게 됐다.

다만 인턴사원 앞에는 그다지 행복하지 않은 결과가 기다리고 있었다. 그가 여전히 이 업계에서 일하고 있으므로 본인의 요청에 따라 이름은 밝히지 않는다. 콰절레인으로 서둘러 가는 비행에 함께하기로 결정된 후 인턴사원은 공장 사람들에게 열대의 경험이 어떨 것 같은지 물었다. 그의 말에 따르면 스페이스X의 한 관리자가 그 섬에 사격 연습장이 있으니 소형 권총 같은 화기를 가져가라고 '추천했다'고 한다. 이 주장은 타당해 보이지 않는데, 콰절레인은 사실상 군사기지였고 스페이스X 직원 대부분이 그 사실을 알고 있었기 때문이다. 그런데도 인턴사원은 권총 한 자루와 100여 발의 탄약통을 챙겼다. 그는 콰절레인에 입도할 때 원칙대로 이 사실을 신고했지만 급하게 세관을 통과하는 과정에서 관리자들이 그것을 눈여겨보지 않았다. 현지 경찰은 자신들의 실수를 곧 깨닫게 되었다.

인턴사원이 섬에 도착한 다음 날, 팰컨1 발사감독인 팀 부자는 콰절레인의 관제실에 서서 모니터로 오멜렉의 상황을 지켜보고 있었다. "군 경찰이 문을 두드리고 들어오더니 나한테 그 인턴사원이 어디 있는지 아느냐고 묻더군요."

인턴사원은 급히 콰절레인으로 인도되었고 그와 부자는 섬의 헌병 사령관을 만났다. 인턴은 결국 로스앤젤레스로 돌아갔고 그의 스페이스X 경력은 끝이 났다.

하지만 이야기는 아직 끝이 아니다. 그 인턴사원은 '나의 스페이스X 가족에게 고하는 작별 인사'라는 제목으로 회사 전체에 일종의 성명서를 보내왔다. 부자와 알탄을 포함한 여러 사람이 그 내용을 지금도 기억하고 있다. 그는 이메일에서 자기가 남부 출신이라는 점에 대해 논했고, 왜 콰절레인에 무기를 가져가야겠다고 느꼈는지 설명했다. 또 자신의 총 이름이 베치^{Betsy}*라는 것도 밝혔다. 이후 스페이스X 직원들은 다시는 그의 소식을 듣지 못했다.

3월에 발사장이 다시 열렸다. 스페이스X는 팰컨1을 날려 보낼 준비가 됐다고 선언했다. 3월 24일 금요일, 발사팀은 아침 일찍 일어났다. '일어났다'는 말은 그들이 콰절레인로지와 메이시즈, 그 외 회사가 임대한 몇 군데 공동주택에 마련한 숙소에서 조금이라도 쉬었다는 가정하에 하는 말이다.

"잠을 잔 기억이 없어요." 그 무렵 퀴니히스만, 알탄과 함께 공동주택에 머물렀던 카수프의 말이다. "너무 흥분되고 긴장되고 그랬죠. 어떤 느낌이었냐면, 세상에, 결국 여기까지 왔네, 같은 거요. 이건 마라톤이면서 단거리 경주였다는 걸 염두에 둬야 합니다. 우린 마치 단거리 경주하듯 느꼈지만, 그게 끝나질 않았거든요."

그들은 아침 일찍 자전거를 타고 섬 반대쪽에 있는 관제센터로 달렸다. 아침마다 환초 전역에 불어오는 맞바람을 맞으며 페달을 밟았지만 온몸에 솟구쳐 오르는 아드레날린과 기대감 때문에 그 사실을 거의 느끼지 못했다.

간소한 관제실 안에서 머스크는 조바심내며 서성거렸다. 그는 몇 차례 지상연소시험과 발사 현장을 보려고 벌써 전용기를 타고 환초로 날아와 있었고 팰컨1이 날아오르는 모습을 간절히 보

---

* 엘리자베스의 애칭. 속어로 총을 뜻한다.

고 싶어 했다. 나중에는 중요한 발사를 앞두고 대중의 기대를 누르는 법을 알게 되지만 2006년의 머스크는 아직 그 교훈을 배우기 전이었다. 팰컨1 비행 몇 달 전에 머스크는《패스트컴퍼니 Fast Company》의 제니퍼 레인골드 기자에게 팰컨1의 첫 발사 성공률이 90%는 "거뜬히" 넘는다고 말했다.

언제나 그렇듯 머스크의 마음은 미래를 향해 있었다. 부자와 발사 지휘자 크리스 톰슨이 카운트다운 준비 작업을 하는 동안 머스크는 관제실 뒤쪽 높은 곳에 자리를 잡았다. 카운트다운을 준비하는 내내 머스크는 후속 추진 로켓으로 멀린 엔진 다섯 개를 장착한 팰컨5를 만드는 데 필요한 재료를 의논하자며 계속해서 손짓으로 톰슨을 불렀다. 머스크는 팰컨5 연료탱크에 필요한 특수 알루미늄합금을 주문하려는 톰슨의 계획을 더 자세히 듣고 싶어 했다. 발사 30여 분 전, 머스크는 톰슨이 있는 제어반 앞으로 걸어가 왜 재료를 아직 주문하지 않았는지를 두고 유난히 열을 올리며 이야기하기 시작했다.

"우린 카운트다운 한복판에 있었는데, 그는 재료에 대해 그렇게 깊이 있고 공격적인 대화를 나누고 싶어 한 겁니다." 톰슨이 말했다. "기가 찼습니다. 우리가 로켓을 발사하려는 중이고, 내가 그 발사 지휘자이며, 기본적으로 우리가 실행해야 하는 절차를 하나하나 명령할 책임이 있다는 걸 그는 전혀 의식하지 않았다니까요."

머스크가 자리로 돌아가자 부자는 톰슨을 돌아보며 물었다. "도대체 뭘 하자는 거지?"

사실 그 일은 단지 머스크가 머스크답게 행동하는 것일 뿐이었다. 즉, 극도의 다중작업이었다. 중요한 카운트다운 중에도 그는 6개월이나 1년 후 회사의 미래를 동시에 생각할 능력이 있었다. 톰슨의 머릿속에서 선적 날짜와 알루미늄 가격은 가장 뒷순위였다. 그의 눈앞에는 발사해야 할 로켓이 있었다. 사실상 이 회사의 첫 번째 로켓 말이다. 게다가 그들이 하고 있던 일 중 많은 것이 새롭고 불확실했다. 그러나 머스크는 그날의 발사를 넘어 훨씬 더 멀리 바라보고 있었다.

상사의 방해에도 불구하고 카운트다운은 비교적 순조롭게 진행되었다. 그리고 시계가 한순간의 중단도 없이 T-0, 즉 0초를 가리켰다. 모두가 놀랐다. 멀린 엔진이 점화되었고 로켓이 솟구치기 시작했다. 지난 1년 넘게 발사장 두 개를 건설한 치너리는 자신의 관제차량에서 상황을 지켜보고 있었다. 로켓이 상승하는 걸 보면서도 자기 눈을 믿을 수가 없었다. "마침내 우린 제로까지 카운트다운 했죠." 치너리가 말했다. "그런데 여러 번 겪어 봤듯이 그게 잘 안 될 수도 있으니까 제로에서 바로 환호하게 되진 않아요. 아직도 로켓이 저절로 꺼지고 아무 데도 못 갈 수도 있다고 절반만 기대하게 되거든요. 그래서 몇 초 더 기다렸습니다. 그런 뒤에야 그게 정말로 날아서 멀어지고 있다는 걸 깨닫게 됐죠. 믿을 수 없을 만큼 기뻤어요."

관제실에 있는 거의 모든 사람과 마찬가지로 머스크의 눈은 비디오 영상으로 발사 장면을 보는 일에 훈련되어 있었다. 5초, 이어서 10초 동안 팰컨1은 모래와 산호, 바다 위로 솟아올랐다. 로켓 불꽃이 밝게 타올랐다. 정말로 발사된 것이었다. 긴장감이 흥분으로 바뀌었다.

그 순간만큼이나 빠르게, 몇 초 안에 모든 것이 잘못되기 시작했다.

맨 먼저 뮬러가 멀린 엔진에 문제가 있음을 알아챘다. "이런 젠장!" 곧바로 모두가 알아차렸다. 엔진에 불이 붙은 것 같았다.

"그걸 상승할 때 알아차렸습니다." 머스크가 말했다. "우린 로켓이 충분히 높이 올라가면 태울 산소가 부족해져서 어쩌면 불꽃이 꺼질 수도 있지 않을까 하고 기대했죠."

로켓은 산소가 희박해질 만큼 멀리 가지 못했다. 첫 이륙 30초 만에 멀린 엔진은 차츰 꺼져 갔다. 몇 초 후에 로켓은 상승을 멈췄고 중력에 굴복해서 오멜렉을 향해 떨어졌다. 발사 관제관들은 충격에 휩싸여 발사대 쪽 카메라 영상을 보았다. 불붙은 로켓이 바다로 떨어지고 있었다. 잠시 뒤에 카메라 영상은 깜빡이다가 꺼졌다. 팰컨1의 화염과 함께 분노가 땅에 떨어졌다. 4년 가까이 소수 인원이 쉴 새 없이 일해서 이 순간에 도달했다. 그러나 단 1분이라는 시간 안에 모든 게 끝났다.

"놀라웠고, 그다음엔 끔찍했습니다." 치너리가 말했다. "정말이지 가슴이 미어지는 것 같았어요."

로켓은 콰절레인 현지 시각으로 오전 10시 30분에 발사되었다. 실패를 확인한 후에 머스크와 스페이스X의 선임 직원 일부가 군 관계자와 모였다. 그들은 주 엔진 상단 부근의 연료 누출이 화재로 이어졌음을 빠르게 알아냈다. 그때가 정오 직후였고 콰절레인 위도에서는 오후 7시 전에 해가 졌다. 모두를 불러 모아서 대형 쌍동선을 타고 나가 로켓 잔해를 모으기에는 시간이 부족했다.

잔해는 이튿날 아침에 회수하기로 하고 그날 오후에는 머스크와 선임엔지니어 몇 명이 헬기를 타고 섬에 가서 피해 상황을 조사하기로 했다. 그들이 오멜렉으로 날아갔을 때는 눈에 보이는 잔해가 거의 없었다. 낙하산 하나가 암초에 걸려 있었고 그 밖에는 흩어져 있는 게 별로 없었다. 그들은 어떻게 된 일인지 퍼즐 조각을 맞추기 시작했다. 섬 대부분이 바닷물에 젖어 있었다. 로켓 조각이 일부 보였지만 커다란 덩어리는 없었다. 그들은 로켓이 섬 동쪽에 있는 산호초에 충돌한 것이 틀림없다고 결론 내렸다. 나중에 또 다른 발사 영상으로 이 사실을 확인할 수 있었다. 로켓이 얕은 바다에서 폭발하면서 엄청난 바닷물을 오멜렉섬 전체에 뿌리는 장면이 담긴 영상이었다.

그날 저녁, 발사팀의 사기를 올려 주려고 킴벌 머스크Kimbal Musk가 저녁 준비에 나섰다. 일론의 동생인 킴벌은 스페이스X의 초기 투자자였으며 첫 발사를 앞두고 '콰절레인 환초와 로켓'이라는 블로그를 운영하고 있었다. 그는 콰절레인로지에 몇 번 머물고는 형편없는 구내식당에 싫증이 나서 얼마 안 되는 재료라도 무엇이 있는지 보려고 현지 식료품점에 갔다. 요리사인 킴벌은 현지의 군 직원 한 사람과 친구가 되었는데, 그의 집에는 뒤뜰과 야외 부엌이 갖추어져 있었다. 그날 저녁에 킴벌은 현지에서 나는 고기를 곁들인 콩-토마토 스튜와 토마토-빵 샐러드를 만들었다.

"여럿이 함께 먹을 음식이었는데, 마땅한 테이블이 없어서 다들 그냥 빙 둘러앉았습니다." 그가 말했다. "아름답고도 슬픈 밤이었죠."

일론 머스크는 긴장이 고조된 순간에 종종 웃음으로 스트레스를 풀어 버리곤 한다. 머스크는 분위기를 띄울 줄 안다. 그는 재치 있는 말을 잘하고 그게 재밌다는 것을 알고 있으며 대화가 진행되는 동안 농담을 이어 가면서 듣는 사람들을 그 속으로 끌어들인다. 킴벌은 모두가 둘러앉아서 스튜를 먹을 때 형이 자기만의 방식으로 그날을 정리했던 것을 기억했다. 다른 로켓 마니아들처럼 머스크 역시 발사를 진행하는 동안 아드레날린이 비범하게 솟구치는 경험을 한다. 낮 동안 높이 솟구쳤던 아드레날린이 저녁 무렵에 급격히 곤두박질치자 머스크는 무슨 일이 일어났는지 그리고 앞으로 나아가기 위해 무엇을 할 수 있을지 곰곰이 생각하기 시작했다. "형은 실패한 걸 가슴 아파하면서도 그 상황을 농담거리로 삼았죠. 그러지 않으면 또 뭘 하겠어요?" 킴벌 머스크가 말했다.

다음 날 아침, 깜짝 선물이 스페이스X 팀을 기다리고 있었다. 100여 명 넘는 사람이 부두에 모여 있었다. 대부분 섬의 육군에서 일하는 주민들이었다. 콰절레인의 총인구는 1,000여 명에 불과하다. 부두에 모인 사람들은 메크섬으로 가려는 게 아니라 작은 로켓 회사를 응원하러 온 것이었다. 그들은 팰컨1의 파편 모으는 일을 돕고 조사를 시작하는 데 힘을 보태고 싶어 했다.

쌍동선이 간조에 맞춰 오멜렉에 도착했다. 스페이스X 팀과 주민들은 흩어져서 약 3만 m² 면적의 섬을 샅샅이 훑었다. 군은 조사의 한 방편으로 수색자들이 로켓 파편을 찾은 장소를 표시하도록 지도를 제공했다. "약간 웃겼어요." 퀘니히스만이 회상했다. "우리도 표시를 좀 하긴 했지만 파편이 어디에 떨어졌는지 결국 중요하지 않았거든요. 로켓은 우리가 이미 알고 있는 이유로 추락했습니다. 어떤 식으로 폭발했는지가 중요한가요?"

로켓에 실었던 작은 탑재물 팰컨샛-2^{FalconSAT-2}는 거의 출발 지점 근처 지상으로 돌아와 원래 있던 선적 컨테이너에서 멀지 않은 기계 공장 지붕에 추락했다. 유감스럽게도 이 위성은 우주로 가기 위해 5년을 기다렸으나 비행 끝에 최종 이동한 거리는 겨우 몇 미터에 불과했다. 팰컨샛-2는 무게 18kg짜리 통신 위성으로, 공군사관학교 학생이 단 7만 5,000달러 예산으로 만든 것이었다. 원래는 우주왕복선 아틀란티스^{Atlantis}호에 탑승하여 우주로 날아갈 계획이었는데, 2003년 2월에 컬럼비아^{Columbia}호가 비극적 사고를 겪은 뒤로 NASA는 저비용 실험 장치를 궤도에 올리는 프로그램을 종료했다.

미 국방성 산하 연구 기관인 DARPA^{방위고등연구계획국}는 컬럼비아호의 비극이 발생한 직후에 그 위성을 다시 우주로 태워 보내려고 했다. 이 연구소는 마침 팰컨1 같은 혁신적인 발사체를 지원하고자 물색하던 중이었기에, 스페이스X의 팰컨1 발사 서비스를 계약하게 된 것이었다. 누구도 팰컨샛-2를 잃고 싶지는 않았지만 그렇다고 그게 국가 방위에 아주 필수적인 장비도 아니었으므로 시험 탑재물로 썩 괜찮기도 했다.

"위성을 쏘아 올리게 돼서 아주 기뻤습니다." 그 당시 콜로라도스프링스의 공군사관학교에서 팰컨샛-2 프로젝트를 감독했던 티머시 로런스^{Timothy Lawrence} 중령이 말했다. "그 위성에 희망이 생겼던 거죠. 우리 쪽에선 처음부터 모두 동의했어요. 스페이스X와 우리는 아주 멋진 관계였습니다."

발사 협정에 따라 탑재물 의뢰인 측의 대표가 콰절레인에 있어야 했다. 그러나 스페이스X가 처음으로 팰컨1 발사 준비를 거의 마친 2005년 12월에 로런스의 학생들은 전부 연휴를 맞아 집에 가고 없었다. 그래서 콰절레인 여행이 로런스의 몫이 되었다. 비행기가 지연되는 바람에 로런스는 호놀룰루에서 콰절레인으로 가는 마지막 항공편을 탈 수 없었고 결국 머스크의 전용기를 타게 되었다. 공군 변호사는 이 일에 관해 정부가 시중 요금으로 스페이스X에 비용을 보전해 주기만 한다면 윤리적으로 문제 되지는 않을 거라고 조언했다.

머스크는 이륙 전에 전용기에서 로런스를 만나 스카치위스키와 고급 샴페인, 게살 샌드위치를 대접했다. 비행 중에 로런스는 주로 조종사들과 이야기하면서도 머스크 형제를 주의 깊게 보았다. 킴벌은 비디오 게임을 했고, 그의 형은 비행하는 내내 책을 읽었다. 독일 태생의 로켓과학자 베르너 폰 브라운Wernher von Braun이 담당했던 미국 프로그램과 구소련의 최고 로켓 기술 개발자 세르게이 코롤료프Sergei Korolev 휘하의 구소련 프로그램에 관한 책이었다. 머스크는 초기 로켓과학자들의 이야기를 통해 그들이 저지른 실수를 이해하고 교훈을 배우려는 것 같았다. "나는 그가 성공한 것이 놀랍지 않습니다." 로런스가 말했다. "그는 분명 로켓에 온 힘을 쏟고 있었어요."

로런스는 콜로라도스프링스로 돌아가 스페이스X가 제공한 생중계로 선임 공군 지휘관들과 함께 3월 24일의 비행을 지켜보았다. 로켓이 발사됐고, 그는 안도했다. 로켓의 운명이 해피엔딩은 아니었어도 최소한 팰컨샛-2의 기나긴 이야기는 마침내 결론에 이르렀다. 스미스소니언 협회에서는 팰컨샛-2를 국립 항공우주박물관에 두자고 했지만 로런스와 공군 관계자들은 그 위성을 학생들의 교육 자료로 쓰는 게 가장 좋겠다고 결정했다. 팰컨샛-2 위성은 현재 공군사관학교 박물관에 전시되어 있다.

콰절레인에서의 첫 발사 파편 인양 작업은 꼬박 하루 동안 최소한의 조직력만으로 진행되었다. 수집한 파편들은 섬에 있는 통합 격납고에 모았다. 격납고 한쪽 끝에서 다른 쪽 끝까지 파편들을 로켓 모양으로 늘어놓았다. 오래지 않아 비행체 뼈대가 바닥에 놓인 상태가 되었다. 그날 아침에는 다들 어깨가 축 처져 있었지만 시간이 지나면서 조금씩 폐품 수집 활동을 즐기게 되었다. 누군가 물에서 불쑥 올라와서는 "이봐, 내가 터보펌프를 찾았어!" 하고 말할지도 몰랐다. 그리고 아무도 다치지 않았음을 그들은 깨달았다. 이번 일에서 교훈을 얻고 다음번에 궤도에 오르면 된다.

퀘니히스만은 그날 대부분을 물에서 보냈다. 그는 1단 내부 위쪽 끝에 있던 낙하산을 찾았다. 이번 발사는 스페이스X가 1단 로켓을 회수하려던 첫 번째 실험이기도 했다. 로켓 회수 작업은 시도조차 못 했지만 적어도 낙하산은 충격에서 살아남아 바다 위에 늘어져 있었다. 그는 15m쯤 되는 낙하산 전체를 잡아당기려고 파도와 싸웠다. 하지만 마음대로 되지 않았다. 그는 회사의 누구보다 이번 실패를 더 힘들게 받아들였고 감정적으로도 실패와 씨름하고 있었다. 퀘니히스만은 팰컨1의 비행 컴퓨터 시험을 진두지휘했으며 생각할 수 있는 모든 시나리오를 시뮬레이션했다.

일어날 수 있는 모든 문제에 대응해 전략을 짰고 그중 어느 것도 실제로 일어나지 않게 하려고 노력했다. 그런데 그 로켓에 불이 붙고 바다로 떨어졌다.

"난 실패를 선택 사항으로 여기지 못하는 부류에 가까웠고, 그런 식으로 일하는 게 효과가 있었습니다." 그가 말했다. "그래서 내게는 실패가 정말이지 뼈아픈 교훈이었죠."

최초의 팰컨1을 잃은 퀘니히스만은 우울증에 빠졌다. 그의 아내는 남편이 로스앤젤레스로 돌아온 후 한 달 동안 아무하고도 말을 하지 않았다고 했다. 퀘니히스만은 자기가 그랬던 것을 기억하지는 못하지만 아마도 저녁에 일을 마치고 나면 걱정에 잠겨 집에 갔고, 모든 것을 상세히 검토하느라 생각에 빠졌을 거라고 설명했다. 그는 무엇이 잘못됐으며 실수를 반복하지 않으려면 어떻게 해야 하는지 생각하고 또 생각했다. 아내는 그런 남편을 기다려 주었다.

머스크는 이번 실패가 엔지니어들에게 감정적으로 해를 끼칠 수 있음을 아는 듯했다. 사고 후 오래지 않아 그는 직원들에게 희망을 전하는 편지를 썼다. 머스크는 로켓 주 엔진의 성능, 안정적인 비행 통제, 항공전자 시스템 등이 이룬 성과를 치하했다. 발사 6초 전에 시작된 연료 누출에 대한 예비 진단을 언급하고 나서 머스크는 무엇이 잘못이었는지 정확히 판단하기 위해 회사가 상세 분석을 진행할 것이라 적었다. 그는 6개월 안에 다시 발사를 시도하고 싶어 했다.

편지 내용 중에는 직원들에게 위안이 되는 이야기도 있었다. 머스크는 다른 유명한 로켓들도 초기 시험 발사 때는 흔히 실패를 겪었다고 적었다. 존경받는 유럽의 아리안^{Ariane}, 러시아의 소유스^{Soyuz}와 프로톤^{Proton} 로켓, 미국의 페가수스^{Pegasus}, 심지어 초기 아틀라스 로켓들도 처음엔 다 실패했었다고 말이다.

"궤도에 오르기가 얼마나 어려운지 직접 경험하고 나니 오늘날 우주 발사의 중심인 로켓 만드는 일을 묵묵히 계속해 나가는 사람들을 존경하게 됐습니다. 스페이스X는 멀리 보고 이 일을 계속할 것이며 무슨 일이 있어도 해낼 겁니다."

캘리포니아로 돌아가는 전용기에서 머스크 형제는 부사장 및 여러 관계자와 함께 미국의 전 세계 경찰 역할을 풍자한 2004년 영화 〈팀 아메리카: 세계 경찰〉을 보았다. 킴벌 머스크는 그 영화의 삐딱한 유머가 자신들의 긴장을 완벽하게 풀어 줬다고 말했다. "우린 그 영화를 보고 또 봤어요. 그런 분위기에 맞는 다른 영화는 없었을 겁니다."

머스크는 실패하고도 웃을 수는 있었지만 특별히 즐겁지는 않았다. 그의 로켓이 폭발했다. 어쩌다 일이 이렇게 돼 버렸는지 궁금했다. 그리고 누가 일을 망쳐 버렸는지, 어쩌면 그것이 머스크에게는 더 중요했는지도 모른다.

5

발사 서비스 판매

SELLING ROCKETS

2002년 8월~2006년 8월

퀘니히스만은 마이크로코즘에서 일하던 2000년대 초반에 좋은 친구를 많이 사귀었다. 그중에서도 그윈 숏웰만 한 이는 없을 것이다. 금발의 숏웰은 성격이 대담하고 머리가 좋았다. 일부 엔지니어들에게서 보이는 그런 숙맥 같은 모범생 모습이나 거북함 따위는 없었다. 고등학생 때 치어리더였으며 호탕하게 잘 웃는 그녀는 누구와도 편하게 이야기할 수 있었다. 그래서 퀘니히스만은 종종 숏웰과 함께 점심을 먹으러 나가곤 했다.

2002년 5월, 퀘니히스만이 스페이스X에 새 일자리를 구한 것을 축하하기 위해 숏웰이 점심을 샀다. 숏웰은 엘세군도에서 그들이 가장 좋아하는 벨기에 식당으로 퀘니히스만을 데려갔다. 식당 이름은 '셰프 한네스'였지만 숏웰은 가끔 친구를 놀리려고 그곳을 '셰프 한스'라 부르곤 했다. 식사를 마치고 그녀는 몇 블록 떨어진 이스트 그랜드 애비뉴 1310번지에 퀘니히스만을 내려 주었다. 그 큰 건물에 당시 대여섯 명 정도였던 스페이스X 직원들이 있었다. 숏웰이 차를 세우자 퀘니히스만은 자신의 새로운 거처를 보고 가라며 그녀를 초대했다.

"그냥 들어와서 일론을 만나 봐."

퀘니히스만의 권유로 이루어진 즉석 만남은 10분 정도에 그쳤지만 숏웰은 항공우주산업에 대한 머스크의 지식에 깊은 인상을 받았다. 인터넷 사업으로 큰돈을 벌고 나서 실리콘밸리에서의 높은 평가에 지루해져 취미 삼아 일하는 그런 애호가는 아닌 것 같았다. 오히려 이 산업의 문제점을 진단하고 해결책을 찾아낸 쪽이었다. 머스크가 로켓엔진을 회사에서 직접 만들고 다른 핵심 부품도 사내에서 개발해 발사 비용을 낮출 계획이라고 이야기할 때 숏웰은 그를 따라 고개를 끄덕였다. 항공우주업계에서 10년 이상 일했고 그 무기력한 속도를 잘 알고 있는 숏웰에게 머스크의 계획은 일리가 있었다.

"그가 너무 무서워서 눈을 뗄 수 없을 정도였어요. 하지만 설득력이 있었죠." 숏웰이 말했다. 짧은 대화의 어느 지점에서 그녀는 팰컨1의 발사 영업을 전담할 사람이 회사에 필요할 것이라고 언급했다. 당시에는 짐 캔트렐이 정규직으로는 계약하지 않고 스페이스X에 자문을 해 주면서 영업 일을 하고 있었다. 스페이스X 방문을 마친 숏웰은 퀘니히스만에게 새 회사가 성공하기를 바란다는 덕담을 남기고 떠났다. 그리고 분주한 일상으로 되돌아갔다.

그날 오후 늦게 머스크는 정말로 누군가를 정규직으로 고용해야겠다고 결심했다. 그는 사업개발 부사장 자리를 만들고 숏웰에게 생각해 보라고 권했다. 하지만 숏웰의 레이더에는 새 직장에 대한 전망이 잡히지 않았다. 마이크로코즘에서 3년을 보내는 동안 그녀는 공학적 재능과 영업 능력을 모두 발휘해 회사의 우주 시스템 사업을 열 배나 키웠다. 숏웰은 그 일을 즐기고 있었다. 게다가 2002년 여름은 삶에 안정이 필요하다고 느끼던 때였다. 대학을 갓 졸업하고 머스크의 회사에 온 직원들은 대부분 밤낮없이 일에 매달렸다. 하지만 숏웰은 개인 생활에 균형을 맞춰야 할 다른 일이 많았다. 마흔을 앞둔 그녀는 이혼을 진행하는 중이었고, 보살펴야 할 아이가 둘 있었으며, 새 콘도도 개조해야 했다. 머스크 같은 사람이 등장해서 업계의 관행을 뒤흔든다면 항공우주산업에는 좋은 일일 것이다. 하지만 자신의 삶까지 혼란스러워진다면 어떻게 해야 할까?

"너무 큰 위험을 감수하는 일이었어요. 그래서 난 가지 않는 쪽으로 거의 마음을 굳혔죠. 결정하는 데 오래 걸려서 아마 일론은 굉장히 짜증이 났을 거예요."

하지만 기회가 손짓하자 숏웰은 결국 화답했다. 그녀의 최종 결정은 간단한 계산 결과로 설명되었다. "이봐, 난 이 업계에 몸담고 있잖아. 그럼 난 이 업계가 지금 방식대로 계속되길 원하나? 아니면 일론이 택한 방향으로 가길 원하나?" 결국 숏웰은 머스크가 제시한 도전과 위험 부담 모두를 끌어안았다. 현재에 머무를 것인지 모험을 할 것인지 몇 주를 망설인 끝에 숏웰은 머스크에게 전화했다. 로스앤젤레스를 거쳐서 패서디나로 향하는 고속도로를 운전해서 가던 중이었다.

"내가 너무 바보처럼 굴었네요. 좋아요, 스페이스X에 합류할게요."

그 당시 머스크는 깨닫지 못했겠지만 방금 그는 스페이스X에 가장 중요한 고용 결정을 내린 참이었다.

머스크는 자금, 공학 기술, 통솔력뿐 아니라 그 이상의 것들을 스페이스X에 쏟아 넣었다. 하지만 전 세계 발사 시장에서 성공하려면 그것만으로는 부족하다. 미국의 항공우주 회사들, 러시아와 유럽, 그 밖의 세계 로켓 회사들은 모두 자기들의 몫을 빈틈없이 지킨다. NASA와 미 공군을 비롯한 정부 기관들은 현재 상황을 대체로 편안해했다. 그리고 미국의 대형 항공우주 회사들은 현재의 질서를 계속 유지하기 위해 의회를 대상으로 순조롭게 로비 활동을 해 왔다. 머스크가 이 모든 것에 대적하려면 자기만큼이나 대담하면서도 정치 지형을 잘 이해하고 세련되게 헤쳐 나갈 역량을 갖춘 파트너가 있어야 했다. 여기가 바로 숏웰이 등장할 지점이었다.

머스크와 숏웰은 다르면서도 같았다. 머스크는 직설적이고 때때로 다른 사람을 곤란하게 한다. 숏웰은 언제나 미소 짓고 부드럽게 말한다. 그러나 서로 다른 겉모습 이면에 그들은 저돌적인 기질과 두려움 없는 철학을 공유하고 있으며 자신들이 꿈꾸는 대로 산업을 바꾸고자 한다.

머스크와 함께 일하게 되면서부터 숏웰은 전통적인 항공우주 회사의 관행을 따를 필요가 없어졌다. 출근 첫날에 그녀는 미국 정부와 소규모 위성 고객들에게 팰컨1 발사 서비스를 판매할 전략을 세웠다. 숏웰은 이스트 그랜드 애비뉴 1310번지 작은 방에 앉아서 영업 활동 계획서를 작성했다. 머스크는 계획서를 흘깃

보더니 그런 문서에는 관심 없다고 말했다. 그리고 한 마디 덧붙였다. 그냥 시작해요.

"이런 느낌이었어요. 와, 좋아, 이거 신선한데. 빌어먹을 계획 따위는 세울 필요도 없네." 숏웰이 얘기했다. 그녀가 처음 진정으로 맛본 머스크의 경영 스타일은 이런 것이었다. 뭔가를 하는 것에 관하여 말하지 말라, 그냥 하라. 숏웰은 업계에서 이전에 접촉했던 사람들과 소형 우주발사체에 관심을 가질 만한 고객들의 목록을 계속 만들었다. 당장 발사할 수 있는 로켓은 그녀 앞에 없었을지 몰라도 타이밍 하나는 정말 기가 막혔다. 숏웰이 스페이스X에 합류한 직후인 2002년 9월, 그녀가 판매하려는 서비스에 군이 관심을 가질 만한 이유가 생긴 것이다.

1년 전에 아메리칸에어라인 77편이 국방부 본부 건물에 추락했다. 항공우주 엔지니어 스티븐 워커Steven Walker는 그때 펜타곤의 자기 집무실에 있었다. 9·11 테러 공격은 미군뿐 아니라 워커에게도 충격적인 일이었다. 그 당시는 미국이 멀리 떨어진 아프가니스탄의 위협에 대응하려 애쓰던 때였다. "작전 수행 지역 근처에 기지가 없으면 개입하는 데 시간이 오래 걸릴 수 있습니다. 그러면 방위 기관은 무력해져요." 워커가 말했다. 숏웰이 스페이스X에 합류한 시점에 워커는 군대의 신속 대응 프로그램을 이끌기 위해 DARPA에 들어갔다.

워커의 포스트-9·11 프로그램은 '미 대륙에서의 전력 적용과 미사일 발사Force Application and Launch from CONtinental United States'라는 의미의 영문 약자를 따서 팰컨Falcon으로 불릴 예정이었다. (그 이름을 지을 당시 워커는 팰컨1의 존재를 몰랐다.) DARPA의 팰컨 프로그램에는 두 개의 별도 목표가 있었다. 하나는 극초음속 무기를 개발하는 것이었고 다른 하나는 한 번 발사에 500만 달러 비용으로 최소한 450kg 정도를 궤도에 올릴 수 있는 저비용 발사 장치를 개발하는 것이었다. 그렇게 함으로써 군은 새로운 능력을 갖추고 침체에 빠진 미국 항공우주산업도 활성화할 계획이었다. DARPA는 2003년 5월부터 소형 로켓 프로그램 입찰에 응해 달라고 업계에 요청하기 시작해 최종적으로 스물네 건의 응찰을 받았다. 워커는 이 중에서 아홉 건을 선정하여 각 설계 연구에 50만 달러 상당의 보조금을 주었다. 일부 보조금은 록히드마틴 같은 기성 기업에 갔지만 대부분은 스페이스X 같은 작은 기업이 받았다. 궁극적으로 대형 수송기 C-17에서 로켓을 떨어뜨리겠다는 목표를 세운 에어론치AirLaunch와 팰컨1을 내세운 스페이스X가 최종 후보가 되었다. 결과만 말하자면 에어론치는 우주에 도달하지 못했다.

DARPA는 팰컨 프로그램 외에도 여러모로 스페이스X를 지원했다. 2005년에는 스페이스X가 콰절레인 시험장에 쉽게 접근할 수 있도록 군 관계자들과 협력했고, 팰컨1이 발사 인증을 받도록 도와주었다. 워커는 공군사관학교의 팰컨샛-2 위성을 우주왕복선 프로그램에서 팰컨1으로 옮기는 데 필요한 자금을 지원하는 일에도 관여했다.

"솔직히 그 위성이 궤도에 오르는 건 그다지 중요하지 않았습니다. 그보다 스페이스X가 발사산업을 더 나은 방향으로 바꿔갈 수 있는 위치에 도달하는 게 훨씬 중요했습니다." 워커의 설명이다. "스페이스X의 직업의식은 정말 인상 깊었어요. 당연히 성급한 면도 있었습니다. 약간의 오만도요. 하지만 그런 일을 하려면 필요한 요소라고 생각합니다. 다른 민간업체가 한 번도 해본 적 없는 일에 도전하고 있다면 움츠리기보단 자신감을 보이는 편이 낫죠.”

샐리 라이드는 1983년에 '우주로 날아간 최초의 여성'이라는 타이틀을 얻은 뒤로 한동안 소녀들의 롤 모델 역할을 했다. 처음에는 그런 위치가 불편했으나 나중에는 편하게 여기게 됐는데, 만년에 한 인터뷰에서 그 이유를 설명했다. “어린 소녀들이 어떤 직업을 선택하든지 간에 그 직업의 롤 모델을 보는 게 중요합니다. 언젠가 그 일을 하고 있을 자기 자신을 상상할 수 있어야 하니까요. 눈에 보이지도 않는 무엇이 될 수는 없어요.”

숏웰도 공학 분야에서 이와 비슷한 경험이 있었다. 1969년, 아버지는 다섯 살 된 그윈과 아이들을 TV 앞에 불러 모아 아폴로 11호가 달에 착륙하는 장면을 보여 주었다. 숏웰에게 그날의 기억은 흐릿하다. 좀 지루했으며 친숙했던 어린이 프로그램처럼 재미있지는 않았던 것으로 기억한다. 그녀에게는 나머지 아폴로 프로그램도 별다른 과학적 관심을 불러일으키지 못하고 지나갔다. 위스콘신주 접경 근처 시카고 북부의 소도시 리버티빌에서 자란 숏웰은 교실 수업 못지않게 과외 활동에도 열정을 쏟았다. 치어리더 주장이자 교내 농구 선수로 활약한 그녀는 학창시절 내내 인기가 많았다. 숏웰이 고등학교 1학년인가 2학년이던 해 어느 토요일, 어머니는 어떤 본능에 이끌려 일리노이공과대학교에서 열린 여성엔지니어협회 행사에 딸을 데려갔다. 그곳에서 숏웰은 전기 엔지니어, 화학 엔지니어, 기계 엔지니어를 포함한 전문가들의 진로 조언을 들었다.

"그날 본 기계 엔지니어가 좋았어요." 숏웰이 회상했다. "정말 말을 잘했어요. 믿을 수 없을 만큼 자신만만했고요. 우아한 정장을 입고 있었는데, 이런 말 많이 들어 보셨겠지만, 농담이 아니에요, 내 눈엔 그녀가 정말 멋져 보였어요. 심지어 자기 회사를 운영하고 있었다니까요." 실제로 그 여성은 친환경 건설 재료를 사용하는 데 중점을 둔 건설 회사를 소유하고 있었는데, 1970년대 후반은 친환경 품목이 유행하기도 전이었다. "그 여성에게 반해서 나도 그런 사람이 될 거라고 다짐했죠. 그게 바로 내가 엔지니어가 된 이유입니다."

그런데 숏웰은 대학 진학을 앞두고 어느 학교가 자기에게 잘 맞을지 폭넓게 알아보지 않았다. 전 과목 A 학점을 받은 학생이 갈 만한 학교 중 집에서 가까운 노스웨스턴대학교에만 지원했다. 숏웰은 공학뿐 아니라 다른 분야에도 두루 강점이 있는 학교에 다니고 싶었다. 그래서 명문 매사추세츠공과대학교MIT에서 그녀에게 지원해 보라는 편지를 보냈는데도 학교 소개 자료에 적힌 그 이름 때문에 지원하지 않았다. MIT라니, 그런 이름이 붙은 학교에 다닐 일은 없을 거야, 라고 선을 그었다. MIT의 괴짜라는 소리를 들으며 대학 4년을 보내고 싶지는 않았기 때문이다. "공학만 알고 세상 물정은 모르는 괴짜는 절대로 되고 싶지 않았어요. 그게 그 당시의 내게는 아주 중요했죠. 지금은 내 괴짜 같은 모습을 좋아하고, 아이들이 공학에 집중하겠다고 해도 찬성할 겁니다. 내 남편은 엔지니어예요. 전남편도 엔지니어죠. 그의 부모님도 두 분 다 엔지니어입니다. 지금은 우리가 이 일을 굉장히 즐기지만 그 당시 세상은 아주 달랐어요."

대학 생활은 어려운 과도기였다. 활발하게 사회생활을 하느라 1학년 학점은 간신히 낙제를 면하는 수준이었고 공학 수업은 어려웠다. 그러다 매우 어려운 분석 수업 중에 돌파구를 찾았다. 강의를 열심히 들었어도 고밀도 물질은 이해하기 어려웠다. 기말 시험을 앞두고 숏웰은 기본 내용을 이해하려고 머리를 쥐어짜며 주말을 보냈다. 그러다 별안간에 모든 것이 이해되기 시작했다. 시험이 끝나고 채점을 마친 시험지를 돌려받았을 때 숏웰의 시험지에는 최고 점수가 적혀 있었다. 교수가 숏웰에게 시험지를 되돌려 주며 의아한 눈길을 건넸던 것으로 보아 매우 놀랐음이 분명했다. 그 교수는 숏웰이 부정한 방법으로 A 학점을 따낸 것이 아닌지 의심했다고 한다.

되찾은 자신감과 좋아진 학점을 바탕으로 숏웰은 공학 계열 일자리에 지원하기 시작했다. 1986년 1월 28일, 그녀는 IBM에 면접을 봤다. 학내에서 면접을 보기 위해 에번스턴 시내를 가로질러 걸어가야 했는데, 상점 앞에 있던 TV에서 우주왕복선 챌린저호 발사 장면이 중계되고 있었다. 숏웰은 발길을 멈췄다. 최초로 전문 우주비행사가 아닌 민간인 교사 출신 크리스타 매콜리프 Christa McAuliffe를 태우고 날아갈 이번 우주 비행은 전국적으로 큰 뉴스였다. 숏웰이 TV를 보고 있는데 점차 공포가 고조되다가 비행 73초 만에 우주선이 산산이 조각나고 말았다. 지상에 있던 카메라는 여전히 선명하게 그 모습을 비추고 있었다. 숏웰은 참고 견디며 면접을 봤지만 조금 전에 본 장면을 잊을 수가 없었다.

"그때 정신적으로 꽤 충격을 받았어요. IBM에는 합격하지 못했는데, 아마 면접 볼 때 전문가 앞에서 꽤 아는 체를 했던 게 틀림없어요."

숏웰에게 입사 제안을 한 기업 중 최고 조건을 제시한 곳은 자동차 회사 크라이슬러였다. 크라이슬러는 그해에 졸업생 수십 명을 채용하고 약 4만 달러의 연봉을 지급했으며 신입 사원들에게 경영 수업을 해 주었다. 숏웰은 디트로이트 시내에서 자동차공학 수업을 받았다. "동료들과 함께 엔진을 다시 조립하고 밸브 작업을 하거나 변속기를 다시 만들어 보기도 했어요. 정말 재밌었습니다." 그다음 주에는 신차를 디자인하는 엔지니어들과 함께 일했다. 자동차 관련 일은 재미있었다. 하지만 자동차공학은 고무적이라 하기에는 조금 부족했다. 정말 어렵고 그래서 더 흥미로운 일들은 외국에 있는 하청 기업에 맡기는 게 다반사였다. 1988년에 응용수학으로 대학원 학위를 마친 숏웰은 더 흥미로운 일을 찾아 나라 저편으로 이동하기로 했다. 아직 미국이 주도하고 있던 우주 비행 분야에 마음이 갔다. 그녀는 로스앤젤레스에 있는 에어로스페이스코퍼레이션Aerospace Corporation에 열 분석가로 취직했다.

1991년, 우주왕복선의 서른아홉 번째 비행을 지켜보면서 숏웰은 우주의 진정한 맛을 처음 느꼈다. 우주선이 햇빛에 그대로 노출되어 있다가 완전한 암흑 속으로 이동할 때, 이를테면 태양의 반대편인 지구 아래쪽을 지날 때, 주변 온도는 급격하게 변한다. 그 우주 비행에 국방부와 NASA, 국제사회는 몇 가지 실험장치를 실어 보냈는데, 우주왕복선이 우주공간에서 탑재물 구역의 문을 열었을 때 따뜻한 탑재물은 따뜻한 상태로, 시원한 탑재물은 시원한 상태로 유지되어야 했다. 열 분석가로서 숏웰은 궤도를 도는 우주왕복선의 온도 조절 모델을 슈퍼컴퓨터로 실시간 확인해 그 데이터를 휴스턴의 존슨우주센터에 있는 관제센터로 보냈다. 그 일은 재미있었다. 그러나 얼마 후 숏웰은 에어로스페이스같이 분석 업무를 주로 수행하는 회사 역시 자신에게 최적은 아닐지 모른다고 생각했다.

분석가로 10년을 보내고 나서 그녀는 마이크로코즘에 합류했다. 에어로스페이스 시절에 알게 된 우주 기업과 정부에 서비스를 판매하는 일이 주요 업무였다. 그녀가 마이크로코즘에서 3년을 보내는 동안 회사는 정리 해고를 걱정하다가 직원을 늘리는 수준으로 도약했다. 그러나 이 경험 역시 변화를 만들어 내고자 하는 숏웰의 갈증을 그다지 해소해 주지 못했다. 마음 깊은 곳에서 숏웰은 자신이 세상에 내놓을 게 더 많음을 알고 있었다. 그래서 아직 증명되지도 않은 일론 머스크의 로켓을 발사 시장에 팔겠다는 생각이 그녀에게는 자연스러웠다. 그리고 꽤 까다로운 상사를 위해 일한다는 생각 역시 전혀 당황스럽지 않았다. "그 무렵에는 이 업계를 잘 알았어요." 그녀가 말했다. "예전 동료들에게 발사 서비스를 팔게 될 텐데, 난 자신 있었어요. 의심의 여지 없이요."

숏웰은 공군, NASA, 민간기업 간의 복잡하고 가변적인 관계를 시작부터 잘 알고 있었다. 그러나 머스크에게는 여전히 정부 고객이 낯설었다. 따라서 발사 서비스를 파는 것 외에 회사와 상사, 미국 정부 간의 관계를 관리하는 것도 숏웰의 업무가 되었다.

숏웰과 머스크는 그 시절에 함께 출장을 다니느라 많은 시간을 보냈다. 그녀와 전남편은 각각 한 주씩 번갈아 가며 두 아이를 돌봤다. 숏웰은 아이들과 함께 있는 주에는 일찍 출근하고 저녁 6시나 7시쯤 퇴근해서 육아 도우미와 교대하곤 했다. 그렇지 않은 주에는 밤늦게까지 미친 듯이 일할 수 있었으며 필요한 만큼 출장을 다닐 수 있었다. 2003년에 두 사람은 국가정찰국의 당시 국장이던 피터 티츠Peter Teets와 회의를 하기 위해 워싱턴 D.C.로 갔다. 국가정찰국이 다수의 정찰 위성을 설계하고 만들어 발사하는 만큼, 티츠는 중요한 잠재 고객이었다. 티츠는 스페이스X의 뜻을 대체로 지지하는 편이었으나 전에도 비슷한 발표를 들어 본 적이 있었다.

"그가 일론의 등에 손을 올리고 거의 포옹하다시피 하면서 말했던 게 기억납니다. '이보게, 이건 자네가 생각하는 것보다 훨씬 더 어려운 일이야. 절대 안 될 걸세'." 숏웰이 회상했다. 티츠의 말에 머스크의 등이 움찔했고 숏웰이 익히 알고 있는 표정이 그의 눈에 나타났다. 혹시라도 그때까지 머스크가 팰컨1에 대해 확신하지 못하고 있었다면, 티츠의 그 온정적인 몸짓이 머스크의 결심을 더욱 단단하게 했을 것이다. "당신이 방금 그의 마음을 바꿨어요." 숏웰은 티츠의 태도와 말이 머스크에게 어떤 영향을 미쳤는지 바로 알았다. "일론은 당신이 지금 그렇게 말한 걸 반드시 후회하게 할 겁니다."

숏웰이 가능성 있는 고객들을 만나는 동안 로켓 설계는 계속 바뀌었다. 초창기에 엔지니어들은 팰컨1의 하드웨어를 기획하고 만들고 시험한 다음 문제점을 발견하면 설계를 바꾸었다. 안정적으로 설계하고 프로젝트를 천천히 진행하는 데 익숙한 대다수 항공우주 분야 정부 관료들에게는 이러한 반복 설계 방식이 낯설었다.

"달라진 설계를 숙지하면서 왜 우리가 이런저런 문제에 대해 기존과 다른 방식으로 접근하는지 고객들에게 설명하기란 어려운 일이었습니다." 숏웰이 말했다. 그녀는 설계 단계 초기에 실수를 찾아내서 최종 제품에 오류가 생기지 않게끔 싹을 잘라내는 것이 스페이스X의 방식이라고 참을성 있게 설명하곤 했다. "그들은 정부 고객이었어요. 그러니 자기들도 나름 신속하게 움직이고 싶었겠지만 그들 수준에서는 우리의 변화 속도가 너무 빨랐고 그런 모습이 불안했던 거예요. 이 지점이 업무상 가장 힘든 부분이었습니다."

머스크의 신임을 얻으면서 숏웰의 일은 계속 늘었다. 처음에는 고객과의 상호작용에 주로 힘썼으나 결국에는 인사, 법률, 회사의 일상적 운영까지 도맡게 되었다. 그 덕분에 머스크는 자신이 가장 잘하는 분야에 효율적으로 집중할 수 있었다. 머스크는 여러 프로젝트에 관여하고 있어서 스페이스X에서 일하는 시간이 들쑥날쑥할 수밖에 없었다. 그런 그가 당시 스페이스X에서 일하는 날은 보통 일주일에 절반 정도였는데, 머스크는 자기 업무 시간의 80~90%를 엔지니어링 관련 문제에 쏟았다. 설계 결정을 하거나 회사가 공급 업체에서 부품을 구매해 엔진, 로켓, 우주선을 만드는 과정을 최적화하는 것이 그런 문제에 포함되었다. 머스크는 회의하면서 즉각 결정을 내리곤 했다. 이것이 바로 스페이스X가 빠르게 움직일 수 있었던 비결 중 하나다.

"난 지출 결정과 기술 결정을 한 머리에서 합니다. 대개 그런 업무는 적어도 두 사람이 하잖아요. 엔지니어링 담당자는 이 만큼의 돈을 써야 한다고 재무 담당자를 설득하려 애쓰죠. 하지만 재무 담당자는 엔지니어링을 이해하지 못하니 그 돈을 써야 할지 말아야 할지 결정하기가 어렵습니다. 난 두 가지 결정을 동시에 합니다. 내 한쪽 뇌가 하는 결정을 다른 쪽 뇌가 믿는 거죠."

2003년, 스페이스X가 팰컨1 개발에 박차를 가함에 따라 머스크는 티츠 같은 고객들의 의심을 거두어들이려면 실제 하드웨어를 보여 주는 게 좋겠다는 생각이 들었다. 그해 추수감사절을 앞두고 머스크는 기계가공 부사장 밥 레이건에게 대중 앞에 공개할 팰컨1을 만들어 내라고 압박했다. 그러나 실제 로켓은 아직 만들 준비가 되지 않았기에 레이건이 이끄는 팀은 실물 크기의 로켓 모형을 만들어야 했다. 그들은 하루에 열여덟 시간씩 일해서 추수감사절 전날에 작업을 마무리했다. 로켓 내부는 비어 있었지만 겉으로는 멀린 엔진과 1단, 2단의 모습이 진짜처럼 보이고도 남았다.

"로켓을 진짜처럼 보이게 만드는 건 정말 어려운 일이에요." 레이건이 말했다. "우린 죽도록 일했죠. 결국에는 끝내주게 만들어 냈습니다."

추수감사절 다음 날, 팰컨1 '로켓'은 스페이스X 공장을 나와 미국을 가로지르는 여행길에 올랐다. 머스크는 미국 수도에서 세상을 깜짝 놀라게 하고 싶었다. 그의 로켓은 워싱턴 D.C.로 향했다. 로켓을 실은 견인 트레일러가 도시 외곽에 거의 도착했을 때 트럭이 철길을 건너려는데 열차 신호등이 빨간색으로 바뀌고 신호음이 들렸다. 이어서 건널목 가로대가 팰컨1 윗부분을 쾅 하고 내리쳤다. 다행히 피해는 미미했고 운전사는 열차가 통과하기 직전에 멈춰 섰다. 트럭이 도시에 도착하자 경찰이 시내 중심부로 트럭을 호위했다. 20m 길이의 로켓은 스미스소니언 국립항공우주박물관 건너편 대로에 화려하게 주차되었다. 사람들이 로켓을 봐야 한다면 머스크는 얼마든지 보여 줄 터였다.

숏웰은 이 같은 쇼맨십으로 자신을 비판하는 사람들에게 정면으로 맞서는 머스크를 존경했다. 당시 머스크는 숏웰에게 모두가 스페이스X 같은 민간기업이 궤도에 올릴 로켓을 만들려고 시도하는 것 자체가 미친 짓이라 생각한다고 말했었다. 사람들은 그런 일이 절대 일어나지 않을 것으로 생각한다. "말하자면, 그는 이런 식이었어요. '그 망할 물건을 직접 몰고 가서 우리를 조롱하는 모두에게 그게 실제로 여기 있다는 걸 보여 줍시다'." 숏웰이 얘기했다.

워싱턴 D.C. 행사 날짜는 12월 4일이었는데, 저녁 시간대 온도가 1~2°C에 불과했다. 머스크가 로켓 앞에 서서 짤막하게 연설한 뒤에 모두가 공식 행사에 참석하기 위해 박물관 안으로 들어갔다. 이번 행사는 스페이스X의 고객이 될 가능성이 있는 사람들을 위해 마련한 것으로, 초대받은 손님 중에는 콰절레인 발사장 건설을 도운 팀 맹고 중령도 있었다. "내가 참석했던 행사 중 가장 흥미로웠던 사교 행사였을 겁니다." 그가 말했다. "나는 낙하산병이었습니다. 정밀 폭격 병사죠. 하급 장교가 그런 행사에 가서 나폴레옹 브랜디 한 잔 받는 거요? 그건 정말 대단한 일이었어요."

머스크의 핵심 부관들도 파티에 왔다. 뮬러와 톰슨, 쿼니히스만, 부자는 턱시도를 차려입고 동반 참석한 아내와 함께 손님들과 어울렸다. 파티가 끝나 갈 무렵 부사장 부부들은 밤늦게까지 영업하는 호화로운 피아노 바에서 그날 밤을 마무리할 계획을 세웠다. 그러나 박물관에서 나가는 길에 머스크가 그들을 불러 세우고는 로켓을 챙기도록 했다. 머스크는 그날 밤에 로켓을 좀 더 한적한 곳으로 옮기는 게 좋겠다고 결정했고, 잘 차려입은 엔지니어들은 피아노 바에서 함께 노래 부르는 대신 길거리에 주차된 로켓으로 향했다. 진눈깨비가 추적거리는 자정이 넘은 시간에 그들은 로켓 위에 방수포를 씌우고 이동할 준비를 했다. 모두 비에 젖고 춥고 지친 채로 새벽 1시가 넘어서야 각자의 아내에게 돌아갔다.

사람들의 이목을 끌기 위해 마련한 스미스소니언 행사는 장차 머스크가 스티브 잡스Steve Jobs처럼 유명해질 거라는 계시의 첫 번째 전조였다. 머스크는 스페이스X가 언젠가 수익을 내려면 정부 고객들이 팰컨1 발사 서비스를 주문하도록 유도해야 한다고 생각했다. 당시 정부는 DARPA가 추진하는 팰컨 프로그램 이외에는 소형 위성을 발사할 필요성을 못 느끼고 있었고, 제작 계약 도급을 내주지도 않았다. 반대로 머스크는 그런 로켓이 필요하고 그것을 자체 자금으로 개발하는 것이 민간 고객과 정부 고객 모두에게 도움이 될 것이라 내다보았다. 바로 그런 생각으로 머스크는 팰컨1을 만들었다.

"정부가 어떤 물건을 설계, 개발, 제작, 운영하도록 당신을 고용한다면 정부가 바로 고객입니다." 숏웰의 말이다. "정부는 그걸 하라고 돈을 냅니다. 설계 권한, 그러니까 결정권을 그들이 갖게 되죠. 전체 과정에 관여하는 거예요. 하지만 우리에게는 아무도 설계나 개발을 하라고 돈을 내지 않았어요. 따라서 그들은 비행 비용만 내면 됩니다." 스페이스X의 이런 방식에는 장점이 있었다. 머스크와 엔지니어들이 원하는 대로 로켓을 만들 수 있다는 점이었다. 하지만 크나큰 단점도 있었다. 숏웰이 발사 계약을 여러 건 따내지 못하면 회사는 문을 닫아야 한다.

팰컨1을 미국 수도로 싣고 갔을 때 머스크는 특히 한 국가 기관의 관심을 끌고 싶었다. 2003년 초에 우주왕복선 컬럼비아호 사고를 겪은 뒤로 NASA는 우주왕복선 이후의 미래를 숙고하기 시작했다. 민간 우주선을 이용해서 우주인들을 궤도로 보내자는 의견이 있었는데, 그렇게 하면 비용을 절약하고 NASA가 더 먼 우주를 탐험할 수 있을 것으로 내다보았기 때문이다. NASA가 민간 우주기업들에 도움을 요청하기 시작하자 머스크는 스페이스X에도 기회가 있을 것으로 기대했다. 그러나 희망은 빗나갔다. NASA는 다른 계획이 있었고 그 때문에 머스크와 NASA 간에 중요한 충돌이 생기고 말았다. 궁극적으로 스페이스X를 구원할, 그런 충돌 말이다.

스페이스X 설립 수년 전, 미국의 키슬러에어로스페이스^{Kistler Aerospace}라는 회사가 새로운 로켓을 개발하기 시작했다. 스페이스X와 키슬러는 둘 다 재사용 발사 시스템을 개발하려고 했지만 두 회사의 접근 방식은 극과 극이었다. 스페이스X가 첫 로켓을 맹렬히 만들고 있던 2003년에도 키슬러는 아무것도 발사하지 않은 채 10년 동안 그 일을 계속하며 상당한 돈을 지출하고 있었다. 결국 그 해에 키슬러는 파산 보호 신청을 했고 당시 약 6억 달러 부채에 단 600만 달러가량의 자산을 신고했다.

머스크는 초기에 1억 달러를 투자하면서 엔진과 소프트웨어 등을 기존 공급 업체에 의존하게 된다면 팰컨1 제작 비용을 감당할 수 없으리라는 것을 알았다. "그런 거대 업체들은 1000만 달러를 줘도 꼼짝하지 않아요." 그가 말했다. 그래서 스페이스X는 팰컨1을 최대한 회사 내부에서 제작했고 항공우주 분야의 비주류 공급 업체를 물색했다. "기존 항공우주업계 사람들은 대부분 우리에게 말도 걸지 않으려 했어요. 그 당시에는 다들 내가 누구인지 몰랐습니다. 만일 알았더라도 나는 인터넷업계 사람이었으니까 아마 실패할 것으로 생각했겠죠."

머스크는 로켓의 모든 부분을 분별 있게 다시 평가하도록 직원들을 훈련했다. 브라이언 벨데는 그 시절에 항상 이의 제기를 받았다고 회상했다. 어떤 일을 맡았을 때 대개의 항공우주 회사에서는 전에 사용했던 부품을 그냥 쓴다. 새 부품의 품질이 적합한지 알아보는 일은 어렵기도 하거니와 시간이 오래 걸리는데, 엔지니어들이 기존 부품을 사용하면 그런 번거로운 업무를 하지 않아도 되기 때문이다. 스페이스X의 태도는 달랐다.

"맞아요, 제품이 이미 있을 수도 있습니다." 벨데가 설명했다. "하지만 우린 그 제품이 가장 적합한 해결책인지 반드시 따져 봐야 했어요. 괜찮은 공급 업체의 제품인가? 그렇다면 그들의 2단계, 3단계 공급 업체는 어떠한가? 만일 그 제품이 급히 필요하면 그들이 우리 요구를 들어줄 것인가? 뭔가를 변경하고 싶을 때 그들이 기꺼이 응해 줄 것인가? 또 우리가 아이디어를 내서 그 제품을 개선한다면, 그 후에 그들이 우리 경쟁사에 그 제품을 판매할 것인가?"

전직 NASA 엔지니어 간부가 이끈 키슬러는 기존의 사고방식으로 로켓 설계에 접근했다. 이 회사의 K-1 로켓은 최대 4t을 싣고 호주 남부에서 저궤도로 발사할 예정이었는데, 탑재물 사용자 안내서에 항공우주 분야의 우량한 공급 업체 부품을 사용했다고 자랑하고 있었다. "키슬러에어로스페이스의 공급 업체는 하나하나가 항공우주산업 각 분야의 선두 주자이며 유사 부품 제작에 상당한 경험이 있습니다"라고 안내서에 적혀 있다. 액체산소탱크는 록히드마틴에서, 구조 분야는 노스럽그러먼이, 엔진은 에어로젯^{Aerojet}에서, 항공전자기기는 드레이퍼^{Draper}가 공급한다는 식이었다. 이렇게 고가의 부품 전부를 하나로 통합하려 했으니 2003년 무렵 키슬러의 재정 상황이 위태로워진 것은 당연한 일이었다.

그러나 키슬러는 NASA에 가용할 생명줄을 가지고 있었다. 오랫동안 키슬러의 최고경영자 자리에 있던 조지 뮬러^{George Mueller}가 바로 NASA의 아폴로 프로그램을 이끈 영웅 중 한 명이었다. 조지 뮬러는 1960년대 NASA의 유인 우주 비행 프로그램을 이끌었고 그의 관리 관행 덕분에 달 착륙 계획이 순조롭게 진행된 것으로 널리 인정받았다. 나중에는 NASA의 다음 유인 우주 비행 프로그램인 우주왕복선의 기초를 놓는 일에도 손을 보탰다. NASA를 떠난 뒤에는 몇 개의 민간 벤처기업에 관여하다가 1995년 이후로 키슬러를 이끌었다.

키슬러가 파산한 지 1년 후인 2004년 2월, NASA는 키슬러와 2억 2700만 달러 계약을 맺었다고 발표했다. 키슬러는 이 보조금을 받아서 K-1 로켓을 완성해 국제우주정거장에 물자를 배송하기로 계약했다. 일부 관계자들은 그 계약을 어느덧 85세가 된 전설적 아폴로 영웅에게 주는 선물로 보았다. NASA는 미국에서 K-1 로켓만큼 완성도 높은 비행체를 보유한 회사가 없다는 것을 근거로 제시하며 키슬러에 준 보조금을 정당화했다. 그 당시 키슬러는 로켓 하드웨어 75%, 설계 85%, 비행 소프트웨어 100%를 완성했다고 말했다.

머스크는 속이 부글거렸다. NASA가 발표한 뉴스에서 머스크는 자기가 몹시 혐오하는 바로 그것을 보았다. 머스크가 보기에 키슬러가 계약한 그 일은 스페이스X가 얼마든지 할 수 있는 일인데도 NASA가 경쟁 입찰도 없이 편파적인 계약을 해 준 것이었다. 그리고 키슬러가 화물을 발사한다면 언젠가 사람을 우주로 보내는 대열에 합류할 수도 있는 일이었다. "일론은 우리가 국제우주정거장에 보낼 유인 우주선을 만들게 될 거라는 걸 알았습니다." 숏웰이 말했다. "그 무렵에 내가 거기까지 내다봤는지는 모르겠지만 일론은 그걸 이미 알고 있었어요."

물론 스페이스X는 2004년에도 로켓을 발사하지 않았다. 하지만 정기적으로 엔진을 시험하고 있었다. 게다가 NASA가 키슬러와 계약을 맺은 시기는 스페이스X가 지상연소시험을 한 지 거의 1년이 지난 후였다. 머스크는 NASA의 계약에 항의하고 싶었다.

"많은 사람이 말리더군요." 머스크가 말했다. "네가 질 확률이 90%다, 그건 미래의 고객을 화나게 하는 일이다, 라고들 했죠.

하지만 나는 이런 생각이었어요. 우리 쪽이 더 '정당'하다, 이건 경쟁을 통해야 하는 일이다, 우리가 이 일로 싸우지 않는다면 우리 운이 다한 거나 마찬가지이며 그게 아니더라도 성공 가능성은 엄청나게 줄어들 테고, 우주 발사의 가장 큰 고객이 될 NASA와 우리 사이는 단절될 것이다. 그래서 나는 이의를 제기해야만 했습니다."

NASA와 키슬러 편에서 보면 키슬러는 공정한 경쟁으로 화물 인도 계약을 따낸 것이었다. 2003년에 키슬러는 특정 우주공간에서의 능력을 증명하는 경쟁에서 별도의 NASA 계약을 따냈다. 그 당시 NASA는 국제우주정거장에 화물을 공급해 줄 조달 업체를 평가하기 시작했는데, 키슬러가 제공하는 사양이 가장 좋다고 판단해서 계약을 맺었다. 2004년 계약은 NASA와 키슬러가 이전 경쟁을 통해 체결한 계약 조건을 재협상한 것이었다.

"NASA 관점에서 보면 분명 창의적인 결정이었습니다. 그들은 다른 업체들을 평가했고 키슬러는 단연 뛰어난 선택지였죠." 당시 키슬러의 프로그램 매니저였고 나중에 15년간 블루오리진 회장으로 일하게 되는 롭 마이어슨Rob Meyerson의 말이다. "그 당시엔 스페이스X가 별로 알려지지 않았어요."

머스크는 그렇게 생각하지 않았으며 단념하지도 않았다. 스페이스X는 이의를 제기했다. 그리고 이겼다. 정부 회계감사원이 공정성 문제에 대해 스페이스X에 우호적인 방향으로 판결할 거라는 정보를 입수한 NASA는 키슬러와 맺은 계약을 거두어들였다. NASA는 화물 운송 업체를 선정하기 위해 경쟁 입찰을 새로 해야만 했다. 바로 이것이 2년 후에 출현해서 스페이스X를 완전히 바꾸어 놓을 NASA의 상업궤도운송서비스^{Commercial Orbital} ^{Transportation Services}, 즉 COTS의 토대가 되었다.

"난 하나도 관여하지 않았어요." 숏웰이 말했다. "모두 일론이 했습니다. 그의 비전이 회사를 끌고 나갔어요."

키슬러 문제로 NASA에 이의를 제기한 일은 머스크와 숏웰이 앞으로 정부 위원회와 법정에서 치를 수많은 싸움 중 하나에 불과했다. 1년 뒤에 스페이스X는 미국 발사산업의 거물 3사와 싸움을 벌였다. 한 전투에서는 스페이스X와 노스럽그러먼이 뮬러의 로켓엔진 기술을 두고 소송을 주고받았다. 좀 더 중대한 또다른 전투에서는 스페이스X가 보잉과 록히드마틴에 소송을 제기했다. 보잉과 록히드가 자기들의 발사 사업 부문을 합병해서 ULA^{United Launch Alliance}라는 로켓 회사를 만들기로 했기 때문이었다.

정부 도급 업체인 두 회사는 우주 시대가 열린 이래 미국 땅에서 발사된 로켓 다수를 만든 거대 기업이었다. 두 업체 모두 1990년대에 현대식 로켓 개발에 착수했는데, 보잉은 델타4 계열 로켓을, 록히드는 아틀라스5 로켓을 제작했다. 이들이 국가 안보용 발사라는 명목으로 공군이나 NASA와 대규모 계약만 하다 보니, 상업 위성을 발사하는 러시아와 유럽의 경쟁사들과 가격 면에서 경쟁이 되지 않았다. 2005년 무렵 전 세계 상업 발사 시장, 예컨대 TV와 기타 통신용 대형 인공위성 발사 시장에서 미국이 차지하는 비중은 거의 0%로 떨어졌다. 이 때문에 두 기업은 수지를 맞추기 위해 공군과의 계약에만 더욱 매달리게 되었다.

그들은 계약을 서로 따내려고 치열하게 경쟁했는데, 보잉이 절도 혐의를 띠게 되면서 경쟁이 더욱 험악해졌다. 미국 법무부는 수만 쪽에 달하는 록히드마틴의 영업 비밀을 보잉이 어떻게 입수하게 됐는지 캐물으며 보잉을 조사했다. 소송이 진행되었다. 그러자 공군은 보잉의 델타 계열 로켓들을 이용하지 못하게 될까 봐 조바심이 났다. 그래서 이 일에 군이 개입했다. 법적 분쟁을 끝내기 위해 국방부는 록히드와 보잉이 로켓 제작 사업부를 하나의 회사로 합병하는 안을 중재했다. 각 모회사는 ULA에 50%씩 지분을 보유하고 ULA는 아틀라스와 델타 함대 모두를 발사 준비 상태로 반드시 유지하는 조건이었다. 이를 위해 정부는 해마다 ULA에 약 10억 달러를 지급하게 될 것이며 개별 발사 계약에 따른 비용은 별도였다. 이로써 군은 자신이 원하는 바, 즉 우주에 도달하는 두 개의 독립된 수단을 얻었다. 록히드와 보잉 역시 원하는 것을 얻었다. 그들은 이익을 보장받았고 향후 10년간 국가 안보용 발사를 독점하게 되었다.

모두가 행복했다. 일론 머스크는 제외하고 말이다. 머스크는 이런 일에 스페이스X가 경쟁할 수 있게 허용해야 한다고 주장하며 지방법원에 합병 중단 요구 소송을 제기했다. 스페이스X는 아직 로켓을 발사하지 않았지만 팰컨1보다 더 큰 로켓에 대한 원대한 계획을 세워 두고 있었다. 머스크는 ULA 출범이야말로 독점 금지법 위반이라고 생각했다. 하지만 이번에는 스페이스X가 졌다.

"우린 그 동창 클럽을 박살 내려고 했던 게 아니었어요. 단지 공정하게 경쟁할 권리를 달라는 거였죠." 숏웰이 말했다. "그게 다였어요. 그저 공정하게 대우해 달라는 거요."

스페이스X는 거의 시작부터 존재 자체를 위해 투쟁해야만 했다. 머스크와 숏웰의 성공 비결 중 하나는 그들이 거대 기업과 정부 기관의 기존 질서 앞에 굽신거리지 않았다는 것이다. 정부를 고소해야 한다면 그렇게 했다. 맞서 싸우기 위해 머스크는 가용할 수 있는 모든 것을 이용했다. 첫 3년 안에 스페이스X는 발사 산업의 최고 맞수 가운데 세 업체에 소송을 제기했고, ULA 합병 제안에 대해 공군에 맞섰으며, NASA 계약에 이의를 제기했다. 일론 머스크는 우주로 가기 위해 누군가의 심기를 거스르지 않고자 조심하지 않았다. 반대로 많은 이의 심기를 매우 불편하게 했다.

물론 이 때문에 숏웰의 삶은 고달파졌다. 우주 관련 회의에서 경쟁사들을 만나고 정부 관계자들과 껄끄러워진 관계를 원만하게 풀어야 했기 때문이다. 이런 분쟁들이 한창인 가운데 팰컨1을 처음 발사하기 1년 전, 숏웰은 덴버 남쪽 워터튼캐니언에 있는 록히드의 로켓 생산 시설을 방문해 달라는 초청을 받았다. 록히드마틴은 냉전 초기 이후로 반세기 동안 그곳에서 로켓을 만들어 왔다. 그녀는 록히드 측이 왜 자기를 아틀라스 생산 공장 견학에 초대했는지 몰랐지만 예전에 반덴버그 공군기지에서 경험했던 것과 비슷한 마피아 같은 낌새를 확실히 느꼈다. '너희가 계속 그렇게 나온다면, 우리가 짓밟아 버릴 거야.'

록히드 방문 당시 가장 놀라웠던 점은 그곳이 비어 있다는 사실이었다. 숏웰이 방문한 날은 분명 평일이었으며 점심시간도 아니었다. 그런데 그 거대한 공장에 로켓 하드웨어 작업을 하고 있는 사람이 아무도 없었다. "바닥이 매끈한 거대한 공장에 세 사람 정도만 있었어요. 하드웨어만 있고 아무도 일하고 있지 않았습니다."

록히드 같은 대규모 발사 업체들은 두둑한 정부 계약으로 성장해 왔다. 어떤 일을 맡게 되면 그들은 실제 비용에 수수료를 더해서 받는다. 비용이 많이 드는 일일수록 더 많은 수수료를 받았다. 작업 기간이 오래 걸릴수록 수수료가 더 높았다. 스페이스X의 차별화 전략은 고정 가격으로 계약을 추진하는 것이었다. 그렇게 하면 회사에는 그 일을 어떻게든 해내도록 하는 동기가 부여된다. 또 그 방식은 고객이 기본 요구 사항을 일관되게 유지하고, 설계 변경을 요청해서 비용을 올리는 일이 생기지 않게 하는 데 도움이 된다.

스페이스X는 팰컨1에 대해 정부와 민간 고객 모두에게 600만 달러라는 일관된 가격을 제시했다. 그 당시에 이 정도면 현저하게 낮은 금액이었고 회사가 팰컨1을 1년에 수십 회 발사하기 전까지는 이윤이 남지 않는 가격이었다. 그 시기에 소형 위성 발사 시장에서 유일하게 비교할 만한 미국 로켓은 오비탈사이언스Orbital Sciences가 만든 페가수스 발사체였다. 페가수스는 1990년에 우주에 도달한 세계 최초의 민간 개발 궤도 로켓이라고 할 수 있다. 12km 상공에서 비행기가 페가수스 로켓을 떨어뜨리면 로켓이 탑재물을 높이 올려보내는 방식이었고 탑재물의 무게는 팰컨1으로 실어 나를 수 있는 것과 비슷한 수준이었다. 하지만 페가수스 로켓은 고체연료를 사용했기에 설계가 훨씬 단순했으며 기존의 하드웨어를 사용한 최신 기술 부품을 결합해서 새 시스템을 만들었다.

물론 이런 전통적인 접근법은 비용 상승으로 이어졌다. 숏웰이 2000년대 초에 팰컨1을 가지고 시장에 나갔을 때 페가수스 발사 비용은 2600만~2800만 달러 정도였다. 따라서 스페이스X가 납품만 할 수 있다면 그녀가 손쉽게 이길 수 있었다. 가격 조건이 너무나 좋았기 때문에 머스크는 회사 웹사이트에서 가장 중요한 위치에 그 점을 내세웠다.

이 같은 투명성은 그 당시 매우 급진적인 모습이었다. "어둡고 좁았던 방 한쪽 구석에 커튼을 연 것과 같았습니다." 우주 비행 분야의 공공과 민간 투자 실적을 면밀하게 추적하는 투자 그룹 스페이스엔젤스Space Angels를 운영하는 차드 앤더슨Chad Anderson의 말이다. "그전에는 정부와 민간의 발사 요구에 부응하는 회사가 아주 소수였습니다. 거의 독점 상황에 가까웠다고 할 수 있죠."

스페이스X는 저렴한 가격과 투명성으로 의심을 기대로 바꾸어 갔다. 숏웰은 2003년에 첫 번째 발사 계약서에 서명했다. 국방부의 전력혁신실에서 의뢰한 소형 실험 위성 탁샛TacSat을 궤도에 올리는 계약이었다. 이 계약으로 회사는 350만 달러의 수익을 올렸다. 말레이시아는 라자크샛 위성을 콰절레인에서 발사하는 대가로 약 600만 달러를 지급했다. 팰컨1 첫 비행 탑재물을 포함해서 DARPA는 두 번의 우주 비행 서비스를 구매했다. 약간의 보조금과 함께 DARPA는 스페이스X에 약 1600만 달러 매출을 올려 주었다. 이들 초창기 고객들은 첫 발사에 실패하고도 스페이스X 곁에 머물렀다.

"내 생각엔 초기 고객들은 우리가 성공하는 것이 '필요했을' 뿐 아니라 우리가 성공하기를 '바랐던' 것 같습니다. 그래서 그들도 계속 버틴 거죠." 숏웰이 말했다. "만일 초기 고객들이 우리 철학에 일종의 연대 의식을 느끼지 않았다면 독불장군 같은 회사를 계속 이용하지는 않았겠죠."

이런 고리타분한 농담이 있다. 백만장자가 되고 싶다면 억만장자로 시작해서 로켓 회사를 만들어라. 머스크는 스페이스X 설립 전에 억만장자가 아니었으나 로켓 사업에 뛰어든 지 4년 만에 큰돈을 잃은 것은 분명해 보였다. 팰컨1이 첫 비행을 하기까지 스페이스X가 계약서에 서명한 총액은 약 2500만 달러였다. 하지만 그 가운데 일부만 발사 성공 전에 받았다. 이렇게 보면 1억 달러에 대한 투자 수익률로는 저조한 편이고 그것이 바로 스페이스X가 NASA를 아주 중요한 잠재 고객으로 생각한 이유다.

앤 치너리와 팀 부자, 한스 퀘니히스만 등이 팰컨1을 발사하려고 콰절레인에서 피땀 흘려 일하던 2006년 봄에 엘세군도에 있는 숏웰과 그녀가 이끄는 팀은 커다란 재정적 포상을 노리고 있었다. 스페이스X에 돈이 아주 부족한 건 아니었어도 새로운 발사장으로 이전하는 일과 160명으로 늘어난 급여 명단은 회사의 최종 결산에 타격을 주고 있었다. 그러나 NASA의 키슬러 합의에 대해 머스크가 이의를 제기한 덕분에 NASA는 국제우주정거장에 물자를 공급하는 민간 로켓과 우주선 사용 계약 절차를 다시 시작했다. 이번에 NASA는 COTS 계약에 스물한 건의 응찰을 받았고 2006년 3월에는 최종 후보를 여섯 업체로 좁혔다.

스페이스X도 그중 하나였다. 그해 봄부터 여름까지 NASA와 협상하는 동안 스페이스X는 미래의 고객이 두 가지를 주로 염려한다는 것을 확실히 깨달았다. 첫 번째는 스페이스X의 기술적 품질이었다. 어쨌거나 팰컨1에 불이 붙었으니까. 두 번째는 이 프로젝트를 완성할 재정이 머스크에게 있는가 하는 문제였다. 스페이스X가 NASA의 요구를 충족하려면 팰컨1에서 그치지 않고 아홉 개의 멀린 엔진을 장착한 팰컨9으로 확장해야 할 뿐 아니라 궤도에 오르는 우주선도 개발해야만 했다. 어떤 민간기업도 이런 일을 해낸 적이 없었다. 재정적 우려 역시 근거가 있었다. 그 무렵에는 머스크가 외부 투자를 유치해야만 할 것으로 보였기 때문이다. 숏웰은 NASA의 무수한 질문에 대응하는 작은 팀을 꾸렸다.

2006년 여름 내내 스페이스X와 나머지 최종 후보들은 이 입찰의 결과 발표를 기다렸다. 마침내 8월, NASA에서 전화가 왔다. 숏웰은 엘세군도 본사 2층에 머스크와 함께 있었다. 전화를 끊은 후 그들은 공장의 작업 현장에 임시 직원회의를 소집했고 모든 작업은 잠시 중단되었다. 직원들이 모였을 때 머스크는 주방에서 있었다. 연설은 짧았다.

"여러분, 우리가 이겼습니다."

이 일은 몇 가지 중요한 의미에서 스페이스X에 커다란 승리였다. 먼저, 자금이었다. 2억 7800만 달러에 상당하는 계약으로 머스크는 대형 궤도 로켓을 만들고 회사의 미래를 책임질 계획에 속도를 낼 수 있었다. 팰컨1 비행체 문제도 해결하면서 말이다. 또 그 자금으로 스페이스X는 더 크고, 이제는 상징적 존재가 된 호손의 본사로 이전할 수 있었다. 하지만 무엇보다 의미 있는 부분은 그 계약을 체결함으로써 NASA가 스페이스X를 인정했다는 점일 것이다. "그게 정말 중요했습니다." 숏웰이 말했다. "우리는 작은 회사였어요. 그 당시엔 정말 철부지 바보들이었죠. 그해 3월에 우린 로켓을 날려 버렸습니다. 내 생각엔 비록 우리가 첫 발사에 실패했어도 우리 방향이 옳다는 걸 NASA가 인정했던 것 같아요."

간단히 말해서 스페이스X는 자질을 갖추고 있었다. 그윈 숏웰도 그랬다. 자수성가해 잘 차려입은 여성 엔지니어가 시카고에서 만난 고등학생 숏웰에게 '너도 엔지니어가 될 수 있다'고 확신을 준 지 20년, 이제 하이힐을 신고 세련된 옷을 차려입은 사람은 숏웰이었다. 그리고 어떻게 그렇게 했는지, 백인 남성 중심으로 돌아가는 이 보수적인 업계에 그녀가 보여 줄 차례였다.

6

2차 발사

FLIGHT TWO

2006년 3월~2007년 3월

일론 머스크는 초기에 고용한 직원들을 너무 혹사했음을 인정했다. 그래서 엔진을 시험하느라 텍사스와 그 밖의 여러 지역을 넘나들며 고된 나날을 보낸 직원들에게 보상을 해 주기로 했다. 2004년 한 해 동안 200일 이상 집을 떠나 있었던 직원들에게 2005년에 2주간의 휴가를 추가로 주고 그들이 가고 싶어 하는 곳 어디라도 모든 경비를 지원해 보내 주기로 했다.

"분명히 아주 큰 성의 표시였습니다." 제러미 홀먼이 말했다. "전 직원 중 아마 열이나 열다섯 정도만 자격이 있었을 거예요. 그건 우리가 얼마나 자주 출장을 다녔고 사생활을 희생했는지 보여 주는 분명한 증거였죠." 특별 휴가 자격이 있는 직원들은 메리 베스 브라운에게 어디에 가고 싶은지 말하기만 하면 되었다. 나머지는 그녀가 알아서 했다.

홀먼은 그 휴가를 신혼여행으로 쓰기로 했다. 한 주는 뉴질랜드에서, 또 한 주는 타히티에서 보낼 계획이었다. 다른 직원들은 대부분 2005년 초에 특별 휴가를 사용했지만 홀먼은 하반기까지 기다렸다. 그해 가을에 약혼녀 제니와 결혼하기로 했기 때문이다. 그들은 가족 모두가 제니의 고향인 뉴욕 올버니 북쪽의 작은 마을 미캐닉빌로 여행할 수 있는 10월의 어느 날을 골랐다. 그런데 팰컨1 발사 준비가 하필이면 그즈음에 완료될 것 같았다. 홀먼은 결혼식을 연기해 달라는 요청을 받았지만 거절했다. 너무 많은 계획을 세워 두었고 회사를 위해 이미 충분히 희생했다고 생각했기 때문이다. 홀먼과 제니는 예정대로 10월 8일에 결혼했다. 홀먼은 그해 추수감사절 무렵이면 분명히 첫 발사를 마칠 것으로 예상하고 신혼여행 계획을 세웠었다. 하지만 일은 예정대로 돌아가지 않았고 결국 스페이스X가 추수감사절 직후 팰컨1의 지상연소시험을 시도할 때 홀먼은 현장에 없었다.

"그때 제니와 나는 보라보라섬에 있는 한 방갈로에 있었습니다. 인터넷 상태가 정말 안 좋았고 중앙 로비에서만 겨우 연결됐어요. 첫 발사가 취소됐다는 걸 뒤늦게야 알았고 로스앤젤레스로 돌아오기 전까지는 그 이유도 몰랐죠."

신혼여행에서 돌아오자마자 홀먼은 수 개월짜리 출장으로 콰절레인에 파견되어 팰컨1 발사 준비에 매진했다. 그렇게 2006년 3월의 그날이 왔다. 그 전날 밤에 제러미 홀먼과 플로렌스 리, 불렌트 알탄을 포함한 엔지니어들과 기술자 몇몇은 오멜렉에서 늦은 저녁을 먹었다. 그리고 발사 장비를 점검하고 긴장을 떨치는 농담을 하면서 밤을 새웠다. 해 뜨기 몇 시간 전부터 그들은 액체산소가 충분한지 확인하고 로켓을 마지막으로 점검했다. 그리고 최종 발사 준비를 마친 뒤 추진제 주입 작업이 시작되기 전에 몇 킬로미터 떨어진 메크섬으로 물러났다.

그들은 콘크리트 벙커 안에 모여 현장을 지켜보았다. 팰컨1에서 전송되는 데이터를 보려고 홀먼의 노트북을 주시하는 동시에 다른 한편으로는 현장 영상을 보려고 리의 컴퓨터에 눈을 고정했다. 멀린 엔진이 실패하고 로켓이 바다로 추락한 직후, 그들의 흥분에 찬 함성과 수다는 사라졌다. 할 일은 단 하나였다. 발사장에서 허가를 받고 밖으로 뛰쳐나와 선착장으로 가서 오멜렉으로 가는 배를 탔다. 모두 침묵에 잠겨 있었다. 무슨 말을 해야 할지 아무도 몰랐다. 사전 조사를 하려고 오멜렉에 도착했을 때는 연기가 걷혀 있었다. "충격받았죠. 우린 그 로켓을 조립하느라 정말로 많은 시간을 보냈거든요." 리가 말했다. "그런데 그게 그렇게 순식간에 산산조각으로 부서져 땅 위에 널브러져 있었으니 충격적이었죠."

그들이 오멜렉 탐색을 시작한 지 얼마 되지 않아 윙윙거리는 헬리콥터 소리가 들렸다. 콰절레인의 관제실에서 날아온 머스크와 뮬러, 몇몇 엔지니어들이었다. 실패의 충격에 휩싸여 있던 리와 동료들은 문제를 찾아서 고치고 전진하자며 용기를 북돋는 머스크의 말이 고마웠다. "난 언제나 그가 문제를 해결하고 다시 나아가는 데 탁월하다고 생각했어요." 리가 말했다.

머스크는 분명 다시 시도하고 싶었다. 그리고 회사의 기대를 무너뜨린 사람을 문책하고 싶었다. 그는 어떤 문제가 생기면 그 문제를 일으킨 사람을 찾아내고 실망감을 드러내야 직성이 풀렸다. 머스크가 생각하기에 팰컨1이 실패한 원인은 결국 마지막으로 로켓을 만진 추진팀 직원들의 허술한 일 처리 때문이었다.

그는 공개적으로 그렇게 말했다. 발사 후 2주가 지나지 않은 4월 5일, 머스크는 국가 우주 심포지엄에서 연설할 일이 있었는데, 그 자리에서 "현재까지의 분석에 의하면 발사 전날 배관 연결부 처리에 실수가 있었던 것으로 드러났습니다"라고 말했다. 그리고 이 실수는 "회사의 경험 많은 기술자 중 하나"가 저지른 것이라고 덧붙였다.

엔지니어들은 사고 후 몇 시간 만에 연료가 누출됐음을 밝혀 냈다. 소형 B-너트를 등유 연료관에 제대로 조이지 않은 것 같았다. 이 단순한 너트는 배관 연결부를 든든하게 밀봉하는 역할을 한다. 일정한 수준까지 비틀어 조였다면 말이다. 그런데 발사 준비 작업을 하는 동안에 이 너트를 풀 일이 여러 번 있었다. 상대적으로 취약한 엔진 근처 항공전자기기 시스템의 일부 부품에 여러 번 접근해야 했기 때문이다. 3월의 그 발사 전날에도 점화 밸브에 배선을 다시 해야 해서 홀먼과 회사 최고의 기술자인 에디 토머스가 이 너트를 풀었다가 다시 조였다. 발사 6초 전, 연료관이 열리자 등유가 B-너트 위치에서 엔진 쪽으로 누출되기 시작했다. 발사 3초 전, 엔진이 점화되자 그렇게 누출되어 쌓인 연료에 불이 붙었다. 로켓은 이륙했으므로 결국 이 불이 발사 34초 만에 엔진을 멈추게 한 원인이었다. 엔진 노즐에서 나오는 불은 좋은 것이다. 그러나 엔진 자체에서 나오는 불은 매우 심각한 것이다.

첫 발사에 실패하고 나서 홀먼은 가능한 한 많은 로켓 하드웨어를 복구하고 데이터를 연구하며 정확히 무슨 일이 일어난 것인지 알아내는 데 몰두했다. 추진 책임자로서 그는 로켓이 이륙했다는 사실에 자부심을 느꼈고 다음번 시도에서는 궤도까지 올라가기를 간절히 바랐다. 홀먼은 잔해를 정리하고 다시 시도할 수 있도록 발사장 정리하는 일을 돕느라 오멜렉에서 며칠을 더 보냈다. 이 때문에 그는 호놀룰루에서 로스앤젤레스로 가는 비행기에 타기 전까지 웹서핑 같은 건 할 시간조차 없었다. 홀먼은 비행기에서 제공하는 기본 와이파이를 이용해 인터넷에 접속했다. 발사 실패에 관한 뉴스가 느리게 로딩되었다. 비로소 그는 등유 연료관에 B-너트를 제대로 조이지 못한 것이 그와 토머스의 책임이라고 머스크가 공개적으로 말한 사실을 알게 되었다. 부당한 처사였다. 그렇게 단정할 자료조차 없었다. 비행기가 로스앤젤레스에 착륙할 무렵 홀먼은 잔뜩 화가 나 있었다.

　홀먼의 말에 따르면 그는 공항에서 곧장 차를 몰고 3km 떨어진 스페이스X 엘세군도 공장으로 운전해 갔다고 한다. 곧 건물 앞에 주차했고 제지하는 메리 베스 브라운을 무시한 채 머스크의 방으로 성큼성큼 걸어 들어갔다. 홀먼은 자기가 실패의 원인으로 지목된 것이 못마땅했다. 마음만 먹으면 지난 4년간 스페이스X에서 쌓은 경력으로 새 일자리를 쉽게 찾을 수 있을 터였다. 그러나 토머스는 그렇지 않을 수도 있었다. 토머스에게는 중학교에 다니는 딸과 부양할 가족이 있었다. 그래서 홀먼은 공개적으로 치욕을 준 것에 항의하기 위해 그리고 소중한 부하 직원의 명성을 지켜 주기 위해 상사 앞에서 불같이 화를 냈다.

　몇 분 뒤에 그윈 숏웰이 나타나 자신을 머스크의 책상에서 끌어냈다고 홀먼이 말했다. 뮬러가 홀먼을 만나러 왔다. 둘은 잠시 이야기를 나누었다. 홀먼은 마음을 가라앉히기 위해 주말 동안 집에 가 있겠다고 했다. 그는 월요일에 돌아오기로 했다. 다시 돌아온 홀먼은 자기가 스페이스X에 남는 대신 조건이 하나 있다고 뮬러에게 말했다. 앞으로 머스크와는 절대 이야기하지 않겠다는 것이었다.

그 일에 관한 머스크의 기억은 달랐다. "그가 내 방에 난입해 들어온 기억이 없어요. 설사 그랬다 해도 난 그다지 동요하지 않았을 겁니다. 그가 로켓을 성공적으로 발사하는 데 필요한 까다로운 기준을 가끔 맞추지 못했다고 말하는 게 정확할 겁니다." 머스크는 토머스에 관해서도 나쁜 감정이 없었다. 토머스는 그 후에도 약 10년 동안 스페이스X에서 일했다. "나는 토머스의 은퇴 파티에 갔었고, 가능한 한 최고의 표현을 써서 그가 회사에 이바지한 부분에 감사를 표시했습니다."

머스크와 홀먼 사이에 정확히 무슨 일이 일어났든지 간에 뮬러는 자신이 믿고 의지하게 된 부관을 잃고 싶지 않았다. 홀먼은 맥그레거와 콰절레인에서 땀 흘려 일했고 거의 초기부터 스페이스X와 함께했다. 뮬러는 뜻을 굽히지 않았다. 1차 발사 당시 사업운영 관리자였던 데이비드 기거David Giger의 말에 의하면 그 소란이 벌어졌을 때 뮬러는 끝까지 홀먼을 지지했다고 한다.

"톰의 태도는 말하자면 이런 거였어요. '당신이 제러미더러 회사를 나가라는 건 나에게도 회사를 나가라는 말을 하는 겁니다'." 기거가 이야기했다. "나는 톰이 정말 대단하다고 생각했어요. 그리고 그게 바로 톰이 훌륭한 팀을 만들어 낼 수 있었던 이유였다고 생각합니다. 그는 팀원들 뒤를 든든히 받쳐 줬어요."

결국 홀먼과 토머스 탓이 아닌 것으로 드러났다. 1차 발사의 실패 원인은 두 사람의 직무 태만이 아니라 열대 환경에 기인한 것이었다. 문제가 된 연료 주입관이 오멜렉섬에 떨어진 잔해 사이에서 발견됐는데, 부서진 B-너트의 절반은 홀먼과 토머스가 부착했던 안전결선safety wire*으로 여전히 붙어 있었다. 몇 달 뒤에 DARPA가 팰컨1 비행 검토 결과를 발표했다. DARPA는 "화재의 유일한 원인으로 추정되는 문제는 연료 펌프 주입구 압력 변환기에 있던 알루미늄 B-너트가 제 기능을 하지 못한 것인데, 이것은 부식으로 인하여 금속의 결정 입자 경계에 균열이 생긴 탓"이라고 결론 지었다. 발사 전날 밤 오멜렉섬에 흩뿌려진 해수의 염분에 부식된 탓에 5달러짜리 너트에 균열이 생긴 것이었다. "지독하게 운이 나빴던 것뿐이었습니다." 뮬러가 말했다. "최악의 불운이었죠."

머스크와 뮬러, 톰슨은 이미 한참 전에 팰컨1의 B-너트 문제를 의논했었다. 그들은 너트 재질을 알루미늄으로 할지 스테인리스스틸로 할지 토론했다. 뮬러가 아는 로켓 대부분은 알루미늄 너트를 사용했다. 해병대에서 헬리콥터를 타고 비행했던 톰슨은 전 세계 미국 항공모함에 실려 파도에 노출되는 헬기들도 알루미늄 너트를 사용한다고 말했다. 머스크는 알루미늄 B-너트를 최종 승인했다. 알루미늄이 스테인리스스틸 무게의 3분의 1에 불과하기 때문이었다. 로켓은 작은 무게 하나하나가 모두 중요한 문제다.

발사 전에 스페이스X 엔지니어들은 염분 섞인 해수 방울이 로

---

* 볼트나 나사, 구성품의 풀림 및 이탈을 방지하고자 설치하는 줄 또는 철선.

켓에 부식을 일으킬 것을 충분히 염려했었다. 그래서 로켓 부품에 부식 방지 윤활유를 발랐다. 그러나 윤활유를 충분히, 철저하게 바르지 않았다. 게다가 부식이 잘 일어나는 환경이 어느 정도의 피해를 유발할 것인지도 꼼꼼하게 따져 보지 않았다. 로켓 격납고 자체도 온도 조절이 되지 않았다. "솔직히 말해서 우리가 바보 같이 일한 거죠." 퀘니히스만이 말했다. "로켓을 외부에 너무 오래 두는 그런 일 말입니다. 그곳이 로켓에 얼마나 가혹한 환경이었는지 전혀 고려하지 않았어요. 우리는 그 교훈도 배웠습니다."

가장 터무니없었던 실수는 아마 발사팀이 몇 주씩이나 로켓을 외부에 그냥 세워 두었던 일일 것이다. 2005년 12월 20일, 스페이스X는 팰컨1 발사 카운트다운을 했으나 문제를 발견하고 연료를 다시 빼내는 과정에서 1단 탱크가 찌그러져 계획이 무산되었다. 그때는 크리스마스가 겨우 닷새 남았었고, 수개월 동안 사생활을 희생한 후줄근한 발사팀은 모두 나머지 크리스마스 휴일이라도 건지기 위해 서둘러 본토로 돌아가고 싶어 했다.

마음이 급해진 그들은 로켓을 다시 격납고로 굴려 넣지 않고 발사대에 그대로 두었다. 알루미늄 기둥에 천을 덮어서 만든 격납고는 최고로 튼튼한 구조물이라고 할 수는 없었으나 그런대로 로켓을 약간은 보호할 수 있었다. 그러나 팰컨1을 수직에서 수평으로 눕히고 그것을 다시 격납고로 가져다 놓는다는 말은 당시 섬에 있던 직원 대부분이 크리스마스 휴가를 집에서 보낼 수 있게 해 줄 마지막 비행기를 놓칠 것이라는 의미였다. 모두가 1월 초에는 돌아올 생각을 하고 있었다. 따라서 팰컨1은 최대 2주 정도만 열악한 환경에 노출될 예정이었다. 그러나 교체할 하드웨어 제작에 차질이 생기면서 그들은 결국 1월 20일이 돼서야 섬으로 돌아와 로켓을 다시 격납고로 굴려 넣을 수 있었다.

결국 1단 엔진은 한 달 내내 외부의 무자비한 여건에 그대로 노출돼 있었다. 무역풍은 거의 쉴 틈 없이 오멜렉섬을 가로질러 불면서 염분 섞인 바닷물을 뿌렸다. 발사대는 바다에서 100m도 되지 않는 곳에 있었고 부서지는 큰 파도는 소금기를 허공에 뿌리고 로켓을 소금물로 적셨다.

"그곳 부식 환경은 터무니없는 수준입니다." 머스크가 말했다. "콰절레인에서는 언제나 강력한 염분이 뿌려지고 있다고 보면 됩니다. 만약 자전거를 염분 물방울이 날아오는 반대쪽에 두지 않으면, 그 물건은 곧 산화알루미늄이나 산화철로 변할 겁니다. 섬에 온 초짜들은 자전거를 바람이 불어오는 쪽에 두죠. 무슨 일이 일어날지 아는 사람은 그걸 바람을 받지 않는 쪽에 둡니다. 안 그러면 그 자전거는 곧 못 쓰게 될 겁니다."

부식이 아니었더라도 그들은 어쨌거나 로켓을 잃었을 것이다. 오멜렉에서 팰컨1 발사를 준비할 때 한 엔지니어가 추진제 공급 과정에서 밸브 하나를 열어 두었다. 2단의 액체산소탱크가 좀 더 쉽게 산소를 배출하도록 하기 위해서였다. 이 밸브가 열린 채로 카운트다운이 시작됐다. 그러니 팰컨1의 1단이 예정대로 상승했다 하더라도, 2단이 팰컨샛-2를 궤도에 올릴 만큼 충분한 가압 상태를 유지하지 못했을 것이다.

이 모든 것은 데이터를 검토하면서 드러났다. 머스크는 왜 컴퓨터가 밸브 잠김 상태를 확인하지 못했는지 직원들에게 물었다. 대답은 간단했다. 그런 센서를 설치할 시간이 없었다. 이 실패를 통해 머스크는 로켓 회사의 개발 속도에 한계가 있을 수 있음을 배웠다. 그는 여전히 직원들을 압박하면서도 어느 정도는 여지를 주었다.

"우리가 빨리 발사할 수 있다고 생각한 만큼이나 우리에게 많은 단점이 있다는 걸 알게 됐습니다." 부자가 말했다. "우리는 또다시 그런 문제로 실패하고 싶지 않았습니다. 첫 번째 실패가 정말 뼈아팠거든요. 스페이스X의 막내부터 맨 윗사람까지, 시간을 들여서 이 모든 것을 해결해야 한다고 생각했습니다."

머스크는 두 번째 발사에 실제 위성이 아니라 모의시험용 탑재물을 싣기로 했다. 회사가 팰컨1을 제대로 준비하는 데 집중하도록 하기 위해서였다. 그들은 필요한 만큼 시간을 들였다. 로켓의 첫 비행과 두 번째 비행 사이에 꼬박 1년 가까운 시간이 흘렀다. 스페이스X는 남은 2006년 동안에 항공우주 분야의 전통적인 관행들을 조금씩 적용하기 시작했다. 원래 로켓 조립 과정에서는 제작 기간에 모든 부품 또는 추가된 부분의 일련번호를 누군가가 치밀하게 기록한다. 첫 번째 팰컨1을 만드는 동안 스페이스X에서는 아무도 그런 종류의 기록을 하지 않았다. 향후의 팰컨1을 제대로 제작하려면 이런 부분에 변화가 필요했다. 그리고 머스크는 자신이 원하는 센서를 로켓에 달도록 지시했다. 그리하여 두 번째 팰컨1은 압력이나 온도 등이 허용 가능한 범위 내에 있는지 확인할 수 있는 각종 기기를 달게 되었다. 누군가 밸브를 열어 두었다면 컴퓨터가 그것을 감지해 표시할 터였다.

"성숙함과 규율 면에서 볼 때 우리는 두 번째 발사를 준비하면서 완전히 다른 회사가 됐습니다." 앤 치너리의 말이다. "첫 실패가 도움이 된 거죠."

스페이스X는 로켓을 개선하기 위해 설계 변경을 추진했고 그것을 팰컨1.1이라 불렀다. 회사 엔지니어들은 첫 로켓을 만들고 시험하고 날리는 데 1년을 보내고 나서 훨씬 더 많은 것을 알게 되었다. 예를 들어 항공전자팀은 로켓 전체에 수 미터의 전선을 까는 더 나은 방법을 학습했다. 외부에서 보면 팰컨1은 변한 것이 없어 보였지만 안에 있는 내용물은 달랐다.

회사 운영에도 눈에 띄는 변화가 생겼다. 첫 번째 팰컨1이 실패하기 직전에 머스크는 회사의 첫 사장이자 최고운영책임자로 짐 메이저Jim Maser를 고용한다고 발표했다. 메이저는 항공우주 업계의 베테랑으로, 2001년부터 네 개 국가가 소유한 로켓 회사 시론치Sea Launch 사장을 역임해 왔다. 메이저가 떠날 무렵 그 회사는 이동식 해상 플랫폼에서 열아홉 개의 우크라이나 로켓을 발사했었다.

45세인 메이저는 신생기업의 전형적인 통과 의례식 고용이 어떤 것인지 대변하는 듯했다. 설립한 지 몇 년 후에 뛰어난 능력을 갖춘 외부 간부가 나타나 집안의 어른 행세를 하는 것 말이다. 그렇게 고용된 사람은 혼돈에 질서를 부여하려고 한다. "사업이 커지면 결국 차고를 벗어나 좀 더 전문적으로 경영할 필요가 있습니다." 메이저가 말했다. 그는 스페이스X를 좀 더 전문적으로 경영하려고 했다. 메이저는 현장에서 끈 샌들을 신고 다니는 직원들을 보자 그 관행에 종지부를 찍었다. 상심한 노동자들을 위한 절충안으로 반바지를 계속 입는 것에는 동의했다.

메이저는 20년 된 보잉의 항공우주 유산을 물려받아 실제로 진지한 분위기를 만들어 냈고, 일부 재고 관리와 품질 검사 조치를 도입하는 데 일조하면서, 1차 발사와 2차 발사 사이에 스페이스X가 성숙하는 원동력이 되었다. 그러나 퀘니히스만 같은 일부 직원들은 메이저의 태도를 오만으로 여겼다. 그들 눈에는 새 상사가 스페이스X에 있는 그 누구보다 로켓을 더 많이 아는 듯이 행동하는 것으로 보였다. 퀘니히스만이 불만을 품은 데는 이유가 있었다. 메이저는 팰컨1의 컴퓨터에 현실 세계의 조건을 넘어서는 엄격한 품질 시험을 적용하면서 항공전자기기 책임자인 퀘니히스만을 들들 볶았다. 메이저가 항공전자기기 부품에 더욱 엄격한 잣대를 들이대면서부터 그들 사이가 나빠지기 시작했다.

"난 그 엔지니어가 좀 제대로 알아야 한다고 생각했습니다. 나는 그 점에 있어서 매우 명확했어요." 메이저가 퀘니히스만에 관해 말했다. "그런데 그는 나와 의견이 달랐던 것 같습니다."

오만했건 그렇지 않았건 간에 메이저는 자신의 경험에 분명한 확신이 있었고 다른 로켓 회사가 전에 했던 실수를 스페이스X가 피하도록 도우려 했다. 최고운영책임자로 일하는 데 익숙해지면서 그는 자기가 생각하기에 변화가 필요한 부분을 고치도록 계속 요구했다. 이런 점이 결국 머스크와의 충돌로 이어졌다. 스페이스X에서 일한 지 몇 달 후에 메이저는 로켓에 일어날 수 있는 위험 요소를 전체적으로 평가할 시스템 엔지니어 한두 명을 고용해야 한다고 머스크에게 제안했다. 그는 프로그램 진행

일정도 더 엄격하게 관리하려고 했다. 2006년에 머스크는 이미 팰컨9 발사 날짜를 이야기하고 있었다. 메이저는 그 문제에 관해 독립적으로 평가를 수행했는데, 머스크가 생각하는 발사 날짜가 지나치게 낙관적이라는 결과가 나왔다. 메이저는 전문적으로 관리받는 회사라면 어떻게 조치해야 하는지 조언했다. 그러나 머스크는 그런 것들을 불필요한 관료주의로 보았다.

"시론치를 오랫동안 운영하면서 나는 간부로서 책임을 지는 데 익숙했습니다." 메이저가 말했다. "결국 그는 물러설 생각이 없었고 내가 점점 더 개입하면서 우리는 충돌하기 시작했죠. 일론이 나를 받아들일 준비가 안 돼 있다는 사실이 명확해졌는데, 나 역시 단순히 명령을 따르는 그런 부류의 사람은 아닙니다."

2006년이 끝나기 전에 메이저는 스페이스X를 떠나 엔진 제조사인 프랫앤휘트니로켓다인Pratt & Whitney Rocketdyne의 회장이 되었다. 메이저가 스페이스X에 재직한 기간은 9개월이었다. 그들은 단지 서로 잘 맞지 않았을 뿐이다. 부자는 메이저가 스페이스X에 많은 강점을 만들어 준 것은 사실이지만 머스크의 방식에 맞출 뜻은 없었던 거라고 설명했다. "크리스 톰슨도 그런 일로 약간 힘들어했어요." 부자가 말했다. "일론과 일하면서 톰과 한스, 나는 어느 한쪽은 맞고 다른 쪽은 틀렸다기보다는 둘 다 맞을 수 있다고 생각하는 편이었습니다." 스페이스X 직원들이 이렇게 열린 사고를 할 수 있었던 건 적어도 머스크가 그들의 생각에 귀를 기울였기 때문이다. 머스크는 토론을 권장했다. 그는 선임 직원들에게 재정에 관한 권한도 부여했다. 단, 최종 결정권은 언제나 그에게 있었다.

팰컨1의 두 번째 발사를 앞두고 머스크는 부사장들과 선임엔지니어들을 불러 곧 있을 비행에 대비해 굵직한 우려 사항들을 의논했다. 회사의 주요 부서, 그러니까 구조, 추진, 항공전자 부서는 이번 비행에서 중요한 위험 요소 목록을 각각 열 가지씩 제출했다. 예를 들면 모의시험에서 특정 세트의 밸브가 잘 작동하지 않았다거나 어떤 공급 업체에서 온 부품이 품질 검사를 통과하지 못했다거나 하는 것들이었다. 엔지니어들은 이런 문제를 의논하고 해결책을 모색했다.

퀘니히스만 앞에는 선별해야 할 문제가 많았다. 그가 염두에 둔 문제 중 하나는 2단에서 발생하는 슬로싱sloshing, 즉 연료가 심하게 출렁거리는 현상이었다. 로켓이 발사되고 추진제가 연소하면 로켓의 연료는 변기에서 내려가는 물처럼 탱크에서 흘러나간다. 이때 탱크가 비워지면서 남은 연료가 사방으로 출렁일 수 있다. 이 영향이 어떤 수준 이상으로 강해지면 로켓이 통제 불능 상태가 될 수 있다. 이것은 마치 수프 한 그릇을 들고 달리는 것과 같다. 로켓의 움직임이 슬로싱 현상과 맞아떨어지면 그 안의 '수프'는 사방으로 쏟아지게 된다.

슬로싱을 제어하는 한 가지 방법은 연료탱크의 가장자리를 따라 일종의 칸막이인 배플baffle을 부착하는 것인데, 배플은 슬로싱 효과를 억제하고 연료의 흐름이 2단 엔진 쪽으로 향하게 돕는 금속판이다. 스페이스X는 1단에 배플을 설치했다. 하지만 탑재물을 싣고 궤도까지 쭉 진입해야 하는 2단에도 그렇게 하기에는 중량 면에서 약간 불리하다. 따라서 무게를 늘리지 않고 해결할 방법이 있다면 훨씬 더 좋을 것이다. 실제로 발사한 뒤에 비행 중인 2단의 성능을 외부에서 시험할 수는 없으므로 퀘니히스만은 스티브 데이비스에게 컴퓨터상에서 연료 슬로싱 현상을 시뮬레이션해 보도록 했다.

데이비스는 2003년 중반에 입사한 초기 직원 중 한 사람으로, 2007년 무렵에는 팰컨1의 유도, 항법, 조정을 담당하고 있었다. 그는 2단 로켓의 슬로싱 현상에 대해 세 가지 다른 모델을 세우고 서로 다른 가정에 따라 모의시험을 계속했다. 대부분은 2단이 정상 작동했다. 그러나 아주 적은 비율로 로켓이 제어 범위를 벗어났다. "그냥 숫자 하나만 없애면 되는 그런 게 아니었습니다." 그가 설명했다. "수많은 것들이 복잡하게 엮여 있었어요."

이번 두 번째 발사에는 많은 위험 요소가 있었다. 데이비스가 퀘니히스만에게 보고할 파워포인트 프레젠테이션을 준비할 때 그의 시스템에는 열다섯 가지 정도의 위험 요소가 있었다. 그중 가장 우려했던 것은 슬로싱이 아니라 비행 중에 로켓이 찌그러지는 현상이었다. 슬로싱 문제는 열한 번째 순위로, 목록 저 아래에 있었다. "물론 슬로싱도 위험 요소였죠." 데이비스가 이어서 말했다. "하지만 비행을 위협할 만한 다른 요소들이 더 많이 있었습니다."

머스크가 네바다 211번지 사무실에 와서 항공전자팀을 만나 2차 발사를 앞두고 염려되는 사항을 의논할 때 퀘니히스만은 자기 팀이 내놓은 결과를 보고했다. 최종적으로 그들은 슬로싱을 포함해 위험 요소 대부분을 떠안기로 했다. 그 문제를 모두 해결하려면 몇 달간 더 연구해야 할 테고 로켓 무게가 상당히 늘어날 수도 있었다. 스페이스X가 좀 더 직접적으로 문제를 해결하는 방식은 그냥 로켓을 날려 보는 것이었다. 그 방법은 몇 달에 걸쳐 분석과 가정, 모의시험을 하는 것보다 더 확실한 결과를 보여 주는 엄격한 시험이었다.

어쨌거나 그 시점에 로켓의 중량을 늘릴 수는 없었다. 그 당시 스페이스X는 저궤도로 450kg을 실어 보낼 수 있다고 광고했으나 실상은 그런 로켓을 만드는 데 어려움을 겪고 있었다. 멀린 엔진의 성능이 예상했던 만큼 뛰어나지 않았고 계획했던 것보다 무게가 더 나갔다. 대부분 알루미늄인 로켓의 구조 중 일부도 예상보다 더 무거웠다.

"언제나 그렇듯이 우린 중량과 성능을 놓고 고군분투하고 있었습니다." 머스크가 말했다. "우린 고객들에게 약속한 탑재물 중량을 지킬 수 있는 경계 수준에 있었어요. 로켓 상단 무게가 1kg이라도 늘면 위성에 할애할 1kg을 잃어버리는 것이었죠."

배플을 설치하는 일은 또 다른 문제를 일으킬 염려가 있었다. 머스크에게는 2단 구조의 완결성을 유지하는 일도 중요했다. 만일 배플을 설치한다면 알루미늄합금으로 만든 연료탱크 벽에 용접해서 붙여야 할 텐데, 그 벽은 중량을 맞추느라 높은 압력에서 연료를 담고 있어야 하는 용도치고는 이미 위험할 정도로 얇았다. 그런 벽에 배플을 붙인다면 용접 부위가 약해질 것이다. 머스크가 생각하기에 그런 복잡함은 2단 내부의 위험 요소를 줄이기보다 오히려 늘릴 가능성이 컸다.

"그건 위험 요소 10위 안에도 들지 않았습니다." 머스크가 말했다. "얼마나 심각했는지 알겠어요?"

머스크와 간부들이 다가오는 비행에 대비해 상위 위험 요소를 점검할 때 플로렌스 리와 직원 여남은 명은 두 번째 팰컨1을 완성하느라 현장에서 일하고 있었다. 리는 스페이스X에 일찌감치 입사한 직원 중 하나였고 언젠가 우주로 가겠다는 꿈을 좇고 있었다. 어릴 적에 부모님은 주말마다 리와 남동생을 차에 태우고 델라웨어에서 워싱턴 D.C.까지 달려 국립 항공우주박물관에 가곤 했다. 어느 날 그녀는 박물관의 아이맥스 영화관에서 〈블루 플래닛〉이라는 다큐멘터리 영화를 보다가 운명을 발견했다. 1990년에 개봉한 이 영화는 우주에서 본 지구의 매력적인 영상을 담고 있었는데, 우주왕복선에 탑승한 우주인들이 찍은 장면이었다.

"그때, 세상에, 저게 바로 내가 하고 싶은 거야, 라고 느꼈죠." 리가 회상했다. 그녀는 언젠가 우주에 갈 작정이었다. 그리고 지구의 푸르른 아름다움에 경탄하며 자기 눈으로 이 행성을 내려다보고 싶었다.

우주인이 되겠다는 어린 시절의 꿈은 사그라지지 않았고 리는 우주로 가는 가장 빠른 길이 공학에 있다고 판단했다. 델라웨어대학교에는 항공우주 분야 학위가 없었던 까닭에 그녀는 기계공학을 전공했다. 대학원 진학을 앞두고 리는 항공우주공학으로 유명한 스탠퍼드대학교를 선택했다. 그리고 태어나서 20여 년을 델라웨어에서 살았던 리는 그 무렵에 약간의 모험을 갈망하게 되었다. "델라웨어가 나를 꿈꾸는 사람으로 만들었다고 할 수 있겠네요. 너무나 지루했거든요."

우주비행사 지원란에 표시할 수 있게 되기를 바라며 박사학위를 준비하던 2003년 봄에 리는 스페이스X에 대해 처음 들었다. 목요일 밤마다 으레 그랬듯 그날도 그녀와 친구들은 단골 바에서 한잔하고 있었다. 그날 이야기 주제는 머스크였는데, 그가 리의 같은 과 친구 중 한 명에게 직접 전화해서 엘세군도에 면접을 보러 오라고 했다는 것이었다. 아주 새로운 로켓을 만들겠다는 머스크의 비전은 리의 마음속에 자리 잡았다. 그리고 한 달 후에 열린 취업박람회에서 스페이스X 부스가 리의 눈길을 붙들었다. 리는 이력서를 제출했고 곧 크리스 톰슨과 면접을, 그다음엔 머스크와 면접 보러 오라는 초대를 받았다. 스페이스X는 팰컨1의 연료탱크 제작과 외부 마감을 도울 사람을 찾고 있었다. 리는 구조 관련 수업을 듣긴 했지만 현장 경험은 부족했다. 그리고 그녀는 자기가 정말 그 일자리를 원하는지 확신이 서지 않았다. 스탠퍼드는 박사학위와 편안한 사회생활의 가능성을 제안했다. 스페이스X는 아주 고된 작업을 확실히 제안했다.

리는 고민 끝에 출근하겠다고 했다. 그러나 얼마 못 가 자신의 결정이 정말 옳은지 의심하게 됐다. 5번 주간고속도로를 따라 베이에어리어에서 로스앤젤레스로 운전해 가는 도중 도로가 산페르난도밸리로 접어들자 그녀의 자동차 속도가 느려지면서 기다시피 했다. 천천히 움직이는 동안 리는 자신이 방금 뛰어든 세상에 관해 곰곰이 생각했다. 떠나온 친구들을 생각하니 눈물이 났다. 그녀는 로스앤젤레스에 아는 사람이 거의 없었다.

하지만 회사가 금세 리의 걱정을 집어삼켰다. 사회생활이란 걸 할 시간이 없는데 친구가 무슨 소용이겠는가? 그리고 그녀는 함께 일하며 유대감을 형성하게 된 사람들을 사랑했다. 2003년

6월에 스페이스X에 입사한 리는 크리스 톰슨과 또 다른 엔지니어들에게서 항공우주 이론을 배우고, 기술자들과 함께 하드웨어 작업을 했다.

"머릿속에 정보가 가득한 채로 퇴근하곤 했어요. 머리가 계속 돌아가고 있었죠. 언제부터 그랬는지 모르겠는데, 몇 달 뒤에 난 이 리듬을 타고 있었어요. 마치 이게 지금 당장 내가 집중하고 싶어 하는 전부인 듯 느껴지는, 그런 리듬이요. 이게 내 삶이야, 나는 모든 것을 여기 걸고 있어, 하는 느낌이었죠. 정말 기분이 좋았어요. 왜냐면 내가 거기서 해야 하는 일에 온전히 집중할 수 있겠다는 느낌이 들었거든요."

리는 착실하게 톰슨의 신뢰를 얻으며 구조팀의 핵심 부관으로 성장했다. 그들의 전반적인 임무는 아주 단순했다. 로켓 본체가 혹독한 발사 상황에서 살아남고, 높은 가속도를 버티며, 높은 압력에서도 휘발성 연료를 안정적으로 담고 있도록 하는 것이었다. 동시에 이 구조물은 극도로 가벼워야 했다. 그렇지 않으면 로켓은 아무 데도 가지 못할 테니까. 톰슨은 리를 '2인자 딸'로 부르며 로켓의 페이로드 페어링payload fairing에 대한 책임을 그녀에게 위임했다. 페이로드 페어링은 로켓 가장 윗부분에 있는 뾰족한 원뿔 모양 보호 덮개로, 로켓이 우주로 상승하는 동안 탑재물을 보호하는 기능을 한다. 기존 항공우주 회사라면 페어링을 공급 업체에서 구매할 것이다. 그러나 머스크는 스페이스X가 자체 페이로드 페어링을 설계하고 만들기를 원했다.

그녀는 인터넷에서 구할 수 있는 수많은 NASA 자료를 읽기 시작했다. 페어링 설계를 결정한 후 리와 엔지니어들은 아이디어를 시험할 모형을 만들었다. 이렇게 직접 시도해 보는 엔지니어링 작업은 강의실에서 강도나 강성 같은 재료의 이론적 특질을 공부하거나 주어진 구조물의 한계점을 이해하는 수학 기초를 배울 때와는 차원이 달랐다. 그녀는 실제 세계에서 뭔가를 만들고 있었다.

"팰컨1 초창기 시절에 우리는 모든 걸 조금씩 다 했습니다." 리가 말했다. "난 자동 총으로 대갈못 박는 법과 용접하는 법을 배웠죠. 그런 다음 우리는 뭔가를 만들고 그것을 구조적으로 평가해야 했습니다. 우리가 컴퓨터상에서 확인하고 이곳에서 만든 그 구조물이 우주로 날아가도 부서지지 않으리라는 것을 시험을 통해 우리 스스로 확신해야만 했죠."

2006년 11월, 로켓의 새 1단이 오멜렉에 도착하면서 회사의 중심은 미국 본토에서 콰절레인으로 다시 이동했다. 머스크는 두 번째 발사 시기를 1월로 정했다. 이에 따라 12월 한 달간 발사팀이 1단과 2단 로켓을 점검했고 그 둘을 합쳐 하나의 로켓으로 만들었다. 그러나 발사팀이 할 일을 무수히 남겨둔 채 크리스마스 휴가차 집으로 돌아가게 되면서, 부자는 1월 발사의 희망이 사라지고 있음을 느꼈다.

로켓이 지상 지원 장비와 통신할 수 있게 하는 일은 스페이스 X 엔지니어들이 직면한 많은 과제 중 하나였다. 크리스마스 며칠 후에 부자와 퀘니히스만은 12월 시험 기간에 멀린 엔진의 컴퓨터가 간헐적으로 작동하지 않았던 문제를 두고 의논했다. 그들은 잘못된 걸 고치려면 이야기만 할 게 아니라 직접 로켓을 들여다보며 작업해야 한다는 것을 깨달았다. 두 부사장은 그게 옳은 일이라고 각자 아내를 설득한 후 콰절레인행 비행기를 잡아 탔다. 그들은 연말연시를 오멜렉에서 보내게 되었다. 컴퓨터 문제를 바로잡고 소프트웨어 오류를 검출해 제거하면서 말이다. 외로운 열대 섬에서 동료라고는 단지 그 둘과 시험장 감독 한 사람뿐이었다. 두 사람 다 아버지이자 남편이었던 까닭에 가족을 위한 시간을 희생한 것을 후회했지만 할 일은 해야 했다. 고립된 섬에서 싸구려 맥주를 마시고 목적의식을 찾으려 애쓰며 그들은 계속해서 나아갔다.

"오멜렉의 고립감은 나에게 영감을 줄 정도였죠." 쾨니히스만이 말했다. "마치 다른 행성 같았어요." 어려운 시기였다. 그들은 첫 로켓을 잃었다. 그리고 또다시 가족과 멀리 떨어져 그곳에 있었다. 그래도 하드웨어를 다시 만지니 기분이 좋았다. 부자와 쾨니히스만은 희망에 부풀어 2007년을 맞이했다.

부자의 예상대로 스페이스X는 1월 발사 날짜를 놓쳤지만 신년에 오멜렉으로 돌아온 엔지니어들과 기술자들은 꾸준한 진전을 이루어 나갔다. 발사를 시도하기 전에 회사는 로켓 준비 상태를 확인하기 위해 두 가지 주요 시험을 진행할 예정이었다. 첫 번째 시험은 로켓에 연료를 채우고 마지막 60초 정도를 남길 때까지 카운트다운을 쭉 진행하는 것이다. 로켓이 이 시험을 통과하고 나면 며칠 또는 몇 주 후에 발사 직전 단계의 지상연소시험을 수행한다.

이 시험에는 모두 액체산소가 어마어마하게 필요하다. 로켓에 액체산소를 공급하기 위해 스페이스X는 부피 5,000갤런약 19m³

의 컨테이너를 본토에서 주문했다. 대부분 열대 지역인 해상을 지나오는 한 달 동안에 극저온 상태의 각 탱크에서 3분의 1 정도의 액체산소가 끓어서 사라진다. 그러다 보니 언제나 액체산소가 부족했다. 뾰족한 수가 없을까 알아보던 부자는 공기를 응축해서 액체산소를 분리할 수 있다고 광고하는 기계를 알게 됐다. 그리고 이 문제를 해결했다고 생각했다. 머스크까지 구매하는 데 찬성했다.

항공전자팀 엔지니어 필 카수프는 그 기계가 예상 밖의 거대한 포장으로 오멜렉에 도착했던 당시를 기억한다. 다 조립하고 나니 그것은 표준 선적 컨테이너 크기의 약 절반에 달했다. "꼭 정신 나간 과학자 실험실에서 나온 것 같이 생겼어요. 모든 게 윙 소리를 내며 돌아가고 밸브와 게이지가 잔뜩 있는 그런 실험실요." 엔지니어와 기술자 들은 그 기계에 기름칠을 하고 윤활유를 바르는 데 며칠을 보내고 나서 마침내 전원을 켜 보았다. 기계가 연기를 내뿜고 소리를 냈다. 그리고 45분쯤 지나 호기심 가득한 엔지니어들이 돌아왔을 때 부자는 기계가 작동한다며 흥분해서 소리쳤다. 그 기계는 고장 나지 않았을 때 하루에 약 $1m^3$의 액체산소를 생산했다. 그러나 그것이 해결책이 되지는 못했다.

"그게 바로 전형적인 일론 스타일이죠. 뭔가 시도하는 데 기꺼이 돈을 쓰는 것 말입니다." 카수프가 말했다. "그리고 그게 너무나 다른 점입니다. 보잉에 가 보세요. 당신이 뭘 시도하기도 전에 법적으로 책임질 일이 뭐가 있는지 알아보느라 돈을 쓰게 될 겁니다. 하지만 일론은 이렇게 말하죠. '좋아, 한번 해 봐. 효과가 없으면 되팔거나 우리에게 교훈을 준 물건 더미로 남는 거지'."

불운한 운명이 액체산소 기계를 기다리고 있었다. 그 기계가 제대로 작동하려면 많은 전력이 필요했다. 얼마 후 발사팀은 기계를 콰절레인으로 다시 옮겼다. 그리고 마셜제도 원주민 자뷔에게 기계 작동법을 가르쳤다. 자뷔는 기계가 윙윙거리며 켜지고 액체산소를 생산하는 동안 자리를 지키고 있어야 했다. 어느 날 밤, 부자가 메이시즈 현관에 앉아 있는데 섬의 전기가 깜박거렸다. 그는 재난을 감지하고 즉시 자전거에 뛰어올라 액체산소 기계를 놓아둔 발사제어센터로 달려갔다. 전력이 없으면 그 복잡한 기계에 스파크가 일어 큰 피해가 생길 거라는 점을 부자는 알고 있었다. "심한 뇌우였어요." 부자가 말했다. "자뷔는 자기가 그 기계 안의 악마와 함께 있다고 생각했대요." 액체산소 기계는 결국 까맣게 타서 못 쓰게 되고 말았다. 전에 군이 여러 차례 그랬던 것처럼 스페이스X도 그 기계를 석호에 버렸다. 액체산소 기계는 인공 암초가 되었다.

첫 발사 때는 직원들이 지상연소시험 후 실제로 로켓을 발사하기까지 길고 고통스럽게 몇 달 동안 간헐적으로 일했다. 이에 비해 두 번째 발사 준비는 좀 더 연속적으로 몇 주에 걸쳐 진행됐는데, 새로운 절차와 1차 발사 때 얻은 교훈 덕분이었다. 모든 것이 효율적으로 돌아갔다. 최종 발사 48시간 전까지는 말이다.

2007년 3월 16일, 스페이스X는 팰컨1의 1단 지상연소시험을 성공적으로 마쳤다. 단 4일 만에 그들은 발사 카운트다운을 하고 있었다. 그러나 발사 60초 전, 비행 컴퓨터가 카운트다운을 자동 취소했는데, 압력 측정값이 연료 밸브가 새고 있음을 나타냈기 때문이었다. 그것은 로켓에 실제로 문제가 있다는 뜻일 수도 있었고 센서 오작동 같은 가짜 문제일 수도 있었다. 하드웨어를 점검하지 않고 정확히 알아낼 다른 방법은 없었다. 그래서 부자는 로켓에서 연료를 빼내자고 결정했다.

한편 머스크는 엘세군도 본사에 있는 관제밴에서 영상으로 현장을 지켜보았다. 스페이스X는 원래 반덴버그에서 발사할 때 이동식 관제센터로 쓰려고 이 트레일러를 개조했었지만 이제는 용도가 바뀌었다. 벽에 카펫을 붙이고 오멜렉의 실시간 영상을 보여 주는 TV 모니터를 갖춘 덕분에 머스크는 이곳에서 카운트다운 과정을 모두 지켜볼 수 있었다. 그래서 그는 지금 행복하지 않았다.

머스크는 2차 발사를 꼬박 1년 가까이 기다렸고 이번에는 정말로 발사하기를 원했다. 그는 문제를 조사하는데 왜 로켓에서 연료를 모두 빼야만 하느냐고 부자를 나무랐다. 안전하지 않아서요, 라는 대답이 돌아왔다. 그냥 컴퓨터의 신호를 무시하고 로켓을 재부팅한 다음 바로 다시 시도하면 안 될까? 만에 하나 그 센서가 우주 비행의 성공을 위협하는 진짜 문제를 식별한 것일 수도 있으므로 그렇게는 할 수 없었다. 부자는 발사 책임자였다. 그것은 부자가 결정할 문제였다. 그는 로켓의 연료탱크를 비우라고 지시했다. "일론은 머리끝까지 화가 났습니다." 부자가 말했다. "일론이 콰절레인 관제실에 있었다면 자기 방식대로 밀고 나갔을 겁니다. 다행히 그가 8,000km 떨어져 있어서 내가 좀 더 시간을 갖고 문제를 해결할 여지가 있었죠."

로켓의 연료탱크를 비운 뒤 발사팀은 조사를 시작했고, 단순히 재부팅하는 것으로는 해결할 수 없는 복잡한 문제라는 사실을 밝혀냈다. 그날 발사를 취소한 부자의 결정은 완벽히 정당화되었다. 콰절레인과 오멜렉의 엔지니어들은 몇 시간에 걸쳐 비행 컴퓨터가 표시한 문제들을 해결했다. 부자와 발사팀은 그다음 날의 발사가 잘 될 것이라 확신하며 몇 시간이라도 눈을 붙이기 위해 자정에서야 콰절레인 관제실을 벗어났다.

오멜렉에서 대기하던 직원들에게 24시간 취소가 의미하는 것은 다음 시도를 위해 하드웨어를 준비하며 또 한 번 긴 밤을 보내야 한다는 뜻이었다. 그런 밤이 지나 3월 21일이 왔다. 홀먼과 리, 몇몇 직원들이 연료 주입을 시작하기 전에 다시 최종 점검 작업을 했다. 그러나 1차 발사 때와는 달리 홀먼과 리는 함께 비행을 지켜보지 않았다. 그들은 직원들이 섬을 떠날 때 따로따로 흩어졌다. 리는 다른 사람들과 보트를 타고 메크섬에 있는 벙커로 건너갔고 홀먼은 헬기를 타고 콰절레인으로 돌아갔다. 홀먼은 스페이스X의 관제센터에서 로켓 추진 시스템을 모니터할 예정이었다.

카운트다운은 순조롭게 진행되었다. 이번에는 비행 컴퓨터가 발사 60초 전에 멈추는 일도 없었다. 마지막 몇 초는 고통스러울 정도로 느리게 흘러서 카운트다운 시계가 0초를 가리키자 거의 기적처럼 느껴졌다. 엔진이 점화되었다. 연기가 피어올랐다. 불이 붙었다. 그러나 로켓은 상승하지 않았다. 발사 직전에 연소실 압력이 최적 상태인지 알아보는 최종 시스템 확인 단계에서 비행 컴퓨터가 압력이 너무 낮음을 감지했다. 다시 중단. 발사팀에게는 악몽이었다.

"이번에는 일론에게 안 된다고 말할 수 없었어요." 부자가 말했다. "내 머리가 불 난 것처럼 뜨거웠어요. 해결할 방법을 찾아야 했습니다."

부자는 생각하고 또 생각했다. 그는 헤드셋을 끼고 캘리포니아에 있는 뮬러와 머스크 그리고 방에 있는 홀먼과 의논했다. 그들은 멀린 엔진을 함께 개발하고 시험하며 수년을 보냈고 그것을 속속들이 다 알고 있었다. 센서는 연소실 압력이 중단 한계치바로 0.5% 아래라고 가리키고 있었다. 이번 일은 등유가 평소보다 약간 더 냉각됐기 때문에 생겼고, 그것은 전날 시도에서 실패했기 때문에 생긴 일임을 그들은 깨달았다. 스페이스X는 등유를오멜렉에 있는 단열탱크 안에 26℃로 저장했다. 그 전날 탱크에있던 등유를 로켓에 실었을 때 1단 안에서 등유 온도가 차츰 떨어졌다. 발사가 취소됨에 따라 그들은 등유를 로켓에서 빼내 단열탱크로 다시 넣었다. 그러나 24시간이 채 지나지 않은 탓에 연료 온도가 예상 수준까지 올라가지 못했다. 그 때문에 로켓에 연료를 다시 채웠을 때 등유가 적정 온도보다 차가웠던 것이다.

로켓 연료를 약간 데웠어야 했다는 걸 뒤늦게 알았다. 센서는17℃를 가리켰다. 부자는 홀먼에게 이런 일이 또 일어나지 않게하려면 연료를 어느 정도까지 데워야 하는지 계산해 달라고 했다. 홀먼은 20℃라는 답을 들고 왔다.

연료 온도가 3℃ 더 높아야 했다. 그게 전부였다. 부자는 로켓연료 절반을 덜어내서 다시 채운다면 탑재된 연료 온도는 22℃가 될 것으로 판단했다. 카운트다운을 다시 시작해서 T-0까지가는 동안에 연료 온도는 약 2℃ 낮아질 것으로 예상할 수 있었다. 아슬아슬한 방법이긴 했지만 더 많은 연료를 다시 빼낸다면 너무 많은 시간이 소요될 위험이 있었다. 더군다나 폭풍 구름이 수평선을 위협하고 있었다. 부자는 자신의 계획을 엘세군도에 있는 뮬러와 머스크에게 공유했고 모두 신속하게 승인했다.

오후 1시 10분, 두 번째 팰컨1 로켓은 세 번째 카운트다운에 들어갔다. 엔진이 연소실 압력 최종 시험을 가까스로 통과한 후, 로켓이 발사되었다. 이번에는 불이 붙어야 하는 곳에만 정확히 붙었다.

콰절레인 관제센터에 있던 홀먼은 발사 장면을 보여 주는 화면을 올려다보지 않았다. 대신 로켓 추진 시스템에서 나오는 데이터를 보여 주는 모니터에 피로에 지친 눈을 고정하고 있었다. 솟구치는 로켓의 모습이 눈길을 끌긴 해도 카메라가 언제나 모든 것을 말해 주지는 않았다. 그러나 데이터가 거짓을 말하는 일은 드물었다. 첫 발사 때 그는 멀린 엔진의 연소실 압력이 0으로 떨어지는 것을 지켜보았다. 그는 다른 사람들보다 먼저 팰컨1이 지상으로 돌아오리란 걸 알았다. 그러나 2차 발사 데이터는 다른 이야기를 하고 있었다. 로켓엔진의 연소실 센서는 압력에 이상이 없음을 보고했다. 온도는 계획대로였다. 연료탱크 압력은 정상이었다. 팰컨1은 하늘을 향해 솟구쳤다. 몇 분 후에 1단이 2단과 분리되어 떨어졌고 2단은 계속 비상했다.

멀린 엔진이 제 역할을 했다. 홀먼은 기분이 아주 좋았다. 1차 발사는 쓰디쓴 맛으로 끝났지만 2차 발사는 훨씬 달콤했다. 몇 킬로미터 떨어진 곳에서 리도 점점 더 의기양양해지는 마음으로 로켓을 지켜보았다. 곧 팰컨1은 100km를 지나 솟구치며 우주 경계를 넘어섰다. 리가 설계하고 만들고 시험하는 일을 도왔던 페이로드 페어링이 예정대로 분리되며 1단 로켓을 따라 대기권으로 떨어졌다. 로켓에서 중계되는 비디오 영상을 통해 리는 자신이 제작에 참여한 뭔가가 포착한 지구의 모습을 지켜봤다. 그 순간 그녀는 어두운 극장에 앉아 있던 여섯 살 소녀가 되었다. "우주에서 지구를 보는 것은 내 어린 시절 추억과 연결되어 있었습니다. 굉장했어요."

정말로 굉장했다. 문제가 발생하기 전까지는 말이다. 1단 로켓이 분리된 지 몇 분 후, 그녀는 뭔가 잘못됐음을 알아차렸다. 팰컨1의 2단이 진로를 벗어나 나선형으로 선회하기 시작했다. 로켓이 천천히 회전하기 시작하다가 회전 속도가 분당 60회까지 가속되자 케스트럴 엔진에 불길이 치솟았다. 로켓은 우주로 나갔으나 안정적인 궤도에 도달하지는 못했다. 2단은 하강하기 시작했고 콰절레인 동쪽으로 몇백 마일 떨어진 킹맨 환초 근처에 추락했다. 나중에 이 사실을 알았을 때 그들은 모두 조금 웃을 수 있었다. 퀘니히스만을 영어로 하면 '킹맨'이기 때문이다.

최종 결과는 실패였으나 두 번째 발사로 스페이스X는 거의 성공한 것이나 다름없었다. 1차 발사보다 훨씬 더 성공적이었다. 부자는 당시 콰절레인 관제센터의 분위기가 상당히 좋았다고 회상했다. 임무를 100% 성공해 내지는 못했지만 거의 95%까지는 달성했다. 그들은 첫 발사 실패 후 너무나 힘든 한 해를 잘 버텨냈고 이제 1단의 설계연소시간full-duration 연소, 단 분리, 2단 점화, 페어링 분리까지 해냈다. 설립한 지 5년도 안 돼서 회사는 지구 대기권 위로 올라섰다. 스페이스X의 다음 단계는 명확했다.

궤도 진입. "우린 궤도에 오르려면 세 번은 비행해야 할 거라고 늘 얘기하곤 했습니다." 부자가 말했다. "그날 밤은 축하 분위기 였죠."

머스크 역시 자기 회사를 좀 더 만족스러워했다. 비행 며칠 후에 머스크는 그 발사가 스페이스X의 "커다란 진전"을 의미한다고 공개적으로 말했다. 이번에는 오멜렉 주변 암초에서 팰컨1의 잔해를 주울 필요가 없었다. 그 대신 홀먼과 리, 나머지 엔지니어들은 발사장을 정리하고 재고 조사를 했다. 다음번 발사를 시도하려면 어떤 물품이 필요한지 알기 위해서였다. 오멜렉을 정리한 후 팀은 캘리포니아로 돌아갔다. 그들에게는 명확하고 달성 가능한 목표가 있었다. 다음 비행에서 궤도에 오를 것. 모두가 자신감에 차 있었다.

슬로싱이 실패의 원인이었다는 것이 곧 명확해졌다. 몇 번의 모의시험에서 예상했듯 상단 탱크의 액체산소가 발사 몇 분 후 출렁거리기 시작했고 그것이 치명적인 진동을 유발한 것이었다. 그들이 이미 알고 있었고 상세히 논의했으며 결국에는 항공전자기기의 열한 번째 위험 요소로 처리해 버렸던 그 문제가 로켓을 추락시켰다.

"이제 난 발사에 앞서 위험 요소 열한 개를 요구합니다. 언제나 열한 개요." 머스크의 말이다.

사실이다. 현재 스페이스X는 발사 전에 상위 열한 개의 위험 요소 목록을 작성한다. 그것이 팰컨1의 두 번째 실패가 남긴 첫 번째 유산이다. 또 다른 유산은 로켓의 무게, 로켓이 궤도로 올릴 수 있는 탑재물의 양, 로켓이 실패할 위험 간의 끝없는 싸움이다. 그리고 궤도는 단지 첫걸음일 뿐이다. 더 멀리 가는 일은 더 어렵다. 머스크는 궁극적으로 화성까지 가려 한다. 그러나 로켓 하나가 궤도까지 올릴 수 있는 재료의 무게 중 아주 일부만이 화성 표면에 도달할 것이다. 그 나머지 중량의 대부분은 추진제와 구조물, 우주선을 화성까지 안전하게 도달하게 해 줄 하드웨어에 쓰인다. 처음부터 머스크는 중량, 성능, 비용, 위험성 사이에서 계속해서 까다롭게 균형을 잡아 나가야 한다는 것을 알고 있었다.

1990년대 초, NASA는 더 효과적이고 효율적인 조직으로 거듭나기 위해 '더 빠르고, 더 나은, 더 저렴한' 접근법을 채택했다. 그러나 머스크가 스페이스X를 설립했을 무렵에 세간의 이목을 끌었던 몇 건의 우주 비행이 이 철학을 적용했다가 실패했다. 항공 우주 프로젝트라면 이 세 가지를 모두 다 가질 수 없다는 말, 그러니까 우주 비행은 절대로 더 빠르고, 더 훌륭하고, 더 저렴해질 수 없다는 말이 하나의 우스갯소리가 되었다. 반드시 두 개만 골라야 했다. 하지만 머스크는 성능이 좋은 동시에 안전하고 값싼 로켓을 밀어붙이면서 두 가지를 고르고 있지 않았다. 그는 스페이스X가 신속하게 움직이고, 더 훌륭한 로켓을 만들며, 그것을 저렴하게 판매하기를 원했다.

더 나은 로켓을 만들기 위해 스페이스X는 전체 중량을 제한해야 했다. 머스크는 무게를 줄이기 위해 애썼다. 만일 그가 로켓 설계 분야에 상을 준다면 디자인을 덜어낸 엔지니어, 중량을 줄인 엔지니어에게 상이 돌아갈 것이다. 엔지니어들은 만일의 사태를 대비한다는 명목으로 너무 쉽게 부품을 추가하고 싶어 한다. 그러면 로켓은 금세 작은 장치들을 주렁주렁 달게 된다. 로켓에 구조물을 더하는 일은 손실로 이어진다. 바로 이것이 머스크가 치명적인 위험을 떠안으면서까지 2차 발사 때 배플을 설치하지 않기로 한 이유였다.

머스크는 또 효율성을 높이려고 분투했다. 중량을 기준으로 보면 로켓은 85~90%가 추진제다. 따라서 원하는 추력을 내느라 아무리 적은 양이라도 추진제가 더 많이 필요한 엔진을 만든다면 중량 면에서 엄청나게 큰 차이를 불러올 수 있다. 한때 설계팀은 비추력specific impulse 또는 ISP라고 부르는 로켓엔진 효율을 약간 포기하려 한 적도 있었다. 연료 효율이 더 좋은 차가 휘발유 한 통으로 더 멀리 가는 것처럼 더 효율적인 로켓엔진이 더 큰 추력을 낸다. ISP를 조금 포기하자는 제안에 머스크가 거세게 반발한 것은 당연했다.

"로켓으로 궤도에 오르려고 할 때 처음에는 모든 게 멋져 보이죠. 계획대로라면 탑재량이 많습니다. 그러다가 이런 데서 성능을 약간 잃고, 저런 데서 ISP를 약간 포기해요. 그러고 나면 그저 그런 로켓이 되는 겁니다. 한 번에 1~2% 정도씩 성능이 깎여 나가죠. 그렇게 되는 겁니다."

머스크는 이 같은 교훈을 팰컨1을 만들면서 일찌감치 깨달았다. 그는 약 450kg을 궤도에 올리겠다고 광고했으나 첫 로켓은 그 근처에도 가지 못했다. 기껏해야 200~300kg 정도였다. 만일 고객에게 450kg의 화물을 우주로 보낼 수 있다고 말했다면 반드시 그렇게 해야 한다. 아니면 계약을 잃을 것이다.

"그것이 바로 우리가 중량과 싸우는 이유, ISP를 조금이라도 더 확보하기 위해 싸우는 이유입니다." 머스크가 말했다. 이제 그는 화성 정착이라는 목표를 실현하기 위해 스타십에서 이 전쟁을 벌이고 있다. 이 야심 찬 우주선 이야기는 SF 소설처럼 들린다. 거대한 스타십의 1단에는 커다란 랩터 엔진이 스물여덟 개 달려 있다. 2단으로 이루어진 이 로켓은 언젠가 수십 명의 사람을 화성으로 데려갈 것이다. 스페이스X는 이 로켓을 재사용할 수 있게 설계했다. 이 때문에 안 그래도 이미 무거운 스타십은 착륙 연료용 중량을 따로 빼 두어야 한다.

"우리는 특히 재사용할 수 있는 상단의 중량 문제와 싸웁니다. 더군다나 아직 아무도 재사용 가능한 상단을 만드는 데 성공한 적이 없죠." 머스크의 설명이다. "참고로 말하자면 다른 로켓과 학자들이 자기들이 만든 로켓을 버리고 싶어서 그러는 게 아닙니다. 그런 로켓을 만들기가 엄청나게 어렵기 때문입니다. 인간이 알고 있는 몹시 까다로운 공학적 문제 중 하나가 재사용 가능한 궤도 로켓을 만드는 겁니다. 성공한 사람이 아무도 없죠. 그럴 만한 이유가 있는데, 지구는 중력이 좀 센 편입니다. 화성이라면 이건 아무 문제가 되지 않습니다. 달에서는 식은 죽 먹기죠. 지구에서는 말도 안 되게 힘든 일입니다. 겨우, 간신히 가능하죠. 완벽하게 재사용할 수 있는 궤도 시스템을 만드는 건 어이없을 정도로 어렵습니다. 그런 시스템을 만든다면 인류 역사에서 가장 위대한 돌파구가 될 겁니다. 그게 바로 어려운 이유입니다. 왜 내 머리가 아프냐고요? 그것 때문이죠. 정말, 우리는 단지 한 무리 원숭이에 지나지 않아요. 대체 어떻게 우리가 여기까지 왔을까요? 전혀 모르겠습니다. 우린 얼마 전까지만 해도 나무 사이를 건너다니며 바나나나 먹고 있었는데 말이죠."

두 번째 발사에서 머스크와 스페이스X는 배플을 건너뛰는 도박을 했고 그 결과 상당히 비싼 값을 치렀다. 하지만 원숭이도 실수를 통해 배울 수 있다. 이후에 그들은 팰컨1의 2단 연료탱크 안에 배플을 설치했다. 궤도에 전혀 미치지 못하는 것보다는 성능에 타격을 좀 받는 편이 더 나으니까.

7

텍사스 TEXAS
2003년 1월~2008년 8월

톰 뮬러는 잔뜩 긴장한 상태로 두 번째 발사를 지켜보았다. 추진팀 책임자로서 머스크 옆에 앉은 그는 한때 강했던 상사와의 유대가 흔들리는 느낌을 받았다. 팰컨1 첫 발사 실패의 원인인 연료 누출 책임을 머스크가 공개적으로 홀먼과 토머스에게 묻긴 했지만 비공개적으로는 뮬러 역시 머스크의 노여움에서 벗어나지 못했다. 멀린 엔진을 설계하고 만들 때 그렇게 긴밀하게 함께 일했던 두 사람 사이에 불편한 균열이 생겼다.

"내가 만든 엔진에 불이 붙었어요. 그 일로 난 아주 곤란한 상황에 놓였죠. 첫 발사 뒤로 1년 내내 일론과 난 사이가 좋지 않았습니다."

1차 발사가 실패로 끝난 뒤에 머스크는 팀원들의 사기를 높여줄 만한 짧은 일탈을 제공하기로 했다. 그는 직원들에게 우주 비행을 맛보게 해 주려고 10만 달러 이상을 들여 민간 무중력 비행 체험을 예약했다. 직원 모두가 우주인이 되겠다는 꿈을 내비친

건 아니지만 많은 사람이 언젠가 회사 로켓 중 하나의 꼭대기에 탑승할 수도 있으리라는 희망을 품고서 스페이스X에 왔다. 보잉 727기를 개조한 비행기는 포물선을 그리며 비행하는데, 포물선 아랫부분에서는 지구 중력의 거의 두 배를 느끼고, 포물선 꼭대기에서는 항공기 선실에서 둥둥 떠다니기를 반복하는 방식으로, 탑승객 30여 명에게 7분간 무중력 상태를 경험하게 해 주었다.

"말하자면 좋은 점수를 받은 사람은 모두 무중력 비행을 하러 갔습니다. 그런데 난 아니었어요." 스페이스X 최고의 엔지니어 중 하나인 뮬러는 대상자 명단에서 제외되었다.

2차 발사를 앞두고 뮬러와 머스크는 이번 임무에 관해 장시간 논의했다. 2단 엔진이 점화되면 로켓은 성공한 것이라는 데 둘 다 동의했다. 케스트럴 엔진은 단순하고 강력했으며 한 번도 심각한 문제를 일으킨 적이 없었다. 드디어 두 번째 발사가 시작되고 잠시 뒤 케스트럴 엔진이 점화되자 뮬러는 자리를 박차고 일어나 환호했다. 머스크도 그와 함께 껴안고 환호성을 질렀다. 한순간에 모든 것이 용서되었다. 몇 분 후에 2단이 통제를 벗어나 회전하면서 실패했어도 기쁨은 사그라지지 않았다. 이번 일은 뮬러의 잘못이 아니었다. 또 다른 과업을 앞두고 있던 뮬러와 머스크 사이에 다시 신뢰가 불붙은 것은 잘된 일이었다. 그 무렵 뮬러와 추진팀은 캘리포니아에서 지금 것보다 훨씬 개선된 버전의 멀린 엔진을 설계하고 있었는데, 그 엔진을 곧 텍사스 시험대 위에 세울 예정이었다. 그런데 이 신형 엔진은 스페이스X를 거의 붕괴 직전까지 몰아가는 엄청난 영향을 끼치게 된다.

그전까지 많은 로켓 회사가 파산했다. 저비용 로켓을 만들겠다는 포부를 안고 반덴버그 공군기지에 먼저 등장했던 암록은 1990년대에 파산했다. 퀘니히스만 등 스페이스X에 일찍 합류한 주요 직원들은 마이크로코즘과 그 회사의 꺼져 가는 로켓 프로그램을 뒤로하고 달아났다. 2002년 하반기에 스페이스X가 첫 번째 가스발생기를 시험했던 모하비에서는 그보다 1년 전에 로터리로켓Rotary Rocket이라는 기업이 자금 고갈 사태를 맞이했다. 맥그레거의 시험장은 그런 실패를 가장 선명하게 보여 주는 상징이 되었다. 마치 고대 문명의 폐허인 듯 아무도 찾지 않아 고요한 가운데 거대한 삼각대만이 시골 들판에 우뚝 솟아 있었다.

앤디 빌Andy Beal이 텍사스에서 운영했던 로켓 회사의 운명을 보고 일부 기업가들은 자신감을 잃었을 것이다. 빌의 발사 벤처가 문을 닫은 것은 분명 자금이 부족해서가 아니었다. 댈러스 출신 은행가 빌은 세계 최고 부자 200명 안에 자주 이름을 올린다. 그는 머스크가 스페이스X에 투자한 돈의 두 배인 2억 달러를 가지고 빌에어로스페이스를 시작했다. 그리고 그 역시 머스크와 비슷하게 민간 고객들에게 서비스를 제공하는 큰 로켓을 개발하려고 했다. 심지어 기술적인 면에서 일부 성공을 거두기도 했다. 2000년경에 빌은 엄청나게 거대한 엔진을 개발했는데, 이것은 미국의 달 탐사용 로켓 새턴5Saturn V의 주 엔진 이래 가장 강력한 것이었으며 시제품을 21초간 점화하기도 했다. 그러나 빌은 개발 과정 내내 스페이스X가 겪어야 했던 일과 똑같은 정치적, 재정적 문제에 수없이 부딪혔다. 2000년에 빌의 회사가 도산했을 때 그가 언급한 몇 가지 이유 중 하나는 발사 장소를 확보할 수 없었던 점이고, 또 하나는 NASA가 기존 항공우주 회사를 편애한다는 점이었다.

"NASA와 미국 정부가 발사 시스템을 선정하고 보조금을 지원하는 한 민간 발사산업은 존재할 수 없을 겁니다." 빌에어로스페이스를 해산한 2000년에 빌은 그렇게 말했다. "보잉과 록히드는 민간업체지만 그들의 발사 시스템과 부품은 다양한 군사 계획의 파생물입니다." 즉, NASA가 후발 주자에게 불리한 방식으로 부당하게 경기장을 기울인 것이었다.

2004년에 NASA의 키슬러 보조금 지급 여파를 맞닥뜨린 머스크도 그 말에 동의했을 것이다. 그러나 스페이스X 설립자는 그저 분노의 발언을 쏟아 내고 기존 질서에 승복하는 데 머무르려 하지 않았다. 머스크는 스스로 생각하기에 무엇이 옳은지 그른지 분명히 인식하고 NASA나 미국 정부가 부당한 보조금을 지급했다고 판단되면 법적으로 대응했다. 그래서 2002년 11월에 머스크가 맥그레거 발사장을 찾았을 때도 그 장소의 과거사가 특별히 신경 쓰이지 않았다.

스페이스X가 약 40만 m²의 부지를 임대하자 일은 빠르게 진행되었다. 부자와 앨런, 직원 몇 명이 콘크리트를 붓고, 초기 멀린 엔진을 시험하기 위한 가로 받침대를 만들고, 작업 공간과 시험 상태를 모니터할 철근콘크리트 건물을 복구하는 데 착수했다. 그리고 스페이스X 팀은 그 공간에 관해 차츰 알아 가기 시작했는데, 그곳은 많은 부분이 야생 상태로 남아 있는 텍사스 목장 지대였다.

초기에 머스크는 아버지 에롤Errol Musk을 모셔와 현장을 둘러

보게 했다. 힘든 어린 시절을 견뎌야 했던 머스크와 아버지의 관계는 언제나 복잡했다. 그러나 머스크는 자신에게 공학의 기초를 가르쳐 준 사람이 아버지라고 말하곤 했다. 그 당시에는 몰랐지만 머스크는 어릴 적에 회로판과 모형 비행기를 만들면서 일평생의 중요한 교훈을 배운 셈이었다. "아버지는 훌륭한 전기·기계 엔지니어입니다. 아버지가 날 가르쳤는데, 그 당시 나는 뭔가를 배우고 있다는 사실을 알지도 못했죠." 2003년에 에롤 머스크는 로스앤젤레스에 살고 있었고 일론은 아버지가 맥그레거 건설 업무를 일부 도울 수도 있겠다고 생각했다.

앨런이 두 머스크를 데리고 현장을 둘러보던 날, 그들은 예전에 다양한 계측기를 설치했던 건물에 들어갔다. 바로 아래에 멀린 엔진 시험대가 들어설 장소였다. 두 사람이 안으로 들어갈 때 앨런이 어수선한 내부를 대강 치웠다. 그가 종이 한 장을 주우려 몸을 굽히자 방울뱀 한 마리가 쉿 소리를 내며 물러섰다. 앨런은 종이를 원래대로 놓으며 두 머스크에게 이쪽으로 접근하지 말라고 침착하게 말했다. 그러고는 건물 밖으로 나가서 쇳조각을 하나 찾아서 다시 안으로 돌아와 그 방울뱀을 내리쳤다. 에롤 머스크는 감동한 모습이 역력했다. 앨런은 그가 머스크를 돌아보며 하는 말을 들었다. "저 사람 고용했지, 그렇지?"

다른 생물도 있었다. 텍사스 중부에서는 가을에 검은초원귀뚜라미가 알을 낳고 나면 봄에 그 알들이 부화한다. 3개월쯤 뒤에 귀뚜라미는 성체가 되어 날개가 생기고 미친 듯이 짝을 찾기 시작한다. 이 혼란스러운 과정에서 수백, 수천 마리의 귀뚜라미가 모여들어 엄청난 무리를 이루는데, 특히 밤에 밝은 빛에 이끌린다. 귀뚜라미들은 바람에 날린 눈처럼 문과 벽에 쌓인다. 앨런의 말에 따르면 이것들을 죽이는 가장 좋은 방법은 살충제가 아니라 비누나 액체 세제라고 한다.

"비누가 그놈들을 질식시킵니다." 앨런이 알려주었다. "우리가 여태까지 써 온 그 어떤 살충제보다 더 잘 들어요. 하지만 그것들이 죽으면 말 사체 같은 고약한 냄새가 나죠."

녀석들은 산더미처럼 쌓이곤 했다. 엔지니어들과 기술자들은 빗자루와 송풍기로 대응했다. 하지만 해마다 떼 지어 몰려드는 귀뚜라미들을 오랫동안 저지하지는 않았다. 적어도 놈들은 물지는 않았다. 중부 텍사스에는 맹독성 검은과부거미가 방울뱀만큼이나 흔했다.

그러나 그 무엇도 추진팀이 일에 착수하는 것을 막지는 못했다. 2003년 3월에 그들은 엔진 연소실을 처음으로 시험했고 값비싼 코냑을 마셨다. 나흘 후에는 두 번째로 짧은 연소시험을 준비했다. 그날 밤 구름은 낮았고 시간은 자정에 가까웠다. 시험은 성공적이었고 추진팀은 자기들 아파트로 자러 갔다.

다음 날 아침, 스페이스X 팀을 태운 흰색 허머가 맥그레거 시험장으로 달려가니 손님들이 먼저 와 있었다. 정문에 주차된 검은색 SUV 두 대가 시험장 운영 인력을 기다리고 있었다. 수평 시험대와 멀린 엔진의 끝부분이 인근 크로퍼드에 있는 조지 부시 대통령의 목장을 거의 똑바로 향하고 있었는데, 추진팀도 몰랐던 일이다. 매우 심각한 표정을 한 비밀경호원 몇 사람이 그 전날 목장 창문이 흔들리고 모두가 잠에서 깼다며 무슨 일이 있었는지 알고 싶어 했다. 그날 밤에 부시는 이라크 침공을 준비하며 캠

프데이비드에 머물렀지만 비밀경호국 요원들은 부시의 재임 기간 내내 목장을 지켰다. 요원들은 날카로운 질문을 여러 개 던졌으나 별로 만족스러워하지 않았다. 그 일로 스페이스X가 시험대 방향을 바꿀 수는 없었다. 그 대신 시험을 할 때마다 주변에 미리 알리는 데 능숙하게 되었다.

스페이스X는 설계를 빠르게 결정했다. 그 덕에 뮬러의 팀은 멀린 엔진 시험을 신속하게 진행할 수 있었다. 시작부터 머스크는 재사용 로켓을 만들고 싶어 했다. 그러나 엔진이 문제였다. 로켓엔진은 정말 뜨거워진다. 멀린 연소실 안에서 산소와 등유를 태울 때 나오는 화염은 3,400℃에 이를 수 있고, 배기가스가 노즐을 통해 연소실 밖으로 나갈 때도 뜨거운 상태 거의 그대로다. 엔진 꼬리 쪽 끝에 달린 노즐은 이렇게 과열된 배기가스가 분출되는 흐름을 잡아 줌으로써 로켓의 속도를 높인다. 이런 온도는 알루미늄, 티타늄, 강철, 그 밖에 엔진을 만드는 데 통상적으로 쓰이는 금속을 녹이고도 남을 만큼 뜨겁다.

엔진이 녹지 않게 하는 한 가지 해결책은 엔진 내부 표면과 노즐을 냉각하는 것이다. 냉각수가 자동차 엔진 사이를 흐르며 열을 가져가듯이 로켓의 재생냉각 시스템은 상온의 추진제가 엔진 벽의 작은 관을 따라 흐르게 해서 열을 흡수하도록 한다. 이 냉각 시스템은 탑재한 연료를 영리하게 사용한다는 장점이 있는 대신 엔진의 전체 설계가 복잡해진다. 이보다 조금 간단한 설계 방법으로는 연소실과 엔진 노즐 내부에 삭마재 ablative material* 를 적용

---

* 열을 흡수해서 타거나 녹아 없어지면서 다른 곳으로 열이 전달되는 것을 막는 물질.

하는 삭마削磨 방식이 있다. 추진제가 연소하기 시작하면 삭마재가 열을 흡수해 까맣게 타면서 서서히 줄어드는데, 한마디로 삭마재가 열을 흡수하도록 해서 그 아래에 있는 연소실과 노즐이 녹지 않게끔 보호하는 것이다.

뮬러는 스페이스X에 오기 전부터 삭마식 설계에 상당히 많은 경험이 있었다. 그리고 멀린 엔진 연소실과 노즐에 복잡한 재생 냉각 시스템을 적용할 만한 설계자들을 스페이스X가 고용하는 일부터 어려울 거라고 했다. 엔진 문제를 논의하던 초기에 뮬러는 스페이스X가 궤도에 더 빨리 도달하려면 삭마식으로 설계해야 할 거라고 머스크를 설득했다. 그리고 그는 삭마식 설계가 재생냉각 시스템보다 비용이 절반 정도 싸다고 덧붙였다.

"삭마식 노즐이 확실할 거라고 그가 말했습니다." 머스크의 말이다. "어쨌거나 그건 사실이 아니었죠. 그 삭마식 노즐 때문에 우리는 지옥을 경험했거든요."

실제로 삭마식 노즐은 맥그레거 초기 시절 스페이스X에 온갖 종류의 문제를 일으켰다. 유리 섬유와 유사한 물질로 만들어진 삭마용 섬유는 실리콘 섬유와 혼합된 합성수지다. 이 소재는 다루기가 매우 까다롭고 양생 과정에서 미세한 결함이나 약간의 균열만 생겨도 시험 중에 상당한 균열로 확대된다. 엔진 연소실을 시험하고 싶은 바람이 간절했던 2003년 후반에 뮬러는 홀먼을 헌팅턴비치에 있는 삭마식 연소실 제조사 AAE에어로스페이스AAE Aerospace로 보내 생산 작업을 감독하도록 했다. 처음엔 제품 성능이 괜찮았다. 하지만 연소 시간을 조금씩 늘리기 시작하자 제조사는 스페이스X의 요구를 따라오지 못했다.

연소실 가격은 약 3만 달러였고 추진팀은 그것을 배송받아 기본적인 압력시험을 했다. 몇 개의 연소실에서 삭마재가 부풀다가 균열이 생겼다. 결함이 있는 연소실 하나하나는 텍사스에서의 시험이 지연된다는 것을 의미했다. 추진팀이 멀린 엔진을 몇 초 이상 점화하면 그 삭마식 연소실을 교체해야 했기 때문이다. 상황은 심각했다. 뮬러의 말마따나 스페이스X의 운명이 그 연소실에 달렸다고 할 수 있었다.

문득 머스크에게 아이디어가 떠올랐다. 에폭시 수지를 연소실에 바르면 끈끈한 접착제 같은 그 물질이 균열 사이로 스며들어 굳으면서 문제를 해결할 수도 있을 것 같았다. 할렐루야였다. 뮬러는 에폭시가 삭마재에 잘 붙어 있을지, 혹시 물과 기름처럼 잘 섞이지 않는 것은 아닌지 의구심이 들었다. 그러나 때때로 머스크의 괴짜 같은 아이디어가 먹힐 때가 있었고 어쨌거나 그가 상사였다. 12월 말에 머스크는 문제가 있는 연소실 몇 개를 전용기에 싣고 엘세군도의 공장으로 다시 날아왔다. 추진팀과 합류했을 때 그는 크리스마스 파티에 가기 위해 가죽 신발에 유명 디자이너의 청바지, 멋진 셔츠를 걸치고 있었다. 머스크와 추진팀은 그날 밤늦게까지 엔진 연소실에 에폭시를 발랐다. 작업하느라 애쓰고 나니 모두에게 끈적거리는 것이 잔뜩 묻어 있었다. 머스크는 2,000달러짜리 신발을 버렸고 그날 밤 파티를 놓쳤지만 그 사실을 거의 알아채지도 못한 것 같았다.

멀린 엔진을 가동할 수만 있다면 그 정도는 충분히 가치 있는 희생이 될 터였다. 그리고 에폭시를 바른 엔진 연소실에 압력시험을 하는 바로 그 순간까지 머스크는 그럴 거라고 믿었다. 압력이 상승하기 시작하자 에폭시가 소용없음이 드러났다. 에폭시는 금세 연소실 내벽에서 떨어져 나오며 감추고 있던 균열을 드러냈다. 머스크가 틀린 것이었다. 하지만 그날 밤 머스크와 함께 일하느라 더러워지고 지친 엔지니어와 기술자 중에서 쓸데없는 일을 시켰다고 상사를 못마땅해하는 사람은 아무도 없었다. 오히려 싸움 한복판으로 뛰어들고 직원들과 함께 자기 손을 기꺼이 더럽히는 상사를 그들은 존경했다.

해결책을 찾는 데 지름길이란 없다. 삭마식 엔진을 선택했으므로 추진팀은 계속해서 그 설계를 손봤고 맥그레거에서 해 볼만한 해결책들을 찾아서 시험했다. 힘들고 덥고 더러운 작업이 이어졌다. 연약한 삭마식 구조를 지탱해 줄 연소실 외피를 완전히 다시 설계하는 데 몇 달이 걸렸다. 이렇게 개조된 엔진 연소실과 노즐은 마침내 점화 시간 160초 동안 맹렬한 열기를 견뎌냈다. 그렇지만 여러 변경 요소 때문에 엔진 연소실과 노즐은 더 두꺼워졌다. 따라서 무게가 늘었고 성능은 떨어졌는데, 바로 머스크가 경멸하는 두 가지였다.

엔진의 연소 성능은 특성속도characteristic velocity* 또는 C-스타C-star라는 변수로 측정한다. 텍사스에서 엔진을 시험할 때마다 뮬러나 홀먼은 꼬박꼬박 머스크에게 전화해서 그날 시험의 C-스타 값을 보고해야 했다. C-스타 값은 수치가 높을수록 좋다. 삭마식 연소실로 몇 달 동안 고생한 끝에 그들은 마침내 매우 높은 C-스타 값인 95 정도까지 도달했는데, 아쉽게도 엔진

* 로켓엔진에서 유효 배기 속도를 추력 계수로 나눈 값으로 정의하는 성능 한계.

연소실이 폭발하기 전 단 몇 초 동안만 이렇게 높은 수치를 유지할 수 있었다. 궤도에 도달하려면 멀린 엔진이 몇 분간 작동해야 한다. 이 말은 추진팀이 더 낮은 C-스타 값으로 엔진 성능을 낮추어야 한다는 뜻인데, 그것은 거의 1년 전에 그들이 출발했던 C-스타 값 87로 되돌아가는 일이었다. 뭔가를 조금이라도 잃는다는 것은 로켓의 탑재 용량이 그만큼씩 줄어든다는 것을 의미했다.

스페이스X는 맥그레거에서 시행하는 시험 과정을 모니터하기 위해 비디오카메라 시스템을 설치했다. 머스크는 캘리포니아에서 이 시스템에 자주 접속했다. 때로 시험이 끝나면 그가 먼저 전화해서 시험 값을 물었다. 텍사스에서는 머스크가 전화하기 전에 C-스타 값을 계산해 내려고 분투했다. 계산하는 데 필요한 데이터를 수집하는 임무는 홀먼에게 떨어졌다. 엔진이 멈추면 홀먼은 캘리퍼스를 가지고 안으로 올라가 연소실과 노즐 사이 '목' 부분 지름을 측정해야 했다. 텍사스는 안 그래도 더웠는데, 홀먼은 조금이라도 더 빨리 측정하기 위해 엔진이 완전히 식기도 전에 그 안으로 기어서 들어가야 했다. "그 일이 당시 업무 중에 단연코 가장 뜨겁고 지저분한 작업이었죠." 홀먼이 회상했다.

데이터를 모으고 시험 결과를 계산하고 나면 그 누구도 머스크에게 전화를 걸거나 받고 싶어 하지 않았다. 스페이스X의 수석엔지니어는 삭마식 엔진에 점점 더 환멸을 느꼈다.

"말도 안 되게 목이 두꺼운, 정말, 완전, 무거운 연소실을 갖게 된 거죠." 머스크가 말했다. "엉망이었습니다. 무거운 데다가 성능은 떨어졌어요. 더 웃긴 일은 그게 결국 재생냉각 방식 연소실을 만드는 것보다 더 비싼 꼴이 됐다는 겁니다. 말도 안 되죠. 더 비싼 엔진인데, 단 한 번만 사용할 수 있고, 더 무겁고, 비용이 더 들다니요. 삭마식을 선택한 건 분명 엄청난 실수였습니다."

그러나 어느 시점에는 로켓을 날려 보내야 했다. 그리고 일단 추진팀이 삭마 문제를 해결하자 그들은 그 방식을 고수했다. 발사라는 목표를 향해 최대한 일직선으로 나아가기 위해서였다. 최고 우선순위는 어떻게든 비행 가능한 로켓엔진을 만드는 것이었다. 비록 처음에는 엉망이더라도 말이다. 삭마 문제 외에도 추진팀은 엔진의 분사기를 이리저리 손대고, 주어진 시간에 추진제를 정확히 얼마만큼 연소실에 넣어야 하는지 결정하고, 밀폐력을 강화하는 등의 작업을 하며 1년이 넘는 시간을 보냈다. 일이 끝날 것 같지 않았다. 처음에 부자는 머스크의 제트기를 타고 텍사스를 오가는 일이 황홀했다. 하지만 시간이 지나면서 참신함은 사라져 갔다. 그 상황은 사람을 점점 기진맥진하게 했는데, 어린 자녀를 둔 뮬러와 부자에게는 특히 더 그랬다.

그들의 생활은 둘로 나뉐다. 열흘 동안 맥그레거에서 열두 시간이나 열네 시간씩 교대 근무를 하고 캘리포니아로 다시 날아와 보통 목요일에서 일요일 오후까지 쉬곤 했다. 그런 다음 다시 머스크의 제트기를 타고 텍사스로 돌아갔다. 거의 2년 동안 격주 일요일 저녁마다 홀먼이 실비치에 있는 부자의 집까지 운전해 가서 그를 태우고 롱비치에 있는 개인 비행장으로 갔다. 부자의 어린 두 딸 브랜디와 애비는 곧 그 흐름을 알아차렸다. 한 살배기 애비는 홀먼이 현관문 앞에 모습을 드러내면 "제러미 나빠"라고 말했다. 제러미의 등장은 가슴 아픈 이별을 의미했으니 말이다. "몇 년간 막내딸은 제러미 홀먼을 싫어했습니다. 아이가 제러미를 볼 때마다 내가 열흘씩 사라졌으니까요."

　부자는 어려운 상황을 어떻게든 극복해 보려고 애썼다. 텍사스로 떠나기 전에 그는 똑같은 어린이책을 두 권 사서 하나는 캘리포니아의 집에 두고 다른 하나는 짐 가방에 넣었다. 텍사스에서 부자는 늘 저녁 늦게 와코 외곽에 있는 회사 아파트로 돌아오곤 했다. 다행히 텍사스는 캘리포니아보다 두 시간 빨라서 딸들이 잠자리에 들기 전에 목소리를 들을 수 있었다. 그는 집으로 전화해서 잠시 이야기를 나누고는 아이들에게 자신이 사 준 책을 찾아오라고 했다. 지칠 대로 지친 부자는 가끔 책을 얼굴 위에 덮은 채로 아침에 일어나기도 했다. 그다음 날 밤이면 두 아이 중 하나가 이렇게 말했다. "아빠, 또 잠들어 버렸잖아요."

　그 모든 어려움에도 불구하고 일 자체는 아주 신나게 했다. 그들은 언제나 새로운 이정표를 좇고 있었다. 그리고 약 2년 뒤인 2005년 1월, 뮬러의 팀은 처음으로 멀린 엔진의 설계연소시간 연소시험에 성공하면서 중요한 돌파구를 마련했다. 엔진 연소실 내부의 삭마재가 타들어 가면서 조각조각 날리는 동안 엔진이 계속 연소했다. 그 현상은 연료탱크의 추진제가 고갈될 때까지 계속되며 뮬러와 추진팀이 지켜보고 있던 벙커를 뒤흔들었다. 스페이스X는 160초 동안 중단 없이 멀린 엔진을 가동함으로써 궤도 발사에 필요한 설계연소시간에 온전히 도달했다.

　그러나 끝이 아니었다. 멀린 엔진이 가장 핵심적인 시험을 통과하긴 했어도 팰컨1의 연료탱크가 발사와 비행의 압력을 확실히 견딜 수 있도록 더 밀고 나갈 필요가 있었다. 특히 팰컨1 내부에 적용된 설계에 대해서는 더욱 그래야만 했다. 이 로켓의 연료 탱크는 마치 맥주 캔 두 개가 연속으로 이어진 것처럼 서로 붙어 있었고 그 둘 사이에는 돔 형태의 공통 격벽이 있을 뿐이었다. 기존의 로켓은 대개 연료와 산화제가 완전히 분리된 두 탱크에 나뉘어 들어 있었다. 하지만 팰컨1은 두 추진제 사이에 단 하나의 장벽만 있었다. 스페이스X는 이 같은 설계로 로켓 중량을 줄였지만 위험성은 더 높았다.

2005년 1월 25일 밤, 부자는 텍사스에서 그 구조를 시험하도록 승인했다. 엔지니어들은 로켓을 발사하는 동안 연료탱크가 예상보다 더 큰 압력을 받아도 견딜 수 있는지 확인하고 싶었다. 팰컨1을 망가뜨리지 않으면서 얼마나 더 밀어붙일 수 있는지 감을 잡고 싶었던 것이다. 그들은 우선 예상 발사 압력의 100% 수준으로 탱크에 압력을 가하기 시작했다. 그러다 110% 압력에 이르러 별안간 로켓이 반으로 쪼개졌다. 재앙이었다. 그들이 첫 발사 때 쓰려 했던 1단을 지금 막 날려 버렸으니 말이다.

머스크는 엘세군도에서 구조 부사장 크리스 톰슨과 함께 텍사스에 연결된 비디오를 통해 그 시험을 지켜봤다. 둘 다 충격에 빠졌다. "로켓 전체가 그야말로 펑 하고 터졌습니다." 톰슨이 말했다. "그리고 그 돔이 달랑거리는 레이더 접시처럼 로켓 옆구리에 매달려 있더군요. 맙소사, 무슨 일이 일어난 거야? 우린 어안이 벙벙했죠."

머스크와 톰슨은 사후 분석을 하기 위해 그날 밤 곧바로 텍사스로 날아갔다. 용접 상태가 문제였다. 용접 처리가 얼마나 형편없었던지 연료탱크를 살펴보면 볼수록 머스크와 톰슨은 더욱더

화가 치밀었다. 몇 년 전에 위스콘신에 있는 스핀크래프트를 방문했을 때 그들은 좋은 인상을 받았었다. 머스크가 호텔 아침 뷔페에서 토스터에 손을 데었던 그때 말이다. 그러나 2005년 초, 머스크와 톰슨이 그 회사의 본사로 날아갔을 때는 그날의 감명이 더는 남아 있지 않았다. 톰슨의 기억에 의하면 스핀크래프트 용접 공장으로 걸어 들어간 머스크는 공장 총지배인을 쳐다본 후 공장에 있던 다른 사람들을 둘러봤다고 한다. 그런 다음 머스크는 목청이 터지도록 큰 소리로 분노를 표출했다.

"당신들이 날 엿 먹였어! 기분 졸라 거지 같아." 머스크가 고함을 쳤다. "난 엿 먹는 거 좋아하지 않아."

제조 시설 전체가 얼어붙은 듯했다. "머스크가 그렇게 소리 지르니 쥐죽은 듯 조용해졌습니다. 거기 있던 모두가 순식간에 딱 멈췄죠. 우리를 포함해서요." 톰슨이 말했다.

메시지는 전달되었다. 그해 3월, 스페이스X는 새 1단을 맥그레거 시험장에 준비시켰다. 그리고 두 달 뒤에 반덴버그에서 지상연소시험을 훌륭하게 통과했다. 이후 2006년 3월에 팰컨1은 처음으로 땅을 박차고 날아올랐다.

팰컨1이 첫 비행을 한 지 몇 주 후, 톰 뮬러는 여름 동안 추진부서에서 일할 인턴 후보들에게 전화를 걸었다. 그해 여름 맥그레거 시험장에는 일손이 더 필요했다. 스페이스X의 인턴 자리에 지원한 재크 던Zach Dunn은 스탠퍼드대학교 기숙사에서 조바심 치며 전화를 기다렸다. 한때 영문학 전공자였던 던은 저비용으로 우주에 가겠다는 머스크의 비전에 감동해 스페이스X에서 일하기를 꿈꾸며 대륙 반대편으로 이주했다. 던은 3월에 기숙사 자기 방에서 인터넷으로 팰컨1 발사 영상을 봤는데, 바로 그때 열정에 불이 붙었다. 던은 그 어느 때보다 더 이 싸움에 합류하기를 열망했고 그래야만 했다. 이제 그는 기회가 오기만을 기다리고 있었다.

던은 스페이스X에 자기 같은 사람이 더는 필요하지 않을까 봐 걱정됐다. 스페이스X는 어느덧 직원 수십 명만으로 로켓을 만들겠다고 꿈꾸던 거만하고 반항적인 작은 회사가 아니었다. 그들은 이미 로켓을 만들었고 발사까지 했다. 완벽히 성공한 건 아니지만 말이다. 던은 초창기 스페이스X 개척자들이 회사를 꾸려가던 가장 중요한 시기를 자기가 놓쳤고, 따라서 회사에 의미 있게 공헌할 수 있는 최고의 기회도 놓쳤다고 생각했다.

마침내 던의 전화기가 울렸다. 뮬러였다. 추진팀 책임자가 전화기 너머에서 로켓엔진에 관한 몇 가지 기술적인 질문을 던졌다. 어려운 것은 없었고 그저 로켓공학에 관한 기본을 알고 있는지 확인하려는 질문이었던 걸로 던은 기억한다. 예컨대 로켓엔진이 작동하는 가혹한 환경에서 가스가 어떻게 되는지 이해하는가 하는 정도의 물음이었다. 그런 다음 뮬러는 던에게 그해 여름에 텍사스로 올 수 있겠냐고 물었다. 먼 거리였다. 일은 힘들 테고 날씨는 푹푹 찔 것이다. 몇 분간의 짧은 통화 후에 뮬러는 던에게 시간을 내줘서 고맙다는 말로 전화 면접을 마무리했다. 합격 여부는 나중에 알려 주겠다고 했다.

그러나 던은 그렇게 전화를 끊을 수 없었다. 전화 면접 결과가 뮬러의 마음에 들었을 수도 있겠지만 반대로 이것이 공손한 거절일 수도 있었다. 어느 쪽이든 던은 쉽게 포기하는 성격이 아니었다. 그는 진심을 담아 조금 더 이야기했다. "뮬러 씨, 이 일은 제 꿈입니다. 이게 바로 제 인생을 걸고 싶은 일이에요. 다른 걸 더 물어봐 주세요. 제가 이 일에 적임자라는 걸 보여 줄 수만 있다면 그 어떤 질문이라도 좋습니다."

하고 싶은 말을 다 쏟아낸 후 던은 말을 멈추고 기대하는 마음으로 기다렸다. "좋아요." 뮬러가 대답했다. "올여름에 텍사스에서 봅시다."

던은 10여 년 전에 테네시 동부 시골 구릉지에서 로켓 실험을 했었다. 모형 로켓으로 시작했지만 1998년에 NASA 출신 호머 히컴Homer Hickam의 회고록《로켓 보이》를 읽고 관심이 더욱 깊어졌다. 던은 질산칼륨을 갈아서 고운 가루로 만들어 설탕과 섞는 법을 배웠다. 열을 가하면 설탕이 녹아 질산칼륨을 코팅해서 발사 배관에 넣을 수 있는 간단한 연료가 된다. "이것저것 수없이 많은 하드웨어를 날렸습니다. 성공보다 실패가 훨씬 더 많았죠." 그래도 결국 던의 로켓 몇 개는 하늘로 1.6km 정도 날아올랐다.

그러나 대학 진학 직전에 던은 다른 관심사에 이끌렸다. 문학에 관심이 생긴 던은 컴퓨터공학이 아니라 영문학을 전공으로 택했다. 2년 뒤에는 갑자기 화산 작용에 관심이 생겨 지질학으로 진로를 바꾸었다. 하지만 지질학이 지나치게 학문적이었던 탓인지 1년 후에 던은 다시 전공을 바꾸었다. 이번에는 기계공학이었다. 마침내 변덕이 멈췄다. 대학교 4학년, 어느덧 던은 우주 비행과 로켓공학의 미래에 관해 깊이 생각하고 있었다.

전에 머스크가 그랬던 것처럼 던도 2005년에 NASA의 웹사이트에서 탐사 계획을 검색했다. 그즈음 NASA는 아폴로호를 쏘아올린 것과 같은 로켓을 다시 만들어 달에 갈 계획을 세웠었다. 그런데 던은 NASA의 계획을 읽을수록 거부감이 들었다. 그 계획은 마치 과거의 성공을 그대로 재탕하려는 것 같았다. "NASA가 추진하는 방식으로는 목적지에 도달하지 못할 것 같았습니다." 그가 말했다. 러시아 출신 철학자이자 소설가 아인 랜드의 소설을 한창 읽던 던은 공공 부문이 허둥지둥하며 몇 년을 보내는 사이에 민첩하고 목적의식이 뚜렷한 민간기업이 더 쉽게 우주 비행을 해내는 게 아닐까 하는 생각이 들었다.

던이 스페이스X라는 회사와 일론 머스크를 우연히 알게 된 때는 바로 그런 생각으로 감수성이 예민하던 시기였다. 머스크가 2003년 겨울에 워싱턴 D.C.를 방문했다는 철 지난 뉴스 기사, 그러니까 반짝반짝 빛나는 팰컨1 로켓을 가지고 정부의 심장부에 들이닥쳤다는 바로 그 뉴스가 던의 시선을 사로잡았다. 이것이 바로 미래였다. 그는 뭘 해야 할지 알았다. 일론이 로켓을 만들어 세상을 바꾸도록 가서 돕고 싶었다. 2005년 초에 스페이스X는 이제 겨우 설립한 지 3년 된 회사였다. 그런 회사가 이미 첫 발사를 준비하고 있었다. 던은 곧장 스페이스X 웹사이트를 방문해 인턴 자리를 검색했다. "최고 중의 최고"만 지원하도록 권장한다는 안내 문구가 있었다. 하지만 그는 전국의 수천 명 중 하나인 그저 평범한 기계공학과 학생일 뿐이었다. 스페이스X에 그런 사람이 왜 필요하겠는가?

웹사이트에는 회사가 찾는 인재상이 나열되어 있었는데, "일찍이 자신의 탁월함을 증명한 적 있으며 수완이 좋고 성공에 작심한 사람"이라고 명시되어 있었다. 가령 고등학교 때 액체연료 로켓을 만들어 본 사람이 지원하면 합격할 수도 있다는 부연 설명도 있었다. 던이 설탕과 질산칼륨을 섞어 만든 기계 장치는 비교적 단순한 고체연료 로켓일 뿐이었다. "난 준비가 안 된 것 같았어요." 던이 회상했다.

결국 던은 그해 여름에 듀크대학교를 졸업하고 블루오리진의 인턴십에 지원했다. 베이조스의 우주 기업은 스페이스X보다 훨씬 더 은밀하게 운영됐으나 사람과 화물을 궤도에 올리는 비용을 획기적으로 줄여서 항공우주산업을 뒤바꾸어 놓겠다는 기본 철학은 같았다. 던은 블루오리진과 전화로 몇 차례 면접을 치렀다. 그러나 합격 소식 대신 열 명 인턴 자리의 '첫 번째 대기자'에 올랐다는 전화를 받았다. 그 열 명 중 하나가 빠지면 회사에서 연락을 줄 거라고 블루오리진 채용 담당자가 던에게 전했다.

"그 담당자에게 그냥 가서 한 달만 일하게 해 달라고 졸랐어요." 던이 말했다. "월급은 안 줘도 됩니다. 한 달 후에 내가 다른 인턴보다 못한 평가를 받으면 그냥 집에 가겠습니다. 난 아무렇지 않을 거예요. 그 경험 자체에 감사할 겁니다. 하지만 내가 놀라운 성과를 내고 다른 누구보다 더 일을 잘했다면, 그러면 제게 월급을 주시면 됩니다."

채용 담당자는 던의 제안을 거절했다. 이후로 블루오리진에서는 아무 연락도 없었다.

장래 직업을 생각하던 던은 이제 무엇을 해야 할지 막막했다. 그러다가 스페이스X에서 일할 기회를 잡으려면 우선 석사학위를 따고 그다음엔 로켓과학으로 박사학위를 따야겠다는 생각이 들었다. 바로 그 이유로 던은 스탠퍼드대학교에 진학했다. 던은 고체와 액체연료를 둘 다 사용해 추진하는 하이브리드 로켓을 만드는 동아리 학생들과 친구가 되었다. 특히 2003년 1월부터 2004년 초까지 스페이스X에서 일한 경험이 있는 에릭 로모 Eric Romo라는 MBA 지원자를 만나면서 그 프로젝트에 적극적으로 참여했다. 로모와 이야기하다가 던은 로켓과학으로 박사학위를 따려는 계획이 잘못된 방법임을 깨달았다. 스페이스X가 원하는 인재는 학자가 아니라 행동가였다. 이제 던은 석사학위를 따는 동안 실전 경험을 최대한 많이 해야 하고, 스페이스X의 2006년 여름 인턴 자리를 얻기 위해 할 수 있는 모든 것을 해야 한다. 전직 스페이스X 직원 로모는 자신의 상사였던 뮬러에게 던을 추천해 주기로 약속했다.

2006년 봄 학기가 끝나자마자 던은 픽업트럭에 짐을 싣고 24시간을 달려 캘리포니아에서 텍사스로 갔다. 맥그레거에 이르러 교차로가 하나뿐인 어느 한적한 마을을 지났다. 픽업트럭이 많고 빛바랜 상점들이 몇몇 있는, 텍사스의 전형적인 마을이었다. 물론 프랜차이즈 아이스크림 가게도 있다. 텍사스의 작은 마을들에는 거의 다 그런 것들이 있다. 던은 공업단지를 지나 스페이스X의 부지로 이어지는 긴 진입로로 들어섰다. 그리고 로켓을 고정하는 시험대와 철근콘크리트 건물이 있는 곳으로 향했다. 2006년 당시에는 출입구를 통제하는 경비실이나 문이 없었다. 멀리서 볼 수 있는 유일한 지형지물은 커다란 삼각대뿐이었다. 그런데도 던은 경외감을 느끼며 시험장에 다가갔다. "마치 빅 리그에 온 것 같았습니다." 그가 말했다.

그해 여름, 회사 분위기는 낙관적이었다. 머스크는 팰컨1의 두 번째 발사 시기를 그해 하반기 또는 이듬해 초로 희망했으며 추진팀은 할 일이 대단히 많았다. 조만간 2단의 케스트럴 엔진이 맥그레거에 도착할 예정이었고 그러면 여러 가지 시험을 할 수 있도록 1단은 자리를 내줄 예정이었다. 길고 더운 낮과 잠 못 드는 밤으로 분주한 여름이 될 것이 분명했다.

던이 새로운 환경과 시험 시설에 적응할 시간은 일주일 정도였다. 그 후 2단 케스트럴 엔진이 도착했다. 그와 동료들은 텍사스의 야생 동물뿐 아니라 중부 텍사스의 극심한 여름 더위와도 싸워야 했다. 7월 말부터 8월 초까지 그 지역의 평균 최고 기온은 37℃에 이른다. 그런데 2006년 7월 12일부터 8월 27일까지 맥그레거의 수은주는 단 6일을 제외하고는 전부 38℃ 이상을 기록했다.

엘세군도에서 케스트럴 엔진을 제작하는 데 참여한 딘 오노 Dean Ono와 몇몇 엔지니어가 시험할 엔진을 가져왔다. 상자가 열리고부터 추진팀은 밤낮없이 하드웨어에 매달렸다. "그게 업무 시간이었습니다." 던의 말이다. "스페이스X의 업무 강도가 얼마나 센지 알 수 있는 첫 경험이었죠."

그 무렵 추진팀 인원은 점점 늘어났다. 맥그레거에서는 대개 스무 명쯤의 엔지니어와 기술자 들이 오전 8시경 일을 시작해 자정을 훨씬 넘기는 경우가 많았다. 엔진이 현장에 도착하자 기술자들은 작은 격납고에서 최초 검사를 수행했다. 이동 중에 잘못된 것이 없는지 확인하기 위해서였다. 그런 다음 시험하는 동안 여러 경로로 데이터를 많이 확보하기 위해서 몇 가지 계기를 추가해 엔진 제작을 마무리했다. 이 같은 사전 작업 후에 기술자들이 엔진을 시험대 위로 올렸다. 높다란 시험대는 엔진을 고정하고, 엔진에 연료를 공급할 도관을 제공하고, 배기가스를 빼내고, 엔진 성능 데이터를 받을 수 있도록 수많은 부분을 연결하는 기능을 갖추고 있었다.

시험대에 오른 엔진은 제일 먼저 일련의 전기 점검을 거친다. 그런 다음 기술자들이 연료의 흐름을 제어하는 중요한 밸브가 제대로 열리고 닫히는지 확인한다. 물론 엔진 연료관이나 연소실에 누출이 없는지, 질소가 엔진에서 다른 기체를 다 몰아냈는지 확인하는 많은 절차가 있다. 이 모든 일에 며칠이 걸린다.

멀린 엔진은 종 모양의 바닥부터 꼭대기까지 길이가 3m 정도이고 꼭대기 부분에서 로켓과 접속한다. 엔지니어들과 기술자들은 반바지와 티셔츠, 테니스화 차림으로 시험대 위로 기어올라 엔진에 필요한 작업을 했다. 이런 것을 조정하기 위해 조이고, 저런 것을 고치기 위해 배를 바닥에 대고 좁은 공간으로 기어갔다. 그러는 내내 정통 록 음악이 시험대 전체에 쾅쾅 울려 퍼졌다. 인근 와코에 있는 록 라디오 방송국 KBRQ에서는 록 그룹 레너드 스키너드, 에어로스미스, 롤링 스톤즈 등의 노래를 수만 와트로 송출했다. 찌는 듯한 더위에도 던에게는 그곳의 하루하루가 감사했다. 모든 시간이 1년 반 전에 듀크대학교에서 꿈꾸었던 바로 그 순간을 살고 있음을 깨닫게 하는 고귀한 순간들이었다. 땀 흘리고 렌치를 돌리고 측정값을 계산할 때마다 그는 머스크의 로켓 만드는 일을 실제로 돕고 있다는 기쁨을 느꼈다.

"매일 오후 1시쯤, 텍사스 시험장에 바람이 불어오곤 했습니다. 시험대 위에서 일하고 있을 때고, 기분이 정말 좋죠. 엎드려 기어 다니며 작업해야 하는 로켓엔진이 여기 있고, 로큰롤 음악이 쿵쿵 울리고, 엄청 뜨겁던 오전이 지나고 불어오는 바람이 느껴지기 시작합니다. 살아 있는 게 행복했죠."

로켓엔진 작업 과정에서 가장 까다로운 일은 엔진을 안전하게 점화하는 일이다. 팰컨1의 추진제인 액체산소와 등유가 고온의 가스를 엄청나게 만들어 내서 비행체를 추진시키려면 일단 연소해야 하고, 연소를 시작하려면 초기 에너지 충격, 즉 스파크가 필요하다. 이 스파크는 점화 장치에서 나온다. 직관적으로 이해가 안 될 수도 있는데, 로켓엔진을 늘 정확한 타이밍에 점화하는 일은 엄청나게 어렵다. 그 일은 수년 동안 엘세군도, 콰절레인, 맥그레거에서 추진팀을 괴롭혔다.

스페이스X는 처음에 팰컨 로켓에 수소 점화 방식을 적용했으나 나중에 TEA-TEB로 부르는 휘발성 혼합물을 사용하는 방식으로 바꾸었다. TEA-TEB는 트라이에틸알루미늄triethylaluminium, TEA과 트라이에틸보레인triethylborane, TEB의 결합물로, 두 물질은 각각 세 개의 탄화수소에 서로 다른 금속 원자들이 연결돼 있다. 이 분자들은 원자 간 결합력이 약한 편이어서 쉽게 떨어지는데, TEA-TEB가 산소를 만나면 저절로 연소해 녹색 불꽃을 만들어 낸다. 따라서 로켓엔진을 시동할 때는 산소를 연소실에 넣어 TEA-TEB와 만나게 한다. 연소가 시작된 후 등유를 연소실에 분사하고 나면 TEA-TEB 점화 장치 연료의 흐름을 끊는다. 이제 산소와 등유의 흐름이 증가하면서 엔진 추력도 커진다.

스페이스X는 10년 뒤에 팰컨9 로켓의 1단 착륙을 시도하기 시작했는데, 이때도 여전히 점화 문제와 씨름했다. 이 경우는 발사대 위에서가 아니라 대기권에 재진입할 때 요동치는 극초음속 바람 속에서 엔진을 재점화하기 위한 싸움이었다. 이때 배운 교훈 중 하나가 발사 후 멀린 엔진을 여러 번 재점화하려면 TEA-TEB가 충분히 있어야 한다는 것이었다. 실제로 2018년에 팰컨 헤비Falcon Heavy 로켓의 첫 비행에서 이 문제가 드러났다. 세 개의 엔진을 몇 번 재점화하고 나니 외부의 두 개 엔진을 가동할 점화 용액이 부족했다. 착륙 연소를 위한 재점화에 실패한 결과는 어땠을까? 1단 로켓이 착륙 목표 지점이었던 무인 선박을 미식축구 경기장 길이약 100m만큼이나 빗나가 시속 500km의 속도로 바다에 추락했다. 무인 선박은 가벼운 손상을 입었다. 그 로켓은 현재 물고기와 함께 잠들어 있다.

맥그레거에서 점화시험을 마친 추진팀은 이제 정말로 로켓엔진의 스위치를 켤 준비가 되어 있었다. 물론 이 과정에는 일련의 단계적 시험이 따른다. 먼저, 조금만 연소시켜 보고 저추력연소시험을 한 다음, 단시간 설계추력연소시험을 거쳐 마침내 설계추력연소, 설계연소시간연소시험을 해야 한다. 던의 인턴 기간 마지막 며칠 동안에 2차 발사에 쓸 멀린 엔진의 설계연소시간연소시험이 이루어졌다. 중부 텍사스에서 보낸 뜨거운 여름의 완벽한 정점이었다.

준비를 마친 엔지니어와 기술자 들은 근처 들판으로 수백 미터 물러섰다. 경외심을 느낄 만큼 가깝지만 일이 잘못됐을 때 실질적 위험에 처할 만큼 가깝지는 않은 곳에서 그들은 연소시험이 시작되기를 기다리고, 지켜봤다.

마침내 멀린 엔진이 눈부시게 빛나며 살아났다. 보는 사람을 홀리는 불꽃과 빛, 연기, 그을음의 혼합체였다. "괴물이었습니다." 던이 2006년의 멀린 엔진 연소시험을 떠올리며 이야기했다. "소리가 어찌나 크고 강한지 혼이 쏙 빠질 지경이었죠. 소음이 말도 안 되게 크게 느껴졌습니다. 완벽했어요. 정말 푹 빠져들었습니다."

대단한 여름이었다. 그 여름 내내 던은 관대한 선배들의 덕을 톡톡히 보았다. '베테랑'들 중 몇몇은 스물네 살인 던보다 나이가 그리 많지도 않았다. 하지만 그들은 이미 콰절레인에서 첫 비행을 경험한 사람들이었다. 홀먼과 추진팀의 또 다른 엔지니어 케빈 밀러 Kevin Miller 는 따로 시간을 내서 멀린 엔진의 내부 작동 방식을 설명해 주었다. 에디 토머스는 담배를 대가로 비법을 알려주기도 했다.

저돌적인 신생기업으로 출발한 스페이스X가 차츰 사회적 지위가 높아지며 성숙해 감에 따라 그들은 변화를 불평하기도 했다. 그해에 회사는 NASA에서 2억 7800만 달러의 계약을 수주했고 짐 메이저를 새 사장으로 맞이했다. 자금과 새 지도부가 들어서면서 새로운 규칙과 절차도 따라왔다. 로켓에 관한 모든 작업 과정을 문서로 남겨야 했고, 그때그때 봐 가며 결정하는 일은 줄어들었다. 첫 발사를 앞두고 있을 때는 이런 번거로운 일이 더 적었지만 이제 회사는 발전해 가고 있었다.

그해 여름에 던은 동료들과 일하면서 곧 있을 비행뿐 아니라 지난 3월에 있었던 첫 발사에 관해서도 이야기를 나누었다. 선배들은 자기들의 지식과 경험을 전해 주었다. 그중에 던이 가장 좋아했던 이야기는 스페이스X에 직원이 겨우 수십 명일 때, 누구나 서로를 잘 알던 그때, 금요일 오후마다 아이스크림 심부름이 있었던 그 초창기의 생활에 관한 것이었다. 그런 시절은 지나갔다. 던은 회사가 만들어지던 시절의 좋은 기회를 놓친 것이 못내 아쉬웠다.

초창기는 실제로 끝났다. 머스크와 스페이스X는 궤도에 오르는 데 필요한 많은 요구 사항을 충족할 만큼 성장하고 있었다. 직원 수십 명의 회사는 이제 없었다. 그곳에는 100명이 넘는 직원이 있었다. 2006년 여름을 거치며 스페이스X가 성숙해 갔듯이 던도 그랬다. 그는 언제나 똑똑한 아이였고 열심히 일하는 직원이었다. 이제 그는 목표를 찾았고 그 목표는 젊은 엔지니어가 온 힘을 짜내게 이끌 것이다. 결과적으로 던은 회사 역사에서 가장 중요한 시기를 놓치지 않았다. 그는 제때 도착했다. 테네시 소년 던은 단순히 한 회사의 성공을 구경하는 데 그치지 않고 장차 그 성공에 핵심적 역할을 하게 된다.

여름 인턴 기간이 끝나고 던은 스탠퍼드로 돌아갔다. 그리고 2007년 3월, 멀리서 2차 발사를 지켜보았다. 그 로켓이 거의 궤도에 도달했으므로 던이 2007년 7월에 정식으로 스페이스X에 입사했을 때는 3차 발사에 대한 기대가 매우 높았다. 그는 텍사스로 돌아왔고 스페이스X 엔지니어들은 그해 늦여름부터 가을까지 내내 텍사스의 작열하는 태양 아래에서 새로운 멀린 엔진을 시험했다. 재생냉각 방식을 택한 이 엔진의 이름은 멀린1C였다. 첫 두 번의 발사에 쓰인 원래의 엔진은 멀린1A였다. 멀린1B

가 있었는데, 그것은 약 10% 추력이 높은 삭마식 멀린 엔진이었다. 그러나 재생냉각 방식 엔진 작업이 놀랍도록 순조롭게 진행되자 뮬러는 그 프로젝트를 폐기했다. 머스크가 옳았다. 처음부터 재생냉각 방식으로 갔어야 했다.

멀린1C 엔진은 텍사스 시험대에서 한 번에 몇 분간 연소하면서 챔피언 같은 성능을 보여 주었다. 이제 질질 끄는 연소시험을 한 번 거치고 연소실을 폐기할 필요가 없었다. 재생냉각 방식 엔진은 다시 사용할 수 있었다. 그해 겨우내 엔지니어들은 새 엔진의 역량을 계속 시험했으며 열 번의 발사에 맞먹을 정도로 실전 비행 같은 연소시험을 수행했다. 그리고 2008년 2월, 스페이스X는 새로운 멀린1C 엔진이 비행 준비를 마쳤다고 선언했다. 이제 세 번째 발사를 위해 엔진을 선적할 차례다.

엔지니어들은 이번에야말로 궤도에 올릴 자신이 있었다. 그리고 재크 던은 그들과 함께 콰절레인으로 가서 확실한 성공을 위해 제 몫을 하기로 했다.

8

3차 발사
FLIGHT THREE
2008년 5월~2008년 8월

재크 던은 그 시작을 간절히 바랐다. 스페이스X가 두 번째 발사에서 아깝게 실패한 지 1년이 더 지난 2008년 늦봄, 회사는 점점 커지는 재정 압박에 직면하면서 세 번째 로켓을 공장에서 꺼내 발사대로, 이어서 궤도로 올려야 했다. 그 순간을 던보다 더 갈망한 사람은 없었을 것이다. 톰 뮬러에게 인턴 자리를 간청한 다음부터 던은 자기 앞에 놓인 모든 기술적 과제에 최선을 다해 임했다. 그래서 스페이스X에 정식 고용된 지 몇 개월 되지 않았음에도 뮬러는 3차 발사의 추진 시스템에 관한 책임을 던에게 맡겼다.

5월에 로켓 1단이 콰절레인에 도착했다. 던과 여남은 명의 엔지니어와 기술자 들은 6월로 예정된 1단 로켓의 지상연소시험을 준비하려고 5월 마지막 주에 비행기로 날아왔다. 연소시험은 대체로 잘 진행됐다. 그런데 6월에 로켓의 2단 부품이 오멜렉에 도착하면서 일명 '스커트skirt'라고 부르는 노즐 확장부에 문제가 생겼다. 뮬러가 설계하고 TRW 엔지니어 출신인 딘 오노가 관리 감독한 케스트럴 엔진은 우주 진공상태에서 2단 로켓이 비행하도록 작동해 위성을 궤도로 밀어 넣는 작업을 수행한다. 케스트럴 엔진은 그동안 오노가 지켜본 시험에서 한 번도 실패한 적이 없었다. 지름이 1.2m보다 약간 큰 노즐 확장부는 케스트럴 엔진의 배기가스를 팽창시켜서 진공상태 엔진 효율을 높였다.

케스트럴 엔진과 별도로 운반된 스커트는 3차 발사에 필요한 마지막 하드웨어 중 하나였다. 스페이스X는 스커트를 빨리 콰절레인으로 가져오고 싶어 했다. 군은 항공 운송이라는 자원을 깐깐하게 관리했다. 그래서 군수 장교들은 '우선 요청 제도'를 만들었다. 스페이스X는 2005년에 처음으로 콰절레인에 도착했을 때부터 팀 부자와 회사의 몇몇 간부들이 나서서 섬에 있는 군수 연락 담당자의 환심을 사 두었다. 그 덕분에 로켓 하드웨어 대부분을 핵심 군수물자 코드인 '999'로 지정할 수 있었다. 2005년 12월 말의 1차 발사를 앞두고 스페이스X는 하드웨어를 서둘러 운송하느라 이 코드를 사용했고, 발사에 필요한 물자들이 크리스마스 전 콰절레인으로 가는 마지막 군 물류 항공편을 가득 채웠다. 이 때문에 현지로 와야 할 크리스마스트리, 햄, 선물 등이 크리스마스 연휴가 끝날 때까지 배송되지 못했다. "군대에 있던 엄마들이 그게 우리 때문이라는 걸 알게 됐죠." 부자가 말했다. "그들은 격분해서 우리를 식료품 상점으로 불러내기까지 했어요. 그 뒤로 그 코드를 좀 덜 써야 한다는 걸 배웠습니다." 그래서 2008년에는 스커트를 콰절레인으로 빠르게 운송하는 방법으로 다른 선택지를 골랐다.

직원 한 명이 스커트를 가지고 로스앤젤레스에서 호놀룰루까지 민간 비행기로 이동한 다음, 콰절레인까지 전세 비행기를 탔다. 스커트가 도착했을 즈음에 던과 동료들이 2단을 조립하기 위해 로스앤젤레스에서 콰절레인으로 날아왔다. 그들은 오멜렉에서 스커트가 든 상자를 열었다. 해가 중천에 뜨기 시작했고 검시관이 돋보기로 스커트를 살펴보았다. 스커트는 매우 단단한 금속 중 하나인 니오븀^{Niobium}합금으로 만들어졌다. 그래서 스페이스X는 그 당시 마케팅 자료에 궤도를 떠다니는 잔해가 노즐에 충돌하더라도 "금속에 움푹 들어간 자국을 남길지언정 엔진 성능에는 의미 있는 영향을 미치지는 않는다"고 자랑했었다. 그런데 검시관인 돈 케네디^{Don Kennedy}가 중요한 용접 부위 중 한 군데서 기다란 실금을 발견했다. 균열이 생긴 케스트럴 스커트로 2단을 조립할 수는 없었다. 던과 일행은 섬에 도착한 지 15분 만에 다시 로스앤젤레스를 향해 돌아섰다.

"그런 일에 열 받았던 기억은 한 번도 없습니다." 던이 말했다. "거칠게 굴지도 않았고, 이런 문제를 일으킨 사람들을 추궁하지 않으려고 의식적으로 노력했어요. 왜냐면 난 언제나 그들이 형제자매처럼 느껴졌거든요. 우리는 모두 한배를 탄 사람들이었으니까요."

화내고 좌절해 봐야 아무 도움도 되지 않는다는 것을 그는 알았다. 감정적으로 대처하면 오히려 집중해야 할 시기에 정확한 판단을 못 할 수도 있다. 그보다는 창의력이나 신속한 사고가 문제를 해결할 실마리를 찾는 데 도움이 된다. 금 간 스커트는 오멜렉에서 어떻게 할 도리가 없었다. 당장은 시간이 더 걸리더라도 몇 달 후에는 이런 낙천성 덕분에 던과 스페이스X가 곤경을 면하게 된다.

나중에 엔지니어들은 어떻게 해서 스커트에 손상이 생겼는지 종합해 보았다. 발사팀은 이동 중 용접 부분에 손상이 갈 것을 민감하게 생각해서 스커트를 옮기는 데 직원을 붙였었다. 또 스커트 포장에 주변 환경을 기록하는 데이터 기록 장치를 부착했었다. 이 데이터를 분석한 결과 손상이 일어난 것은 비행과 비행 사이, 하와이 지상에서였다. 스커트 운반을 담당했던 스페이스X 직원은 호놀룰루 민간 공항에서 택시를 타고 수송기가 대기하고 있던 히캄 공군기지까지 갔다. 이때 한 운반원이 공항과 공항 사이에 스커트를 옮겼다.

"그때가 우리 감시인이 없었던 유일한 시간이었습니다." 부자가 말했다. "그 운송 기사가 도로에 움푹 팬 곳을 덜컹거리며 지나간 게 분명해요. 우린 그 사건 때문에 스커트에 균열이 생겼다고 생각합니다."

이 상황이 의미하는 바는 스페이스X가 많은 것을 걸고 있는 비행이 더 지연된다는 얘기였다. 다행히 2006년에 NASA의 자금을 확보한 덕분에 아직 회사가 재정적 한계에 도달한 것은 아니었다. 그러나 탑재물을 우주로 발사해서 이윤을 내는 것이 회사의 설립 이유였던 만큼, 어느 시점부터는 화물을 안전하게 궤도에 올려야만 했다. 2차 발사에서 거의 성공을 거둔 뒤에 머스크는 팰컨1이 개발 단계에서 가동 준비 상태로 한 걸음 나아갔다고 선언했다. 이것은 팰컨1이 전성기를 맞이할 준비가 됐다는 말과 같았다. 실험적이었던 1차 발사로 회사는 공군사관학교 학생들이 만든 저가의 소형 위성을 날려 보냈다. 2차 발사 때는 유상 화물과 비슷하지만 아무 값어치가 없는 모조 탑재물을 발사했다. 3차 발사를 앞두고 스페이스X는 실망을 안겨서는 안 되는 세 고객을 맞이했다.

공군은 궤도에서 역량을 시험할 목적으로 트레일블레이저 Trailblazer라는 80kg짜리 위성을 주요 탑재물로 제공했다. NASA는 작은 위성 두 대를 의뢰했는데, 하나는 솔라세일의 전개展開를 연구하기 위한 초소형 인공위성 큐브샛CubeSat이고, 다른 하나는 우주에서 효모가 어떻게 성장하는지 연구하기 위한 것이었다. 마지막 하나는 스페이스X가 처음으로 싣게 된 진정한 상업용 탑재물로, 우주장례업체 셀레스티스Celestis가 화장한 유골을 우주로 보내는 '익스플로러' 임무 수행차 의뢰한 것이었다. 셀레스티스는 비용을 낸 고객과 몇몇 유명 인사의 유해를 모셨는데, 〈스타트렉〉 TV 시리즈와 영화에서 기술 장교 몽고메리 스콧 역을 맡았던 제임스 두한의 유해도 포함되어 있었다. 생전 우주 비행의 선구자 역으로 수년을 보낸 두한은 죽어서 하늘에 도달하는 기회를 얻은 셈이다. 이 탑재물 중 어느 것도 수백만 달러짜리 위성은 아니다. 그러나 스페이스X는 한 번의 발사에 군사, 민간, 상업이라는 세 부류의 중요한 고객을 맞이하게 되었다.

언제나처럼 머스크는 현재의 비행을 넘어 더 크고 더 밝은 것을 바라보았다. 2008년 봄부터 그는 기존 로켓을 개선해 만들 팰컨1e 계획을 긍정적으로 이야기했다. 그리고 훨씬 더 큰 로켓에 관해서도 언급했다. 팰컨1 프로그램 당시 스페이스X 엔지니어들은 시간을 할애해서 2차 발사와 3차 발사 작업을 함께 진행했을 뿐 아니라 아홉 개의 멀린 엔진을 장착한 팰컨9 로켓 개발도 추진했다. 그리고 회사는 팰컨9의 추진 로켓 세 대를 연결해서 팰컨헤비를 만드는 사전 작업을 시작했다.

하지만 스페이스X가 팰컨1으로 궤도에 도달하지 못한다면 이런 원대한 계획 중 어느 것도 실현할 수 없을 것이다. 고객들은 황급히 달아날 것이다. 다른 회사 로켓을 이용하면 비용이 훨씬 더 들겠지만 적어도 소중한 탑재물이 바닷속으로 가라앉지는 않을 테니 말이다. NASA 역시 스페이스X에 대한 신뢰를 잃을 것이다. 그리고 머스크의 인내심과 마찬가지로 그의 자금에도 한계가 있었다.

"신기한 건, 처음부터 내가 세 번 시도할 예산을 세웠다는 겁니다." 머스크가 말했다. "그리고 솔직히, 만일 우리가 세 번 실패하고도 저 물건을 궤도에 올리지 못한다면 죽어 마땅하다고 생각했어요. 그게 내 지론이었습니다."

3차 발사 무렵 스페이스X 직원들은 콰절레인 환초에 가는 데 익숙해져 있었다. 3년이라는 시간 동안 그들은 열대 환경에서 어떻게 살아남아야 하는지 배웠고 심지어 섬 생활을 즐기는 법도 배웠다. 하지만 모든 교훈을 쉽게 얻은 것은 아니었다. 콰절레인 생활 꽤 초기에 브라이언 벨데는 오멜렉에서 콰절레인으로 돌아가는 저녁 배를 놓친 적이 있다. 어쩌다 보니 그렇게 되었다. 벨데와 동료 몇 사람은 별을 보며 노숙했고 완벽하게 유쾌한 밤을 보냈다. 그런데 다음 날 갈아입을 옷이 없었다. 벨데는 오멜렉에 있던 팰컨1 관련 짐 보따리에서 티셔츠를 하나 찾았다. 진공 포장된 흰 티셔츠는 구겨져 있긴 했으나 어쨌든 깨끗했고 태양 아래서 그의 등을 가려 주었다. 벨데는 매일 어마어마한 양의 선크림을 발랐는데, 열대 태양에 노출된 부분은 아무리 좁은 면적이라도 꼼꼼히 발랐다. 그날도 그렇게 선크림을 듬뿍 바르고 내내 일하는 동안 벨데는 섬의 열기와 습기에 티셔츠 주름이 펴지는 것을 느꼈다. 그리고 오후 늦게 샤워를 하러 갔다. "셔츠를 벗었더니 티셔츠 아래로 내 일생 최악의 일광 화상을 입었더라고요. 완벽한 화상이었어요. 그 일 때문에 내 인생이 피부암으로 끝날 거라는 생각이 들 정도였죠. 햇빛이 그 싸구려 티셔츠를 그대로 통과했던 거예요. 셔츠 아래까지 선크림을 바를 생각은 들지 않았어요. 뭐 하러 그러겠어요?"

열기와 습도는 또 다른 방식으로 오멜렉에서 일하던 사람들을 괴롭히곤 했다. 벨데가 자란 캘리포니아는 때로 덥긴 해도 그렇게 습하지는 않았다. 그리고 그는 스페이스X에 오기 전까지 이런 종류의 육체노동을 해 본 적이 없었다. 바다가 주 무대인 해군들은 사타구니 습진에 익숙할지 몰라도 벨데는 한 번도 그런 증상에 관해 들어 본 일이 없었다. "난 날씬하거나 마른 체형이 아니잖아요. 허벅지가 약간씩 스치는데 땀까지 흘린다면 결국 피부가 쓸려 까이게 되죠. 그런 데다 소금기 있는 습한 환경이 상황을 더 악화시켰고요."

하루는 벨데가 섬에서 오다리를 하고 걷느라 애를 먹다가 경험이 더 많은 크리스 톰슨에게 자신의 괴로운 증상을 털어놓았다. 해병대 출신인 톰슨은 단박에 해결책을 알려 주었다. 페니실린이라도 필요했던 걸까? 아니다. 겨드랑이에 바르는 땀 억제제를 다리 사이에 문지르는 것이 비법이었다. 그리고 헐렁한 사각 팬티 말고 딱 붙는 팬티로 갈아타라는 유용한 조언도 해 주었다.

몇 안 되는 여성 동료들도 고생을 했다. 초창기에 앤 치너리와 플로렌스 리는 남의 눈을 피할 데가 없고 수돗물도 없다는 점에 당황했었다. 직원들은 손을 씻기 위해 쓰레기통에 물을 채웠다. 섬의 화장실을 쓰려면 먼저 바닷물로 양동이를 채워야 물을 내려보낼 수 있었다. 샤워는 훨씬 더 원시적이었다. 힘들게 일한 하루의 끝에 정말 덥고 땀으로 범벅이 됐을 때, 리는 수영복을 입고 빗물을 머리 위로 쏟아 헹궈 냈다고 한다.

첫 번째 발사를 목표로 한창 달려가던 2006년에 스페이스X 팀은 쓰레기통 대신 캠핑용 샤워 시설을 이용하게 됐다. 커다란 검은 가방 여러 개에 빗물을 모아서 헬기 착륙장에 놓아두고 낮 동안 물을 데웠다. 그 가방 중 하나를 끌고 와 접이식 금속 의자에 걸면 따뜻한 물로 샤워하는 호사를 누릴 수 있었다. 그리고 치너리와 리를 위해 샤워 커튼도 설치했다.

엔지니어와 기술자 들은 낮 동안 부지런히 일하고 태양이 수평선에 가까워지면 휴식을 취했다. 주로 수영을 했는데, 몇몇 사람은 한낮의 마지막 열기에서 벗어나기 위해 환초에 둘러싸인 얕은 바다에서 벌거벗고 헤엄치곤 했다.

때로는 재미있는 소동을 벌이려는 시도가 엉망이 되기도 했다. 오멜렉은 몇 분 만에 걸어서 돌아볼 만큼 작은 섬이었는데도 언젠가부터 직원들은 남루한 골프 카트를 하나 마련해 사용하고 있었다. 던은 이곳저곳을 임시로 땜질한 그 물건을 "심각하게 허접한 것"이라고 표현했다. 2차 발사와 3차 발사 사이 어느 시점에 카트의 브레이크가 고장 났는데도 그 당시 로스앤젤레스에서 돌아온 발사팀은 아무도 그 사실을 몰랐다. 어느 날, 하루 일을 마치고 던의 동료 몇몇이 콰절레인으로 돌아가는 배를 탈 때 던은 그들을 멋있게 배웅해 주기로 했다. 떠나는 동료들 앞을 카트로 빠르게 지나치며 경적을 울리고 손을 흔들면 재미있을 것 같아서 던은 숙박용 트레일러 근처에 주차되어 있던 카트에 올라타 전속력으로 몰았다.

부두에 가까워지자 떠나는 보트를 향해 경례하려면 속도를 늦추는 게 좋겠다는 생각이 들어 브레이크 페달을 밟았다. 그러나 만화에 나오는 익살스러운 순간처럼 페달은 아무런 저항 없이 바닥으로 내려갔다. 결국 그는 전혀 엉뚱한 이유로 동료들의 관심을 끄는 데 성공했다. 던이 소리를 지르며 작은 바윗돌 쪽으로 질주하기 시작한 것이었다. 그대로 간다면 던은 빙글빙글 돌며 날아가 환초 바다에 정확히 떨어질 게 분명했다. 그는 순간적으로 결정을 내려 한 야자나무 쪽으로 방향을 틀었다.

"난 손 흔들고 빵빵거리는 걸 보여 주며 그냥 주책바가지가 되려고 했던 건데, 동료들은 내가 아무 설명도 없이 전속력으로 카트를 몰고 달리는 모습을 보게 된 거죠." 던이 말했다. "그다음에는 최고 속도로 야자나무를 들이받았고요."

그 충격으로 던은 카트의 핸들 너머로 우스꽝스럽게 내동댕이쳐졌지만 다치지 않고 무사했다. 보트에 있던 직원들은 배꼽을 잡고 웃어댔다.

오멜렉에서 밤을 보내는 스페이스X 직원들은 산호초 주변에서 낚시를 하곤 했다. 단, 잡은 것은 모두 놓아주었다. 열대 산호초에서 자라는 작은 생명체들은 시구아톡신ciguatoxin을 생산하는데, 이 물질은 작은 물고기의 몸에 축적되고 먹이사슬을 따라 큰 물고기로 갈수록 더 진한 농도로 쌓인다. 마셜제도 사람들은 이 독성 물질에 면역이 있지만 외지인은 심각한 식중독에 걸릴 수 있다. 스페이스X 직원들은 가끔 콰절레인 방문객이 산호초에서 잡은 물고기를 먹고 죽었다는 보도를 듣곤 했다.

자연의 위협은 땅에도 있었다. 몸길이가 90cm까지 자라는, 세계에서 가장 커다란 절지동물 코코넛게가 오멜렉에 살았다. 때때로 그 게들이 나무 위로 서둘러 올라가 강력한 집게발로 코코넛을 쳐서 땅으로 떨어뜨리는 장면을 볼 수 있었다. 그런 다음에 녀석들은 다시 땅으로 내려와 코코넛을 깨서 열었다. "해변에서 맨몸으로 잠을 잔다는 건 있을 수 없는 일이었죠." 구조 엔지니어 제프 리치치Jeff Richichi의 말이다.

오멜렉에 머무는 엔지니어들과 기술자들은 생활 환경을 계속 개선해 나갔다. 특히 섬에서 자는 사람들을 위해 더 좋은 음식을 만들기 시작했다. 3차 발사 무렵에 그들은 보통의 부엌보다 두 배 더 넓은 부엌에서 돌아가며 요리를 했는데, 콰절레인의 군 구내식당에서 나오는 음식 수준을 훨씬 능가했다. 아침이면 김이 모락모락 나는 달걀 요리를 즐기고 저녁에는 더 다채로운 음식을 만들어 먹었다. 불렌트 알탄과 새로 온 발사 엔지니어 리키 림Ricky Lim이 특히 요리하기를 즐겨서 자주 음식을 만들었다. 어느 날 밤은 스테이크를, 또 다른 날은 파프리카 소스를 곁들인 새우 요리를 선보였다. 알탄은 주특기라 할 수 있는 터키식 굴라시를 자주 만들었는데, 파스타에 마늘-요구르트 소스를 부은 다음 끓인 버터를 끼얹은 요리였다. 그 음식은 오멜렉에서 언제나 인기를 끈 명물이었다. 냉장 설비를 갖춘 컨테이너에서는 매일 저녁 마실 맥주를 포함해서 갖가지 음료가 끝없이 나왔다.

"첫 비행을 준비할 때와 비교하면 모든 게 호사였어요. 우린 오멜렉에 머무는 걸 좋아하게 됐습니다." 알탄의 말이다. "진짜, 진짜로 정신없이 하루를 보내고 저녁 시간에 모두 모여 그냥 앉아서 쉬는 게 정말 즐거웠어요. 맨날 같은 영화를 보고 또 보곤 했죠. 〈스타십 트루퍼스〉 같은 영화 말이에요. 무엇보다 중요한 건, 동지애가 정말 대단했다는 겁니다."

섬에서 밤을 보내는 사람들은 트레일러에 나무 덱을 내달아 붙였다. 그리고 지구에서 가장 어두운 하늘을 올려다보았다. 구름이 종종 시야를 가렸다. 하지만 맑은 날이면 수백만 개의 별이 빛났다. 때로 가짜 별도 있었다. 별똥별처럼 보이던 그것들은 점점 사라지는 게 아니라 오히려 밝아졌다. 미국 본토에서 콰절레인 환초를 향해 쏜 대륙간탄도미사일이었기 때문이다.

대단한 모순이었다. 빨리 날아올라야 한다는 과제가 스페이스X를 반덴버그에서 콰절레인으로 내몰았는데, 그곳에 도착한 직원들은 반덴버그에서 발사된 미사일이라는 일대 경관을 보게 된 것이다. 이 작은 환초는 거의 반세기 동안 미국이 대륙간탄도미사일을 개발하는 시작 지점이었다가, 후에는 레이건 대통령의 '전략적 방위 구상'을 위한 장소로 바뀌었다. 콰절레인의 군 시설들은 여전히 다수의 목적으로 활용되고 있지만 '거대한 목표 지점'이라는 역할을 가장 오래 수행하고 있었다.

공군은 대륙간탄도미사일 미니트맨3Minuteman III의 정확성 시험을 할 때 고체연료를 쓰는 3단 로켓 미사일을 반덴버그에서 콰절레인을 향해 발사한다. 콰절레인의 레이건 방어시험장은 정교한 레이더와 카메라, 그 밖의 추적 장치를 갖추고 있어서 반덴버그에서 발사한 미사일이 초속 6km로 대기를 가르며 쏜살같이 날아올 때 미사일에 대한 정밀한 레이더 정보와 광학 정보를 포착한다. 미사일은 종종 환초 서편에 있는 일레기니섬을 목표로 날아왔다. 그 말은 섬 무리의 동쪽 가장자리에 있는 오멜렉섬 거의 바로 위로 미사일이 지나갔다는 뜻이다. 오멜렉에서 밤을 보내는 스페이스X 직원들은 미사일이 다가올 때 경탄하며 바라봤다. 콰절레인에 가까워지면 미사일 3단은 떨어지고 모의 탄두를 실은 미사일 탄두 부분만 남게 된다.

다가오는 탄도미사일은 콰절레인에 있던 일부 선임 직원들에게 머나먼 냉전의 기억을 불러일으켰다. 로켓이 다가오는 것을 보면 아름다운 한편으로 약간 무섭기도 했다. 만일 실제 탄두가 탑재되어 있다면 죽음이 임박할 것임을 알기 때문이었다. "모의 폭탄들은 작은 반딧불들처럼 갈라졌어요." 치너리가 말했다. "그걸 보고 있자면 아주 으스스했죠. 자라면서 핵전쟁으로 인류가 멸망할 거라고 두려워했던 게 생각나곤 했거든요."

일반 트레일러보다 두 배 넓은 오멜렉의 트레일러에서 밤을 보내는 일에는 또 다른 이점이 있었다. 바쁜 아침 시간을 생략하고 좀 더 눈을 붙일 수 있다는 것이었다. 원래는 커다란 쌍동선이 콰절레인에서 메크섬까지 보잉 직원들을 실어 나른 다음 오멜렉에 스페이스X 직원들을 내려 주었는데, 그 배는 아침 6시 5분에 항구에서 출발했다. 그러니 쌍동선을 타기 위해 콰절레인을 가로질러 부두까지 가기 전에 아침을 먹으려면 더 일찍 일어나야만 했다.

"나는 그 배를 놓친 적이 없습니다, 한 번도요." 부자가 말했다. "하지만 팀원들은 가끔 배를 놓쳤죠. 군은 시간을 반드시 지키고 일정을 벗어나지 않으려 합니다. 딱 한 번, 예외로 그들이 부두에 돌아온 적이 있는데, 일론 때문이었죠."

머스크는 직원이 쌍동선을 놓칠 때를 대비해 두었다. 스페이스X가 발사장을 콰절레인으로 옮기기로 한 이후 머스크는 페레그린팰컨Peregrine Falcon이라는 낚싯배를 사들여서 직원들이 태평양을 건너는 데 사용하도록 했다. 직원들의 설명에 의하면 페레그린은 앞쪽에 크고 넓은 갑판이 있었고 조타실 뒤쪽에 앉을 공간이 있었다. 15~20명 정도 승선할 수 있었고 두 명쯤은 타워에 서서 물고기를 찾아볼 수도 있었다.

"어떤 날은 파도가 아주 부드러웠어요." 던이 말했다. "그렇지 않을 땐 2~3m의 파도 위를 이리저리 흔들리며 지나갔죠. 난 퇴근길에 배 앞쪽에 앉아 있는 걸 정말 좋아했어요. 파도가 거친 날, 물보라를 그냥 맞으면서 말이죠."

물결은 바다가 환초로 둘러싸인 안쪽 바다와 만나는 곳에서 가장 격렬했다. 메크와 오멜렉 사이 바다로 이어지는 좁은 물길에서는 가끔 4~5m나 되는 파도가 일기도 했다. 타워에 타고 있는 직원들이 덮쳐 오는 파도 꼭대기 너머를 가까스로 보았다면 갑판 아래 직원들은 다가오는 파도의 벽만 볼 수 있었다.

페레그린은 애초에 이런 거친 바다에서 매일 수 시간을 보내는 용도로 만들어진 배가 아니었다. 그러다 보니 이 낚싯배는 항상 고장이 났다. 2차 발사와 3차 발사 사이 어느 시점에 부자는 콰절레인 정보망을 통해 전 세계를 항해하고 있던 한 커플에 관한 이야기를 들었다. 부자는 그들에게 스페이스X를 위해 페레그린을 몰고 관리해 줄 의사가 있는지 물었다. 그들은 기꺼이 승낙했고, 이후 솔티도그Salty Dog와 스페이스맘Space Mom 덕분에 스페이스X 전용 배는 좀 더 믿음직하게 운영되었다.

엔지니어나 기술자 한 명이 쌍동선을 놓치고 하필 페레그린은 수리 중이라 쓸 수 없을 때면 부자는 선택의 갈림길에 섰다. 그 직원 없이 하루를 손해 볼 것인가, 아니면 헬리콥터를 섭외해 그를 데려올 것인가? 대충 땜질한 휴이 헬기는 이 환초 지대에서 흔한 교통수단이었다. 부자가 해야 할 일은 비행 대기 구역에 전화해서 샌들을 신고 어슬렁거리는 조종사 중 누가 이 일을 해 줄수 있는지 알아보는 것이었다. 문제는, 부자가 차츰 조종사 모두를 알게 되었다는 점이다. 부자가 콰절레인에 있는 두 군데 바 중한 곳에서 밤늦게까지 술을 마실 때면 예외 없이 조종사들이 거기 있었다. 술에 많이 취해서 말이다. 또 부자는 그 조종사들이 섬에 들를 때 절대 물 위에서 그다지 높게 비행하지 않는다는 점을 알아차렸다. 한번은 비행할 때 부자가 그들에게 왜 더 높이 날지 않는지 물었다.

"나는 내가 뛰어내릴 수 있는 높이만큼만 납니다." 조종사가대답했다.

3차 발사를 앞둔 스페이스X는 어느덧 직원 수십 명이 고군분투하는 작은 회사가 아니었다. 회사는 진정한 로켓 기업의 면모를 점점 갖추어 갔다. 2006년 8월에 NASA와 체결한 큰 계약 덕분에 그 당시만 해도 엘세군도의 네 개 건물에 흩어져 있던 스페이스X는 인근 호손에 있는 넓고 독특한 흰색 공장 한 군데로 통합해 운영할 수 있게 되었다. 회사의 새 주소는 로켓 로드 1번지였다.

넓은 땅을 차지한 그 공장에서는 수년간 보잉이 747 비행기를 조립했었다. 스페이스X 초창기에 머스크가 기계가공 부사장으로 고용한 밥 레이건은 그 낡은 보잉 건물을 처음 보았을 때 별로 대단하다는 인상을 받지 않았다고 한다. "매우 못생긴 건물이었어요." 레이건이 회상했다. "나는 그 건물로 입주할 준비를 하는 팀에 선발됐습니다. 그건 내가 겪은 최악의 악몽이었어요."

스페이스X는 그 부지를 2007년 5월에 임대했는데 머스크는 10월 말경에는 입주하기를 원했다. 그 때문에 레이건은 여름 내내 건물 내부를 해체하고 주문 제작한 에어컨 덕트를 설치하는 등의 일을 해야 했다. 또 층과 사무 공간을 10만 m^2까지 확장해서 공장, 관제센터, 작은 방, 수십 개의 회의실이 들어설 수 있도록 건물을 구성해야 했다.

수많은 계약자가 불가능해 보였던 마감 기한을 맞춘 결과, 실제로 스페이스X 직원 300여 명이 10월 말에 그 건물에 입주할 수 있게 되었다. 이후 머스크는 레이건의 수고를 특별히 보상해주었는데, 레이건은 처음에 그 보상에 배신감을 느꼈다고 한다. "그가 나한테 보너스로 주식 1만 주를 줬는데, 난 그게 아무것도 아니라고 생각해서 몹시 화가 났었죠." 레이건이 웃음을 터뜨리며 말했다. "주식이 주당 212달러까지 오를 줄은 몰랐거든요. 그가 나를 신경 써 줬던 것 같아요."

스페이스X의 수장으로서 머스크의 재능 중 하나는 직원들에게 동기를 부여하는 여러 가지 방법을 잘 찾는다는 것이다. 스티브 데이비스의 말에 따르면 머스크가 종종 자기 자리로 찾아와 비행 중 로켓을 통제하는 컴퓨터 시뮬레이션에 관해 자세히 묻곤 했다고 한다. 그런 다음 그들은 로켓과 항공전자기기 시스템의 어떤 부분에 대해 내기를 하곤 했다. 거의 언제나 머스크가 이겼다. 그런데 2007년에 어떤 시스템 시험을 앞두고 머스크가 판돈을 올렸다. 데이비스는 특정 기일까지 그 시험을 위한 어떤 부분을 완성할 수 있다는 데 20달러를 걸었다. 그러자 머스크는 데이비스가 마감 기한을 못 맞출 거라는 데 냉동 요구르트 기계를 걸었다.

"우리가 그런 내기를 했을 때는요, 그러니까 요구르트 기계를 얻을 기회가 생긴 그 순간, 내가 질 가능성은 제로가 됐죠." 데이비스가 말했다. "지금도 호손의 본사에 가면 그가 약속을 지켰다는 걸 확인할 수 있어요. 카페테리아 한가운데 냉동 요구르트 기계가 있어서 전 직원이 요구르트를 무료로 먹고 있어요. 맞아요, 그는 직원들에게 동기를 불어넣는 수완이 아주 탁월합니다."

스페이스X가 점점 성장하면서 초기 직원 중 일부는 회사를 떠났다. 필 카수프와 제러미 홀먼은 둘 다 2007년 11월에 회사를 떠났다. 카수프는 석사학위를 따기 위해 퇴사했고 홀먼은 회사에서 잠시 떠날 계획을 세웠는데, 첫 번째 발사 후에 있었던 머스크와의 논쟁 때문만은 아니었다. 홀먼은 회사의 비전은 물론이고 뮬러를 포함해 추진팀과 일하는 것을 여전히 가치 있게 여겼다. 하지만 그는 2년 전에 결혼했고 이제는 아이가 있었으면 싶었다. 어린아이를 키우는 뮬러와 부자의 가족이 스페이스X에서 일하는 대가로 어떤 희생을 치르는지 가까이에서 지켜본 홀먼은 조금 덜 힘든 직장으로 옮길 필요성을 느꼈다. 퇴사할 생각을 하는 중에도 홀먼은 뮬러의 선임 부관으로서 로켓엔진 개발과 시험을 책임지는 것은 물론이고 오멜렉에서 로켓을 조립하는 등 여전히 중요한 역할을 했다.

뮬러와 추진팀에 실망을 안기고 싶지 않았던 홀먼은 자기 일을 이어받을 만한 사람을 물색했다. 그가 선택한 사람 중 하나가 던이었다. 2006년 여름에 던이 텍사스에서 인턴 생활을 할 때 홀먼은 열정 넘치는 이 대학원생에게 깊은 인상을 받았다. 1년 후 던이 스페이스X 직원으로 고용되자 홀먼은 로켓 시험과 조립의 미세한 부분까지 그에게 직접 가르쳐 주었다. 또 발사 관제실에서 던이 홀먼의 자리를 대신 맡을 수 있도록 비행 전과 비행 중 로켓에서 데이터가 들어올 때 1단 로켓의 추진 시스템을 모니터하도록 던을 훈련했다.

홀먼이 회사를 떠날 때 던은 이제 겨우 20대 중반인 입사 4개월 차 직원이었다. 그래도 톰 뮬러는 이 신입 사원에게 1단 전체 추진 시스템에 대한 책임을 맡겼다. 던은 맥그레거에서 1단 시험을 관리 감독하고 최종 조립을 하기 위해 콰절레인으로 가야 했다. "제러미를 대신했다고 말할 수는 없어요. 그는 전설적인 존재였거든요." 던이 말했다. "나는 그냥 내가 할 수 있는 만큼 제러미의 일을 하려고 노력했을 뿐입니다."

책임감은 더 큰 부담으로 다가왔다. 스페이스X는 3차 발사에 꼭 성공해야만 했다. 이번 비행에 세 고객의 탑재물을 실었을 뿐 아니라 더 많은 이들이 우주여행을 예약하기 전에 상황을 지켜보고 있었다. 그리고 항공우주업계의 많은 경쟁사는 또 하나의 도전자가 실패하기를 기다리고 있었다. 거대 발사 기업들이 별다른 경쟁 없이 수익성 좋은 정부 계약을 계속해서 받아갈 수 있도록 말이다.

"나는 내가 뭘 모르는지도 몰랐습니다." 던이 팰컨1 추진 시스템에 대한 책임을 떠맡은 일에 대해 말했다. "그런 일이 오늘 일어났다면 난 정말 불안했을 겁니다. 정말이지 생각이 많았을 거예요. 하지만 그 당시 나는 그냥 가서 해 버리자고 쉽게 생각했어요. 그저 내가 할 수 있는 최선을 다하고 싶었죠. 내 접근 방식은 그저 죽도록 일하는 것이었습니다."

그는 실제로 그렇게 했다. 비행을 향한 첫 단계는 엔진을 완성하는 것이었다. 단 몇 명의 기술자와 엔지니어만 이 작업에 참여했다. 엔진을 완전히 조립할 때까지 나사부터 시작해서 밀봉, 패킹, 트랜지스터 작업 등이 내내 이어졌다. 부품을 찾기 위해 공장을 이리저리 뛰어다녀야 했고 지시를 따르느라 쩔쩔매기도 했다. 멀린 엔진 한 대를 조립하는 데 약 한 달이 걸렸고 일정을 맞추려면 밤샘 작업도 꽤 자주 해야 했다.

"그 일을 하는 데는 분명 상당한 경쟁의식과 마초 문화도 작용했어요." 던이 말했다. "예를 들면 이런 식이죠. 난 누구보다 더, 완전 열심히 일할 수 있어. 그리고 난 절대 1호로 해고당하지 않을 거야."

2008년 8월 3일, 던은 콰절레인에 있는 스페이스X의 작은 관제실에 자리를 잡았다. 팰컨1이 발사 카운트다운에 들어가자 그는 멀린1C 엔진과 1단 연료탱크가 양호한지 모니터하는 화면에 시선을 고정했다. 압력, 온도, 여러 가지 변수를 보여 주며 데이터가 지나갔다. 기대감으로 전날 밤잠을 설치고도 던은 아침 내내 극도의 각성 상태에 있었다. 콰절레인에 온 지 겨우 몇 달밖에 안 됐지만 그는 누구보다 그곳을 사랑했다. 콰절레인이 덥고 습하기는 해도 텍사스의 여름 열기와는 비교가 되지 않았다. 그리고 오멜렉에서 보내는 밤은 테네시에서 캠핑하던 추억을 떠올리게 했다.

10여 명의 엔지니어가 작은 관제실을 채웠다. 던은 자신의 제어반 자리에 앉았고, 홀먼이 어깨너머로 지켜봤다. 홀먼은 퇴사 후 보스턴에 있는 항공우주 회사에 새로 취직했는데, 새 회사는 이번 발사 기간에 홀먼을 스페이스X에 빌려주기로 했다. 그러나 막상 와 보니 홀먼이 개입할 일이 없었다. 던이 손으로 쓴 메모와 점검표를 충실히 따르며 새 일을 아주 잘 익혔기 때문이었다. 예전에 홀먼이 그랬던 것처럼 던은 팰컨1의 추진 시스템 상태 정보를 전달하는 데이터 흐름에 눈을 고정했다.

호손에는 자신감이 가득했다. 직원들과 그 가족들이 새 공장의 대형 스크린에 투사되는 인터넷 생방송을 보기 위해 모였고 축제 분위기가 넘실거렸다. 뒤쪽 밖에는 레이건이 고안한 술 썰매가 있었다. 그는 1m 길이의 얼음 덩어리를 사서 회사 이름을 새긴 다음, 그 한가운데에 도랑을 팠다. "그웬과 나는 테킬라 한 잔을 함께 했죠." 레이건이 말했다.

그건 성공의 맛이었다. 궤도에 오르기를, 그래서 그날 밤 성대한 파티가 열리기를 모두 고대하고 있었다.

카운트다운은 순조롭지 않았다. 발사 가능 시간이 현지 시각으로 오전 11시부터 오후 3시 30분까지였는데, 부자와 발사팀은 11시 전부터 문제를 겪고 있었다. 헬륨을 로켓에 넣는 속도가 예상보다 한참 느렸다. 그 때문에 로켓에 이미 실려 있던 등유가 너무 냉각되었다. 2차 발사 때 경험했듯 탱크를 비워야 했고 전체 과정을 다시 시작했다.

군과 체결한 발사 범위 합의에 따라 스페이스X가 그 할당 시간 내에 로켓을 발사하면 그들이 아는 한 궤도에 있는 물체와 충돌할 일은 없을 거라는 사전 분석 결과가 나왔다. 하지만 그 시간을 벗어나 발사하면 팰컨1이 이미 우주에 있던 다른 물체와 충돌할 가능성이 있었다. 그 물체가 터무니없이 작은 것이라 할지라도 말이다. 군이 발사 가능 시간을 오후 3시 30분까지로 한정한 데는 다른 이유도 있었다. 만일 발사가 취소될 경우 스페이스X 직원들이 탱크를 비우고 해가 지기 전에 로켓을 안전하게 처리할 수 있도록 시간을 충분히 주기 위해서였다.

발사 가능 시간이 거의 끝나 갈 즈음 드디어 모든 것이 발사를 위해 모이는 듯했으나 이번에는 대자연이 끼어들었다. 오후 3시 20분, 카운트다운 최종 단계에서 천둥 번개를 동반한 비가 오멜렉에 정면으로 다가왔다. 폭풍 속에서는 로켓을 안전하게 발사할 수 없다. 하지만 발사장의 기상대는 폭풍우가 발사 시스템을 빠르게 지나쳐 갈 것으로 예측했다. 날씨를 제외하고는 모든 것이 준비됐다. 부자는 시험장 지휘관과 협상해 발사 가능 시간을

10분 늘렸다. 과연 폭풍은 금세 지나갔다. 3시 34분, 마침내 부자는 최종 결정을 내렸고, 팰컨1은 비상했다. 흰색 로켓이 이제는 맑아진 하늘로 솟구쳐 올라 행복해 보이는 운명을 향해 자신 있게 날았다.

그 순간 던은 유체 이탈 체험이라도 하듯 붕 뜬 느낌에 휩쓸려 들어갔다. 팰컨1이 비상하는 동안 제어반 앞에 앉아 있던 던은 시간 감각을 잃었다. 멀린 엔진은 2분 40초 동안 아름답게 작동했고 1단은 우주로 진입했다. 던에게는 모든 것이 1분도 되지 않는 시간에 일어난 것만 같았다. 단지 눈 깜짝할 사이였다. 그리고 1단 추진 시스템은 마지막 순간까지 제 역할을 했다. 이제 2단이 이어받을 차례였다.

던은 여전히 황홀경에 빠져 있었다. 그때 현실이 그를 흔들어 깨웠다.

"이상 상황이 발생했을 때 난 고개를 숙이고 있었습니다. 데이터를 보고 있었거든요. 그러다 헉 소리를 들었죠. 얼른 올려다봤는데 그 시점에서 뭔가가 잘못됐다는 걸 분명히 알 수 있었습니다. 받아들이는 데 시간이 좀 걸렸죠. 믿을 수 없을 만큼 실망스러웠어요. 옆에 있던 팀원들은 엄청나게 충격을 받았고요." 던의 동료 중 일부는 실제로 울고 있었다.

탄식은 관제실에서 비디오 모니터를 보고 있던 사람들에게서 나왔다. 2단에 부착된 카메라 한 대가 아래를 향해 있었는데, 깜짝 놀랄 장면을 보여 주었다.

멀린 엔진이 연소를 마쳤을 무렵, 로켓은 흰 구름을 저 아래에 두고 푸른 태평양 상공으로 날아올랐다. 엔진이 멈추자 임무를 완수한 1단은 분리되어 지구를 향해 떨어지기 시작했다. 하지만 그 순간, 몇 미터 더 떨어지기 전에, 1단이 별안간 위쪽으로 반등했다. 그 장면을 보고 있는 사람들을 공포에 빠뜨리며 1단은 2단의 아래쪽을 쿵 하고 쳤다. 이 충돌로 2단은 통제에서 벗어나고 말았다.

카메라가 깜박이고 실패가 분명해졌다. 팰컨1의 1단과 2단이 지상으로 곤두박질치고 있었다. 〈스타트렉〉의 몽고메리 스콧은 사실상 처음으로 마지막 한계를 넘어섰다. 살아서가 아니라 죽어서, 영원 대신 잠깐. 이번 실패로 스페이스X의 여정 역시 끝난 것만 같았다.

캘리포니아 본사에 흐르던 축하 분위기는 침울함으로 급속하게 바뀌었다. 언제나처럼 뮬러는 발사하는 동안 콰절레인에서 들어오는 정보를 볼 수 있는 이동식 관제밴에서 머스크 옆자리에 앉아 있었다. 뮬러는 자기가 만든 멀린 엔진이 뜨겁게 연소할 때 기분이 좋았다. 그러나 이전 비행과 달리 강력한 케스트럴 엔진은 점화 기회조차 얻지 못했고 탑재물을 궤도로 밀어 올릴 수도 없었다. 참담했다. 로켓의 가장 어려운 부분인 1단계를 잘 해냈지만 결국에는 또 실패하고 말았다. 비디오 영상을 본 뮬러의 판단으로는 단 분리 시스템이 오작동한 것이 틀림없었고, 그래서 충돌이 일어난 것으로 짐작됐다. 그는 흥분해서 이 의견을 톰슨에게 전했다.

구조 엔지니어로서 그 부분에 책임을 맡은 톰슨은 뮬러의 결론이 성급하다고 생각해 방어적으로 대응했다. "말도 안 됩니다. 그런 지적을 하기 전에 데이터를 살펴봐야죠."

스티브 데이비스가 이미 데이터를 보고 있었다. 밤을 새운 끝에 그는 무슨 일이 일어난 것인지 가장 먼저 알아냈다. 비디오 프레임 하나하나를 열심히 들여다보던 데이비스는 구동 장치가 분명히 작동하는 것을 보았다. 그는 1단과 2단이 완전히 분리됐음을 확인했다. 또 다른 제어반에서 그는 비행 컴퓨터가 전송한 데이터의 출력물을 모았다. 그리고 약간 이상한 데이터를 하나 발견했는데, 단 분리 후 1단의 가속도가 0이 아니었다. 이것은 톰슨에게 책임이 없다는 뜻이었다. 그 대신 뮬러가 새로 만든 재생냉각 방식 엔진에서 기인한 문제일지 모른다고 데이비스는 추론했다.

예전의 삭마식 엔진과 달리 멀린1C 엔진은 연소실과 노즐 내부의 냉각 유로에 등유가 흐르면서 열을 흡수하도록 설계됐는데, 추진팀이 이 연료의 양을 1단 연소 마지막 순간까지 적절하게 계산하지 못했던 것이다. 비행 컴퓨터가 주 엔진에 중지 명령을 내리면 그 소프트웨어는 2단에서 분리하도록 1단에 신호를 보내기 전에 아주 약간의 시간을 둔다. 그러나 한번 점화된 로켓 엔진은 연료가 남은 한 계속 연소하려 한다. 그리고 냉각 유로에 남아 있던 이 연료의 일부가 연소실에 있던 적은 양의 산소와 결합해서 아주 약간이긴 하지만 파괴적인 추력을 만들어 낸 것이었다.

"1차 발사 때만큼이나 뼈저린 실수였습니다. 충분히 막을 수 있었거든요." 뮬러가 말했다.

정말로 뮬러와 추진팀이 그 문제를 파악했어야 했을까? 아마도 그래야 했을 것이다. 그러나 냉각 유로에 있던 잔여 연료는 실제로 아주 작은 추력을 만들어 냈을 뿐이었고 지속 시간은 겨우 1초 정도였다. 최대 출력 시 멀린 엔진 연소실의 내부 압력은 약 95기압에 달한다. 그에 반해 3차 발사에서 주 엔진이 꺼진 직후 만들어진 순간 추력은 0.7기압 정도의 연소실 압력을 잠깐 만들어 냈을 뿐이었다. 이것은 공기가 해수면에 가하는 압력보다도 작다. 그래서 스페이스X는 텍사스에서 그토록 수없이 엔진을 시험하고도 이 순간 추력을 놓친 것이었다.

"시험대 위에서는 그건 정말 보이지도 않습니다. 주위 공기 압력이 1기압인데, 로켓 연소실 압력은 0.7기압으로 떨어졌으니까요." 머스크가 설명했다. "나중에 우리가 그 데이터를 다시 보니, 아주 세심하게 살펴보면, 아주, 아주 작은 추력의 흔적이 보이더군요. 하지만 주변 대기압이 1기압인 곳에서 로켓엔진이 0.7기압을 내면 기본적으로 그건 알아챌 수 없습니다. 데이터에서 보이지 않아요."

로켓의 두 단이 매우 가까이 있을 때 우주 진공상태에서는 극소의 추력으로도 두 하드웨어의 충돌을 일으킬 수 있다. 해결책은 비행 소프트웨어에 숫자 하나를 바꾸는 것이었다. 다음번 발사에서 스페이스X가 해야 할 일은 주 엔진 정지와 단 분리 사이에 4초라는 시간을 더하는 것뿐이었다. 그러나 이 조치는 4차 발사를 할 수 있다는 가정하에서만 유효한 것이었다.

콰절레인에서는 모두가 실패의 충격에 휩싸여 아무도 그런 앞날을 가정하지 못했다. 그날 던 옆에 있었던 불렌트 알탄은 관제실에서 나와 자전거를 타고 메이시즈로 돌아왔다. 그의 마음이 자전거 바퀴처럼 돌고 있었다. 그와 아내가 베이에어리어에서 로스앤젤레스로 터전을 옮기고 수없이 많은 희생을 치른 대가가 결국 이런 상황이란 말인가? 다시 한번 시도할 수 있을까? 일론에게는 남은 돈이 있을까? 며칠 후에도 스페이스X가 여전히 존재할까?

그날 밤, 섬에 있던 알탄과 동료들은 맥주를 들이켜고 정말 많이 취했다. 그들은 몹시 애통해했다. 처음 두 번의 비행은 실패했어도 진전하는 느낌이 들었다. 실패를 딛고 궤도 코앞까지 나아간 것이나 마찬가지였다. 하지만 세 번째 실패는 퇴보로 느껴졌다. 회사가 앞으로 나아가고 있는 게 아니라면 대체 어디로 가고 있단 말인가?

"그 비행 전에 우린 모두 성공을 예감했던 것 같아요. 이번에는 성공이야, 두 번 만에 여기까지 왔어, 우린 해냈어, 이렇게 생각했죠." 플로렌스 리가 말했다. "하지만 결국 우리 모두에게 가장 가슴 아픈 비행이 되고 말았어요. 나는 그 일 이후 큰 충격을 받았는데, 우리가 2차 발사에서 그만큼 많은 걸 이뤘기 때문인 것 같아요. 그래서 3차 발사는 확실히 성공할 거로 예상했는데, 그런 식으로 실패하니까, 정말 힘들었죠."

발사를 추진할 때마다 직원들은 콰절레인으로 가는 편도 항공권을 샀다. 일정상 불가피한 지연과 실수 때문에 언제 다시 캘리포니아로 돌아갈지 정확히 알 수 없었기 때문이다. 그들은 늘 로켓을 발사한 뒤에야 돌아가는 항공권을 사곤 했다. 3차 발사를 마치고 발사팀은 슬픔을 달래면서 우울한 농담을 주고받았다. 이번에는 회사가 아니라 자기들 돈으로 로스앤젤레스행 항공권을 사야 할 것 같다고 자조했다.

"3차 발사는 너무나 충격적이었어요. 초창기에 일론이 처음 세 번은 자기가 비용을 감당할 거라고 말했어요. 그는 최선을 다 하고 싶었던 거죠. 하지만 그라고 해서 얼마나 오래 이런 게임에 머물 수 있겠어요? 세 번이면 상당히 많은 실패죠." 치너리가 말 했다. "항공우주업계에서 그런 실패를 이겨 낸 사람은 거의 없습 니다."

9

8주

EIGHT WEEKS

2008년 8월~2008년 9월

한스 퀘니히스만은 지옥에 떨어진 기분이었다. 팰컨1의 1단과 2단이 충돌한 다음 날 밤, 퀘니히스만은 그 재앙을 곱씹으며 오랜 시간을 보냈다. 자신의 역할에 대해 다시금 생각해야 했다. 멀린 엔진 정지와 로켓 단 분리 사이에 시간을 충분히 두지 못한 데는 발사 부문 수석엔지니어로서 그의 잘못이 일부 있었다. 다른 사람들과 마찬가지로 그도 잔여 추력이 2단을 위협할 수 있다는 점을 놓쳤다.

그것은 확실히 불운이었다. 그러나 스페이스X는 수년간 많은 불운을 겪어 왔고 또다시 불운으로 변명하기에는 한계가 있었다. 어쩌면 그들이 생각만큼 뛰어나지 않은 건지도 몰랐다. 회사의 형편없는 실적을 부정할 수는 없었다. 스페이스X는 세 번 발사했고 퀘니히스만은 세 차례 발사에서 모두 중요한 역할을 맡았다. 그리고 세 번 모두 실패했다. 머스크는 책임을 다했다. 사업을 시작하는 데 필요한 돈을 대고 회사가 세 차례 발사를 시도하도록 지원하겠다는 약속을 지켰다. 퀘니히스만은 머스크가 연이은 실패로 줄어드는 자원과 시간을 앞으로는 테슬라Tesla나 또 다른 벤처에 쏟지 않을까 하는 걱정이 들었다. 그렇다고 해도 그를 탓할 수는 없다.

세 번째 실패 다음 날, 머스크는 팰컨1 직원회의를 소집했다. 수십 명의 직원이 새 공장 입구 바로 왼쪽에 있는 폰 브라운 회의실에 꽉 들어찼다. 그들은 테이블에 앉거나 사다리꼴 회의실의 벽을 따라 서 있었다. 머스크는 정면의 유리 벽 앞에 자리를 잡고 적절한 말을 고르고 있었다. 퀘니히스만, 부자, 발사팀은 콰절레인에 있는 관제센터에서 듣고 있었다. 데이비스가 먼저 발언했는데, 3차 발사 실패 원인에 대한 예비 조사 결과를 종합한 내용을 설명했다. 그러고 나서 데이비스는 해결하기 쉬운 문제라고 강조했다. 그다음은 머스크 차례였다. 그가 무슨 말을 할지 아무도 짐작하지 못했다.

머스크는 직원들만큼이나 의기소침해 있었다. 아니, 더 심했다. 그는 많은 것을 스페이스X에 걸었다. 돈과 시간, 정서적 노력까지 쏟았지만 돌아오는 것은 거의 없었다. 어느새 자산은 고갈되고 있었다. 머스크는 스페이스X와 테슬라에 모든 것을 투자했다. 게다가 그의 사생활도 무너져 내리고 있었다. 그해 여름에 머스크는 아내 저스틴과 갈라섰다. 둘은 2000년부터 함께였고 저스틴은 여섯 아이를 낳았다. 첫아들 네바다는 생후 10주 만에 영아 돌연사 증후군으로 사망했다. 그들은 깊은 슬픔을 함께 나누었다. 저스틴은 스페이스X를 시작할 때부터 머스크와 함께였다. 인터넷업계 백만장자가 한 산업단지에서 더럽고 부스스한 모습의 톰 뮬러를 처음 만나던 날, 그녀는 머스크 곁에 있었다. 그로부터 6년 후, 모든 것이 무너져 내리고 있었다. 머스크는 세상을 바꾸려 했지만 세상은 저항했다.

"그 당시 나는 많은 자본을 테슬라와 솔라시티SolarCity에 배분해야 해서 돈이 부족했습니다. 우리는 이미 세 번이나 실패했습니다. 그래서 자금을 조달하기가 상당히 어려웠죠. 불경기가 닥치기 시작했고 그해 여름에 테슬라의 자금을 모으려던 활동은 실패했습니다. 난 이혼했고 심지어 집도 없었어요. 전처가 집을 가졌거든요. 엉망진창인 여름이었습니다."

머스크는 정말로 자신의 순 자산 전부를 로켓과 전기차 벤처에 쏟아부었는데, 2008년 8월 당시에는 그 결과로 보여 줄 만한 것이 거의 아무것도 없었다. 로켓 회사는 장황한 설명이 붙은 실패만 만들어 냈다. 테슬라도 마찬가지로 재정난에 처했는데, 첫 제품 로드스터Roadster를 그 무렵에 막 판매하기 시작한 참이었고 아직 주식 상장 전이었다.

회의실을 둘러보던 머스크는 구원의 가능성을 보았다. 그에게는 멋진 팀이 있었다. 그는 이 사람들이 똑똑하고 혁신적이며 회사를 위해 모든 것을 바칠 뜻이 있다고 판단해서 그들 모두를 직접 뽑았다. 머스크는 그들을 강하게, 아주 강하게 다그쳤다. 그들은 실수를 저질렀다. 그러나 그들은 헌신적이었고 영혼까지 스페이스X에 바쳤다. 그러므로 이렇게 힘든 시간에 머스크는 상대방을 탓하는 게임을 하지 않기로 했다. 그는 분명 아무것도 고려하지 않고 타인의 감정을 짓밟으며 잔인할 만큼 솔직한 의견을 쏟아낼 수 있었다. 하지만 그러는 대신 격려하는 말로 팀을 결집

했다. 3차 발사는 실패했으나 머스크는 자기 사람들에게 한 번만 더 기회를 주고 싶었다. 회의실 밖, 공장 내부에는 마지막으로 하나 남은 팰컨1의 부품들이 있었다. 만듭시다, 그가 말했다. 그리고 그걸 날립시다.

그들에게 없는 것은 시간뿐이었다.

"놀랐습니다." 퀘니히스만이 말했다. "그가 모두를 회의실에 불러 모으고는, 우리에겐 로켓이 하나 더 있으니 정신 차리고 섬으로 돌아가서 6주 안에 그걸 발사하라고 말했거든요."

회의가 끝나고 직원들은 마지막 로켓에 모든 것이 달렸음을 가슴 깊이 새겼다. 마지막 로켓이 안전하게 궤도에 오른다면 회사는 회생의 기회를 잡을 것이다. 회사를 의심하는 수많은 사람 앞에 머스크가 내놓을 대답이 생길 것이다. 숏웰도 잠재 고객들 앞에서 실패를 합리화하는 노력을 그만해도 될 테고 어쩌면 새 계약서에 서명하기 시작할 것이다. 그러나 마지막 로켓이 충돌하고 화염에 휩싸인다면, 글쎄, 그게 무엇을 의미하는지 모두가 잘 알고 있었다.

그 후 이어진 기간은 스페이스X의 역사에서 가장 기억할 만하고 가장 중요한 시기가 된다. 그 시기에 스페이스X는 자기들만의 DNA를 확고히 하고 전 세계에서 가장 혁신적인 항공우주 회사로 발돋움하는 발판을 마련했다.

팰컨1의 네 번째 발사는 원래 말레이시아 위성을 싣고 날아오르기로 계약되어 있었다. 스페이스X가 적도 부근 발사장을 찾아야만 했던 이유가 된 그 위성 말이다. 하지만 말레이시아 정부는 검증되지 않은 로켓에 자국 위성을 실어 날리는 위험을 감수하고 싶어 하지 않았다. 그래서 머스크는 마지막 팰컨1, 그러니까 당시 호손 공장에 부품 조각으로 흩어져 있던 그 로켓을 시험 비행으로 날리기로 했다.

어떤 식으로든 탑재물을 대강 만들어 내는 임무가 크리스 톰슨과 구조팀에 떨어졌다. 3차 발사의 여파로 혼란에 빠진 다른 일들과 마찬가지로 그들도 서둘러야 했다. 톰슨은 구조를 감독한 제프 리치치와 컴퓨터로 시스템 내부의 동작을 모형화한 레이 아마도르Ray Amador와 함께 위성 비슷한 것을 설계하기 시작했다. 세 사람은 며칠 만에 알루미늄 덩어리를 165kg짜리 모의 시험 장치로 만들어 상업 위성의 중량과 모양을 복제했다. 그리고 자신들의 성 첫 글자를 따서 모형 탑재물을 랫샛R-A-T-Sat이라고 불렀다.

그들은 랫샛을 콰절레인으로 보내기 전에 로고를 붙이기로 했다. 톰슨은 빠른 차를 좋아했는데, 어릴 적 자동차 쇼에 가서 봤던 티셔츠가 생각났다. 눈이 툭 튀어나온 생쥐 한 마리가 모는 고속 주행 자동차 그림이 수많은 티셔츠에 인쇄되어 있었다. 랫핑크Rat Fink라는 이름을 가진 그 캐릭터는 스페이스X 설립 1년 전에 세상을 떠난 캘리포니아 출신 예술가 '빅대디' 에드 로스의 작품이었다. 톰슨은 랫핑크가 등장하는 만화를 회사의 로고 디자이너에게 보냈고 디자이너는 그것과 비슷한 느낌으로 건방진 표정에 RF라고 적힌 빨간색 티셔츠를 입은 녹색 생쥐를 만들어 냈다. 그들은 위성의 여섯 면 중 세 면에 이 로고를 붙였다.

톰슨이 모조 탑재물을 마무리하는 동안 나머지 팰컨1 팀은 로켓 1단과 2단을 최대한 빨리 조립해서 호손에서 오멜렉으로 운반하는 작업을 했다. 원래 스페이스X는 덩치 큰 1단을 배로 운반했었다. 2단은 화물 전세기로 흔히 쓰이는 맥도널더글러스 DC-8 비행기에 들어갈 수 있었지만 1단은 너무 컸기 때문이다. 그래서 1단을 트럭에 실어 롱비치의 항구로 간 다음 그곳에서 컨테이너선에 실었다. 그 화물선이 다른 컨테이너들을 하와이와 괌의 항구에 하역하고 나서 마지막으로 콰절레인에 정박하는 데는 28일이 걸렸다. 그러고 나면 다른 배가 오멜렉으로 로켓을 실어 날랐다.

그러나 이번에는 여러 곳을 거치는 화물선을 한 달 동안 기다릴 여유가 없었다. 회사는 초대형 항공기를 이용해 로켓을 운송하기로 했다. 팰컨1의 비행 종료 시스템을 작업할 때 미군과 좋은 관계를 형성했던 브라이언 벨데가 항공편으로 로켓을 수송하는 게 가능한지 알아보기 위해 연락처를 뒤졌다. 그는 공군과 DARPA, 그 밖의 군 관계자들에게 연락을 돌려 회신을 받았다. 이용 가능한 C-17 항공기가 공군에 있었다. "우리에게 호의를 품은 사람이 있었던 거죠." 벨데의 말이다.

공군은 9월 3일에 로스앤젤레스공항으로 C-17 항공기를 보내주겠다고 했다. 스페이스X 엔지니어와 기술자 들은 미친 듯이 일해서 3차 발사 후 한 달 안에 1단 조립을 완성했다. 던의 기억에 따르면 자신과 마이크 시핸Mike Sheehan은 8월 대부분을 책상에서 자거나 밤새 일에 매달렸다고 한다. "그달에 우리 둘 중 하나라도 로켓에 붙어 있지 않은 때가 없었어요." 던이 말했다. "그 시절은 언제나 치열했지만, 그땐 그게 기본이었죠."

던과 시핸을 포함한 팰컨1 팀은 공군의 수송기가 도착하기 전에 로켓을 조립해 냈다. 그들은 수송기를 간절히 기다렸다. 새 본사의 위치는 공항에서 105번 주간고속도로로 겨우 8km 떨어진 곳이었는데, 마침 C-17의 비행경로에 자리 잡고 있었다. 그때까지 증축을 다 마치지 않았던 거대한 공장에는 토끼굴과 낡은 보행로가 있었고 옥상으로 가는 문이 열려 있었다. 한 달 동안 열정적으로 일한 던과 동료 몇 명은 드넓은 로스앤젤레스 상공으로 C-17이 지나가는 광경을 가까이 보려고 지붕 위로 올라갔다.

그 당시 C-17은 약 10년간 활발히 운용되고 있었는데, 북대서양조약기구NATO의 연합군 작전에 따라 코소보 내전에 개입했던 임무와 이후 미국의 이라크해방작전 기간에 공수 양면에서 중추적인 역할을 했다. 이 항공기에는 동굴 같은 화물칸이 하나 있다. 길이 27m, 폭 5.5m로, 대형 통학버스 네 대를 실을 수 있을 만한 크기다. 미국 대통령이 해외여행을 하면 C-17 한 대가 대통령 전용기를 뒤따르며 대통령 전용 리무진과 헬리콥터를 수송한다. C-17의 수송 용량은 약 77t으로, 팰컨1 로켓 1단을 손쉽게 수용할 수 있었다. 연료를 가득 채운 팰컨1은 중량이 27t이지만 비어 있을 때는 겨우 1.8t 정도였다.

로켓을 콰절레인으로 실어다 줄 수송기가 공항으로 향하는 것을 본 발사팀은 기대에 부풀었다. 스페이스X 팀은 서둘러 팰컨1을 로스앤젤레스공항으로 운송해 가서 공항 뒤쪽에서 공군 승무원들을 만났다. "공군이 긴급으로 출격했더라고요." 벨데가 비행 승무원들에 관해 이야기했다. "다들 고개를 저으면서 이런 일은 처음이라고 수군거리고 있었죠. 누가 그 비행을 승인했는지 몰라도 그 사람이 스페이스X를 구한 걸 수도 있습니다." 회사는 그 특전의 대가로 약 50만 달러를 지급해야 했지만 어쨌거나 팰컨1은 급행 편에 탑승할 수 있었다.

하얀 로켓과 독특한 군용 수송기의 조합은 로스앤젤레스공항에 일대 장관을 연출했다. 불렌트 알탄이 로켓을 수송기에 밀어 넣는 일을 돕고 있을 때 인근 활주로에는 민간 항공기들이 지나갔다. "버진오스트레일리아 항공기 한 대가 지나갔던 게 생생하게 기억납니다." 그가 말했다. "대형 보잉 777이었는데, 그 작은 창문 하나하나마다 우리 쪽을 바라보는 얼굴들이 있었어요. 그 사람들은 아마 3차 세계대전이 벌어졌다고 생각했을지도 몰라요. 국제공항 한가운데서 젊은 사람들이 군용 수송기에 로켓을 싣고 있었으니까요."

시간과 비용을 아끼기 위해 스무 명 남짓한 스페이스X 직원이 로켓과 함께 탑승해 수송기 벽에 붙은 보조 좌석에 앉았다. 공군이 탑재물 고정을 마치자 C-17은 로스앤젤레스공항을 이륙해서 약 9km 상공의 순항 고도를 향해 상승하기 시작했다. 내부 화물칸에는 파티 비슷한 분위기가 흘렀다. 청바지와 재킷을 입은 스페이스X 직원들은 긴장을 풀고 그 순간을 만끽했다. 추진 기술자 스티브 캐머런Steve Cameron이 어쿠스틱 기타 연주를 시작했다. 그들은 생애 최고의 시간을 보내고 있었다.

회사의 부사장들은 아무도 탑승하지 않았고 발사운영 관리자였던 치너리가 콰절레인에 도착하기까지 1단 로켓에 대한 책임을 맡았다. 비행하는 동안 조종사들은 스페이스X 팀을 한 번에 한두 명씩 조종실로 초대해서 비행갑판으로 이어진 사다리를 올라가 태평양 상공의 드넓은 광경을 감상하게 해 주었다. 오래지 않아 하와이의 섬들이 먼 수평선에 나타났다. 호놀룰루 외곽 히캄 공군기지로 하강할 준비를 하기 위해 스페이스X 직원들은 자리로 돌아가 안전띠를 맸다. 그들은 긴장을 풀고 로켓 1단을 지지하고 있는 파란 받침대에 자기들 발을 올려놓았다. 그 순간만큼은 행복을 느꼈고 말도 안 되는 이 곡예비행을 해낼 수 있을 것 같았다.

그때, 펑 하는 소리가 났다. 크고 끔찍한 소리였다.

로스앤젤레스와 호놀룰루 중간 즈음에 이르러 알탄이 조종실을 방문할 차례가 됐다. 알탄은 굉장한 만담가였는데, 그가 항공전자공학을 전공했다는 것을 알게 된 조종사들은 알탄에게 항공기의 디스플레이와 스위치 패널을 보여 주고 싶어 했다. 알탄은 조종실에 한참을 머물렀고, C-17이 히캄 공군기지에 접근하자 조종실 내 참관인석에 앉아 안전띠를 맸다. 펑 하는 굉음을 처음 들었을 때 알탄은 비행기에서 나는 소리인 줄 알았다. 그러나 몇 초 뒤에 그 소리가 다시 들리자 조종사들은 극도로 흥분해 헤드셋을 통해 아래층에 있는 탑재물 관리 책임자와 이야기를 주고받기 시작했다.

"헤드셋 너머로 뭔가, 구겨진다, 로켓, 같은 말이 들렸어요. 그 소리의 원인이 비행기가 아니라 로켓이라는 걸 알았습니다." 알탄이 말했다. "난 아래층으로 바로 튀어갔죠."

아래층 화물칸은 대혼란 상태였다. 내려가자마자 알탄이 맨 처음 본 사람은 친한 친구이자 고소작업대 동료 플로렌스 리였다. 그녀는 울고 있었다. 리는 알탄을 보더니 화물칸에 수평으로 놓인 1단을 가리켰다. 알탄은 로켓 쪽으로 몸을 돌려 현장을 훑었다. 얼굴이 백지장처럼 하얘진 스페이스X 엔지니어들이 회사를 구할 마지막 기회가 찌그러지는 모습을 보고 있었다. 쾅 하는 큰 소리 후 또다시 쾅 소리를 내며 로켓 동체가 함몰하고 있었다. 마치 거인이 맥주 캔을 천천히 찌그러트리는 것 같았다.

처음에 엔지니어들이 걱정한 것은 스페이스X의 운명이 아니라 자신들의 안전이었다. "그게 안으로 찌그러졌다가 다시 튀어나올 줄 알았어요." 치너리가 말했다. "그래서 로켓 옆 보조 좌석에 앉아 있던 우리 모두를 덮칠 거라는 생각이 들었고 난 뛰어가서 모두에게 로켓 앞쪽으로 피하라고 말했죠."

발사팀이 황급히 화물칸 앞쪽으로 몸을 피한 후 치너리, 알탄, 리와 몇 사람이 문제를 진단했다. 그들은 로켓이 안으로 찌그러진 원인이 압력 차이 때문임을 금세 알아냈다. 팰컨1은 해수면 기준에서 트럭과 화물선으로 수송하도록 설계되었다. 로켓 1단에는 각종 배기구, 통풍구, 증기구 등이 있었으나 대부분 콰절레 인행 비행을 위해 폐쇄된 상태였다. 공기가 드나들 곳이라고는 거대한 액체산소탱크에 있는 작은 구멍 하나뿐이었는데, 지름 0.6cm 정도의 연료관이었다. 그 관은 로켓 안으로 습기가 들어가지 않게 해 주는 방습제를 통과해 나 있었다. 이륙 후 C-17이 상승하자 화물칸의 압력이 떨어졌다. 하지만 이것은 팰컨1에 문제가 되지 않았다. 발사 때처럼 주변 환경에 비례하여 압력이 조절되도록 설계했기 때문이다. 비행하는 몇 시간에 걸쳐 연료탱크 내부는 서서히 순항 고도 압력과 같아졌다. 그러나 항공기가 호놀룰루를 향해 하강할 때는 압력이 조정될 시간이 없었다. 액체산소탱크는 마치 가느다란 빨대 하나로 숨을 쉬고 있는 것과 같았다.

엔지니어들은 이런 상황에 대비했었다. 톰슨과 던은 C-17이 비행하는 동안 내부 압력을 안정적으로 유지하려면 1단의 통풍구 면적이 어느 정도여야 하는지 꼼꼼히 계산했다. 하지만 문제가 있었다. 공군이 제공한 C-17 안내서의 정보가 오래돼서 실제 하강 및 감압률이 안내서에 있던 수치보다 훨씬 더 컸다. 그래서 C-17이 고도를 낮추자 액체산소탱크는 숨이 막힌 것이었다.

로켓 앞쪽에서 이루어진 긴급회의를 통해 치너리와 엔지니어들은 로켓이 안으로 더 찌그러지지 않게 하려면 뭘 해야 하는지 곧 깨달았다. 비행기 내부 압력을 빨리 떨어뜨리든지 아니면 주변 공기를 로켓 안으로 넣어야 했다. 물론, 둘 다 하면 훨씬 좋을 터였다. 잠깐의 회의 후 알탄은 조종실로 다시 올라갔다.

"로켓이 찌그러지고 있어요, 다시 올라가야 해요." 알탄이 조종사들을 향해 소리쳤다.

이제 조종사들이 결정할 차례였다. 그들은 2억 달러짜리 항공기와 20여 명의 목숨을 걱정해야 했다. 조종사들은 그대로 비행기의 커다란 뒷문을 열어서 저 근심 덩어리 로켓을 바다로 버리는 게 더 안전하겠다고 생각하고 있었다. 스페이스X 직원이 아무도 탑승하지 않았다면 조종사들은 정말 그렇게 했을지도 모른다. 그러나 그들은 알탄의 지시를 따랐다. 그들 중 하나가 대답했다. "알겠습니다, 대장." C-17은 즉시 상승하기 시작했다.

그러고 나서 한 조종사가 알탄에게 말했다. "그런데 연료가

30분 정도치밖에 없어요." 찌그러져 가는 로켓을 구하기 위해 C-17은 착륙 준비 전 히캄 공군기지 주변을 한 바퀴 돌게 되었다. 이 말은 항공기가 다시 하강하기 전까지 스페이스X 팀에게 남은 시간은 사실상 10분 정도밖에 안 된다는 뜻이었다.

알탄은 그 소식을 아래층에 전했다. 항공기의 화물 구역으로 가면서 그는 동료들이 각자의 주머니에서 온갖 종류의 칼을 꺼내는 것을 보았다. "모두가 벌써 로켓을 덮은 수축 포장재를 자르고 있었어요." 그가 말했다. "스페이스X 직원이 전부 칼을 소지하고 있었는데, 비행 중에 칼이라니, 꽤 인상적인 장면이라고 생각했죠."

비행 중에 로켓을 열게 될 일이 있을 줄 예상한 사람은 아무도 없었으므로 스페이스X 직원들은 칼 외에 어떤 공구도 가지고 있지 않았다. 항공기의 탑재물 관리 책임자가 서둘러 공구가 있는지 찾아보았다. 잠시 후 그가 C-17의 빈약한 공구 상자를 내놓았는데, 그 안에는 일자 드라이버와 멍키 스패너가 있었다. 적어도 그것으로 작은 관 몇 개는 열 수 있을 것 같았다. 그러나 로켓 내부 압력을 화물칸 압력과 정말 똑같게 맞추려면 누군가 액체산소탱크 안으로 이어지는 커다란 여압pressurization* 배관을 열어야 했고, 액체산소탱크에 접근하려면 로켓의 인터스테이지 interstage 안으로 들어가야만 했다.

로켓은 계속해서 안으로 찌그러졌다. 비행기 안은 온통 지옥

---

* 기압이 낮은 고도를 비행하는 항공기에서 꽉 막혀 기체가 통하지 않는 기내에 공기의 압력을 높여 지상에 가까운 기압 상태를 유지하는 일.

이었다. 혼란과 위험 속에서 재크 던이 1단을 구하기 위해 나섰다. 몇 년 전에 던은 자신이 스페이스X에 꼭 필요한 사람이 될 기회를 놓칠까 봐 두려워했었다. 이제 그는 태평양 수 킬로미터 상공에서 찌그러지는 로켓 안으로 들어가려 하고 있었다. 손에는 스패너 하나와 스페이스X의 운명을 쥐고 있었다.

로켓 1단과 2단 연료탱크 사이에 있는 인터스테이지는 발사하는 동안 2단 케스트럴 엔진을 보호하는 역할을 한다. 그리고 외부 구조는 단 분리 과정에서 떨어져 나간다. 인터스테이지로 들어가기 전에 던은 자기 옆에 서 있던 마이크 시핸을 향해 몸을 돌렸다. 그는 친구에게 로켓이 부풀기 시작하면 자기를 끌어내라고 진지하게 말했다. 액체산소탱크로 이어지는 여압구에 도달하려면 인터스테이지까지 계속 기어가야 했다. 던이 벽을 따라 안쪽으로 더 깊이 들어가자 어둠이 그를 삼켰다. 안전장치 비슷한 것이라고는 그의 발목을 붙들고 있는 시핸의 손뿐이었다. 던이 기어갈 때 외부 구조를 둘러싼 날카로운 부품들이 그의 등에 상처를 냈다. 그리고 기어가는 내내 탱크에서는 펑, 팡, 하는 불길한 소리가 이어졌다.

마침내 던은 여압관 앞에 도달했고 밸브를 겨우 비틀어 열었다. 쉭 하고 로켓 안으로 공기가 들어가는 소리가 나자 그는 크게 안도했다. 소음 때문에 던은 큰 소리로 나갈 준비가 됐다고 외쳤다. 시핸은 그 소리를 도와달라는 외침으로 생각했고 배관과 밸브가 뒤엉켜 있는 인터스테이지에서 던을 홱 잡아당겼다. 던은 죽을 것같이 아팠지만 나와 보니 자신의 노력이 빛을 발하고 있었다.

다시 압력이 가해지자 로켓은 쉭 하는 소리를 냈다. 로켓 문제를 해결하는 데 주어진 10분이 막 지난 참이었다. C-17이 다시 히캄 공군기지로 하강하기 시작하자 스페이스X 팀은 겨우 자기 자리로 돌아가 일제히 숨을 돌렸다. 그런데 10분 전에 들었던 것과 비슷한 쿵, 쾅 소리가 더 자주 들렸다. 어리둥절해 있는 그들 눈앞에서 로켓 1단이 원래의 원통 모양으로 도로 튀어 오르기 시작했다. 그게 뭘 의미하는지 아무도 몰랐다. 알루미늄 외피가 이렇게 찌그러질 일이 있을 거라고는 아무도 생각지 못했으니까. 기본적으로 로켓은 외부 압력이 더 높은 상황에 노출되어서는 안 되기 때문이다.

머스크가 6주 안에 로켓을 발사하라고 말한 직후부터 한 달 동안 팰컨1 팀은 정말 그렇게 하려고 서둘렀다. 마지막 팰컨1 부품들을 조립하고 로켓을 빠르게 콰절레인으로 운송할 수단을 찾았다. C-17 보조 좌석에 앉은 사람 모두 우주 비행을 향한 머스크의 열정에 공감하고 있었다. 그런데 그 로켓을 태평양 너머로 급히 운송하느라 그만 로켓을 찌그러뜨리고 말았다. 겉에서는 안 보이지만 아마 1단 안에 있는 배플 같은 내부 구조도 손상됐을 것이다. 치너리와 던, 수송기에 함께 탄 직원 모두가 그다음 일을 걱정했다. "우린 이제 다 끝났다고 생각했어요." 치너리가 말했다. "탱크는 찌그러졌고, 우리는 망연자실했죠." C-17이 하와이의 포장도로에 멈춰서기도 전에 그들은 로켓을 다시 호손 공장으로 실어 갈 생각을 하기 시작했다. 그곳에는 로켓을 구원할 공구들이 있을지 모르니까. 그런데 만일 고칠 수 없다면? 그 뒷일은 아무도 예상할 수 없었다.

비행기가 착륙하자마자 엔지니어들이 서둘러 내렸다. 휴대전화 신호가 잡히자 그들은 캘리포니아로 전화를 걸어 부사장들에게 암울한 소식을 전했다. 치너리는 제일 먼저 직속 상사이자 발사 책임자인 부자에게 전화를 걸었다. 엔지니어들이 하와이에 착륙했을 때가 이미 어두워진 뒤였으므로 본토는 자정이 훨씬 지난 시간이었다. 잠에 취해 전화를 받은 부자는 치너리의 떨리는 목소리에서 상황의 심각성을 곧 알아챘다. 그는 한밤중에 당장 캘리포니아에서 할 수 있는 일이 별로 없으며 기진맥진한 채로 하와이에 도착한 직원들 역시 그렇다는 사실을 잘 알았다. 스페이스X는 이미 콰절레인까지 가는 비행깃값을 치렀다. "가서 자." 부자가 치너리에게 말했다. "아침에 이야기하지." 부자는 그녀를 진정시키려 애쓰면서 아마도 피해를 복구할 수 있을 거라고 다독였다.

리는 자기 상사인 톰슨에게 전화했다. 그녀 역시 로켓이 망가져 감정적으로 힘들어하고 있었다. 그 비행기에 탄 선임 구조 엔지니어로서 리는 착륙 후에 로켓과 연료탱크를 검사했다. 겉으로 보기에 팰컨1은 거의 아무 일도 일어나지 않은 것 같았다. 그녀는 방향을 돌려 캘리포니아로 돌아가야 하는지 톰슨에게 물었다. "계속 가." 톰슨이 대답했다. "좀 쉬도록 해 보고." 그가 덧붙였다.

그렇게 하는 건 말처럼 쉽지 않았다. 수송기 탑승을 급하게 준비하느라 스페이스X 직원들은 진주만 근처 기지에 미처 숙소를 마련하지 못했다. 호텔까지 데려다줄 차편도, 머물 호텔도 없었다. 공항의 군부대 측에도 숙소가 부족해서 그들은 아무 데나 쓰러져 잠을 청했다. 의자에서 자는 사람도 있었고 치너리와 몇몇은 공항 로비 근처에 있는 어린이 놀이기구에 자리를 잡았다. 그들은 딱딱한 플라스틱 미끄럼틀의 곡선에 맞추어 몸을 구부리고 눈을 감았다. C-17 승무원들이 스페이스X 팀을 측은히 여겨 피자 몇 판을 배달시켜 주었다. 그러나 엔지니어들과 기술자들이 최고로 부드러운 침대에서 5성급 호텔의 룸서비스를 받았다 하더라도, 그날 밤 잘 잤을지는 의문이다.

이튿날, 연료를 재충전한 C-17이 로켓 1단을 콰절레인까지 운반했다. 이어서 노르망디상륙작전에 쓰인 상륙정처럼 바닥이 평평한 바지선이 1단을 오멜렉으로 운송했다. 스페이스X 팀은 팰컨1을 섬의 격납고에 밀어 넣고 예비 조사를 했다.

보스코프borescope라고 부르는 내시경 장비를 1단의 센서 연결구로 집어넣었다. 10여 명의 엔지니어와 기술자 들이 작은 화면 주위에 모였고 탐색침이 액체산소탱크 안쪽에서 뱀처럼 구불구불 움직였다. "보스코프 탐색침을 조절하기가 엄청 어려웠어요. 살살 움직여 보는 중에 갑자기 그게 뒤집히면서 카메라가 배플을 정면으로 비췄는데, 고정 장치에서 완전히 떨어져 있었습니다." 던이 말했다. "그 순간 우린 확실히 알았죠. 로켓은 수술이 필요하고 우린 망했다는 걸요."

팰컨1의 1단을 어떻게든 구제할 수 있을 거라는 가정하에 복구 계획을 세우는 일은 현장 책임자인 치너리의 몫이었다. 로켓 분해 과정을 체계적으로 기록하고 단계적으로 접근하는 회사의 공식 절차를 따라 그녀는 계획을 세웠다. 치너리는 1단을 분해해서 손상을 조사하고 수리한 후 시험해서 다시 발사 준비를 하는데 6주가 걸릴 것이라 추산했다. 9월 5일 금요일, 그녀는 이 계획을 직속 상관인 부자에게 알렸고 호손에 있던 부자와 톰슨은 계획표를 머스크와 공유했다. "일론은 그걸 보더니 불같이 화를 냈습니다." 톰슨이 말했다. 6주는 너무 길었다. 스페이스X 앞에는 6주가 없었다. 사실상 회사 자금이 바닥나기까지 한 달도 남아 있지 않았다.

톰슨과 부자는 공장의 한 작은 방으로 가서 오멜렉으로 전화를 걸었다. 오멜렉의 트레일러 안에는 치너리, 던, 시핸과 엔지니어 몇 명이 스피커폰이 놓인 작은 테이블 주변에 모여 있었다. 치너리는 자기가 짠 일정에 대해 의논하려고 했지만 톰슨은 곧바로 그녀의 말을 끊었다. 그는 이 상황이 얼마나 심각한지 전달해야 했다.

"그만 떠들고 내가 하는 말 잘 들어. 그 빌어먹을 로켓은 다시 가지고 오지 않을 거야. 거기서 당장 그 망할 것을 자동차인 양 분해해. 월요일 아침에 부자와 내가 거기 도착할 때쯤 완전히 해체돼 있어야 할 거야."

스피커폰에서 톰슨의 말이 흘러나오는 동안 오멜렉 트레일러 안은 쥐죽은 듯 조용했다. 그들은 바로 그곳, 열대 섬에서 로켓을 고쳐야 했다. 품질 관리나 꼼꼼한 기록 따위는 할 시간이 없었다. 그들에게는 6주가 없었다. 주어진 시간은 단 1주였다. 서둘러 일하고 잘되기를 바라는 것만이 그들이 할 수 있는 전부였다.

"침묵이 흘렀어요." 던은 톰슨의 말이 끝난 후의 분위기를 기억한다. "하지만 방향 전환이 정말 빨랐어요. 엔지니어와 기술자는 문제를 해결하는 사람들이잖아요. 우리는 힘을 냈습니다."

오멜렉에서 해체 작업이 진행되는 동안 톰슨과 부자는 로켓 수리를 도울 구조 작전을 준비했다. 호손 공장에서 그들은 배플, 클립, 고정 장치 등 수리에 필요할 것 같은 하드웨어를 몽땅 쓸어 담았다. 그런 다음 토요일에 머스크의 제트기에 보급품을 실었다. TEA-TEB 점화 용액을 콰절레인까지 배로 수송할 시간이 없었으므로 부자는 그것도 약간 챙겼다. 그 용액을 담은 통은 프로판가스탱크같이 생겼는데, 부자가 그것을 들어 제트기로 옮기자 조종사는 그 안에 뭐가 들었는지 물었다.

"어, 자연 발화 물질이죠. 공기에 노출되면 불이 붙는다는 말입니다."

"그걸 당신 옆에 싣고 갈 겁니까?" 조종사가 다시 물었다.

부자는 그럴 거라고 대답했다. 비행 중에 TEA-TEB에 불이 붙으면 어떡하느냐는 조종사의 질문에 부자는 대단히 도움이 되는 대답을 했다. "글쎄요, 두 가지 선택지가 있군요. 정말 높이 올라가서 공기가 전혀 없을 정도로 객실을 감압하거나, 아니면 내가 문을 열어서 그걸 버릴 수 있도록 정말 낮게 내려가는 겁니다."

조종사는 말문이 막혔다.

"우린 TEA-TEB가 필요했고 다른 방법으로는 거기까지 가져갈 수가 없었습니다." 부자가 설명했다. "그만큼 절박했죠."

머스크의 제트기는 월요일 밤 9시경 콰절레인에 안전하게 도착했다. 그러나 부자와 톰슨은 그들이 가져온 하드웨어를 내릴 수 없었다. 국제 날짜 변경선 서쪽에 자리한 콰절레인의 시각은 미국 본토보다 거의 하루가 빨랐다. 그 결과 그곳의 미군 시설은 월요일을 일요일로 삼았고 최소 인력만 근무했다. 당시 근무자들은 도착 편이 들어온 것까지는 확인해 주었지만 수화물을 운송하려면 그다음 날 아침까지 기다려야 한다고 했다. 부자와 톰슨은 공항을 벗어나며 한나절을 손해 보게 된 걸 걱정했다. 하지만 행운이 따랐다. 공항 밖 도로를 운전해 가다가 그들은 제트기 근처 출입문이 열려 있는 것을 발견했다. 그래서 둘은 그 문으로 트럭을 몰고 들어가 비행기 앞에 세우고 짐을 내린 다음, 곧바로 항구로 가 페레그린을 탔다. 그날 밤 칠흑 같은 어둠 속에서 두 사람은 수리용 부품들을 오멜렉으로 운반했다.

섬에 도착하니 그곳은 북새통이었다. 사흘 전의 험악한 전화 통화 후, 던과 에디 토머스를 포함한 추진팀은 격납고로 돌아가 엔진을 해체했다. 450kg의 엔진을 지탱하기 위해 토머스는 나무 블록으로 임시 플랫폼을 만들었다. 던과 시행, 동료들은 가능한 한 서둘러서 멀린 엔진과 로켓 1단을 잇는 모든 연료관과 그 밖의 연결 장치를 풀었다. 던은 자신이 마치 TV 의학 드라마에 나오는 한 장면을 연기하는 것 같다고 느꼈다. 의사들이 뭘 할 건지 말하면 간호사들이 재빨리 도구를 전해 주는 그런 장면 말이다. 한쪽에서는 품질 확인 검사관 두 명이 무슨 일이 일어나는지 기록하려고 안간힘을 쓰고 있었다. 단 한 시간 만에 그들은 로켓에서 엔진을 해체해 임시 플랫폼 위에 내려놓았다.

또 다른 팀은 1단에서 배선 관로 제거 작업을 했다. 그것은 로켓의 끝에서 끝을 잇는 도관과 전선의 조립품이다. 세 번째 그룹은 1단 전체를 해체하는 과정을 시작했다. 하루하고도 반나절 후에 그들은 로켓을 완전히 해체했다.

나란히 일하면서 종일 렌치를 돌리느라 모두가 점점 땀에 젖고 더러워졌다. 해가 진 뒤 엔지니어들은 데이터 분석 도구들을 손질하고 절차를 기록했으며 하드웨어를 검토했다. 밤 10시경에는 어쩌면 일을 끝내고 맥주를 한잔할 수 있을지도 몰랐다. 집에서 멀리 떨어진 하늘 아래서 스페이스X 팀은 자기들이 남들과는 다르다고 느꼈다. 늦은 밤, 덱 위에서 그들은 여타 항공우주산업에 관해 농담하곤 했다. 기존 업계는 클래식 음악 같았다. 그들의 세계는 점잖은 태도와 섬세한 토론을 통해 움직였다. 반면 스페이스X는 하드 록이었고 헤비메탈이었다. 그들은 지저분하고 시끄러웠다. 소리 지르며 기타를 연주하고 문을 쾅 소리 나게 닫았다. 그들은 이런 열정이야말로 최첨단 미래에서 살아남고 이세계에 뭔가 멋지고 새로운 것을 만들고자 앞으로 돌진하는 데 꼭 필요한 것이라고 느꼈다.

부사장들이 오멜렉에 도착했을 무렵에는 모두가 녹초가 되어 있었다. 그러나 그들은 불가능한 일을 해냈다.

"월요일 아침에 부자와 내가 거기 갔더니 로켓이 정말 자동차처럼 분해돼 있었어요." 톰슨이 말했다. "그들이 완전히 새로운 경지로 올라섰다고 해도 좋을 정도였는데, 정말로 엔진을 해체해서 블록 위에 늘어놓았더군요. 어쨌거나 그건 정말 볼만한 광경이었습니다."

현장에서 부자와 톰슨이 감독하는 가운데 발사팀은 교체용 부품을 가지고 로켓 수리에 들어갔다. 부러진 배플을 교체했고 용접 부위를 검사했으며 온갖 선들을 바로잡았다. 1주일이 안 걸려 그들은 1단을 다시 단단히 조였다. 이제 새로 조립한 1단에 결함이 없는지 시험할 차례였다. 재단장한 액체산소탱크에는 여전히 찌그러진 흔적이 몇 군데 보여서 신경이 쓰였다. 톰슨은 운이 좋다면 찌그러진 부분이 더 높은 압력에서 반듯하게 펴질 수도 있겠다고 생각했다. 그리고 설사 운이 좋지 않다고 해도 그 상황 자체가 이미 대단한 경험이었다.

일반적으로 그런 압력시험은 질소처럼 연소하지 않는 비활성 기체로 탱크를 채우고 서서히 내부 압력을 높이는 방식으로 진행한다. 그러나 그 당시 스페이스X가 오멜렉에 넘겨준 유일한 물자는 액체산소와 등유였다. 만일 탱크 가압 도중 이들 추진제 중 하나에 문제가 생기기라도 하면 폭발과 함께 탱크는 재앙 수준으로 망가질 터였다.

"어느 하나라도 실패하면 게임 끝이라는 사실을 너무나 잘 알았습니다." 톰슨이 말했다. "정말입니다. 그건 정말로 간 큰 결정이었어요. 하지만 그게 우리가 처한 상황이었죠. 우린 이 일을 해내야 한다, 6주는 없다, 며칠 안에 이 일을 끝내야 한다, 모두 그 생각뿐이었어요."

위험에도 아랑곳없이 1단은 압력시험을 훌륭하게 통과했다. 덤으로 가압 중에 액체산소탱크의 찌그러진 곳 일부가 정말 펴졌다. 그들은 탱크를 온전하게 고쳐 냈다. 치명적인 C-17 비행 후 단 며칠 만에 스페이스X 팀은 팰컨1 로켓 1단을 고치고 시험해서 비행 가능 상태임을 확인했다.

"우리가 몇 년간 했던 말도 안 되는 일을 통틀어서, 또 짧은 기간에 이루었던 모든 성취 중에서도, 그건 정말 독보적인 일이었습니다." 치너리가 말했다. "1주일 안에 로켓 1단 전체를 분해하고 다시 조립했다는 게 믿기지 않아요. 상상조차 못 할 일이죠."

그들은 1단을 다시 조립할 때 사실상 항공우주 분야의 모든 규칙을 어겼다. 그러나 오멜렉에서 내린 용단 덕분에 스페이스X는 마지막 한 번의 생존 기회를 유지하게 되었다. 그들은 늦은 밤까지 일하고 스테이크나 터키식 굴라시를 먹을 때만 잠깐 쉬면서 9월 내내 힘을 냈다. 압력시험을 마친 뒤 드디어 2단을 1단에 고정했다. 그런 다음 발사팀은 완전한 로켓, 그들이 손봐야 했던 마지막 팰컨1 하드웨어를 발사대로 운반했다. 오멜렉의 발사팀은 앞으로 다시없을 만큼 준비되어 있었다.

이제, 날거나 죽거나였다.

10

4차 발사
FLIGHT FOUR
2008년 9월 28일

　팀 부자와 한스 쾨니히스만은 콰절레인에 임대한 작은 집 부엌에 앉아 저녁 늦게까지 머리를 맞댔다. 이미 녹초가 됐지만 다음 날 또 다른 문제가 생길 가능성은 없는지 의논하느라 잠을 이룰 수 없었다.

　8주 전, 3차 발사가 실패로 돌아갔을 때 그들은 스페이스X 관제실에 나란히 서 있었다. 그 시련을 함께 겪은 뒤로 56일간 두 친구는 이번 마지막 시도를 준비하며 기진맥진한 날들을 보냈다. 등 뒤에서 윙윙대는 에어컨 소리가 쉴 새 없이 들리는 상태에서 두 부사장은 발사를 서두르느라 놓쳤을지도 모르는 것들을 말해 보라고 서로에게 계속 요구했다. 지난번에는 단 한 줄의 코드 때문에 실패했다. 4차 발사 전날, 이번에는 또 무엇이 그들의 발목을 잡을지 걱정하다가 자정이 돼서야 둘은 노트북을 닫고 조금이라도 잠을 청해 보기로 했다.

　하지만 부자는 좀처럼 잠을 이룰 수 없었다. 그는 이 작은 회사

와 거의 처음부터 함께하면서 너무 많은 것을 쏟아부었다. 그런데 결과는? 궤도에 닿기 전까지는 스페이스X를 진짜 로켓 회사라고 할 수 없을 것이다. 그가 감독한 엔진 시험, 지상연소시험, 발사 등의 과정을 다 합하면 그 횟수가 벌써 수백 차례에 이르는데도 스페이스X는 아직 정상에 오르지 못했다. 그는 숙소에서 나와 자전거를 타고 노스포인트로 향했다. 겨우 몇 분만 가면 닿는 그곳은 전에도 머리를 식히려고 자주 들렀던 곳이다. 콰절레인에서 가장 황량한 곳이었지만 오멜렉이 있는 북쪽을 향해 시야가 훤히 트였다. 그는 외딴 벤치에 앉아 생각에 잠겼다.

어두운 하늘 아래서 부자는 가족을 생각했다. 아내와 아이들은 지난 6년간 너무 많은 것을 희생했다. 또 한 번의 실패는 엄청난 충격을 안겨 줄 것이며 꼭 성공해서 그간의 모든 희생을 가치 있는 일로 만들겠다는 그의 약속은 깨질 것이다. 부자는 자기를 믿고 따르는 발사팀을 돌아보았다. 밤이 깊어 갈수록 이런 생각들이 그를 무겁게 짓눌렀다. 벤치에 깊숙이 처져 있던 부자는 고개를 들어 하늘을 보았다. 남십자성을 쉽게 찾을 수 있었다. 네 개의 밝은 별로 이루어진 남십자성은 적도 부근에서 볼 수 있는 별자리였다.

"넷 중 가장 밝은 별이 푸른빛으로 반짝거렸어요. 갑자기 마음이 평온해졌습니다. 준비됐다고 느꼈어요. 난 자전거를 타고 숙소로 돌아왔고, 아주 달게 잤습니다."

재크 던에게는 그런 평화가 찾아오지 않았다. 그의 숙소였던 콰절레인로지의 콘크리트 벽 밖에서는 파도가 쉴 새 없이 바위

해변에 부서졌다. 안에 있는 그도 뒤척이고 있었다. 다음 날을 생각하느라 한밤중까지도 곤두선 신경과 기대감이 던의 의식을 압박했다. 짧고 유성 같았던 그의 스페이스X 경력이 몇 시간 안에 급정거할 수도 있다. 아니면 끝없는 지평을 향해 비상할지도 모른다. 팰컨1이 쥐고 있는 운명이 무엇이건 던은 그것을 끝까지 지켜보고 싶었다.

해 뜨기 한참 전에 던은 구겨진 이부자리에서 일어나 어둠 속에서 옷을 갈아입었다. 군 호텔에서 걸어 나와 소금기 있는 바람을 맞으며 자전거를 찾았다. 그는 30분 넘게 페달을 밟아 커다란 냉전 시대 건물에 붙은 조그만 스페이스X 관제센터로 향했다. 군 방위 시설은 어둠 속에서도 밤하늘을 배경으로 불길한 윤곽을 드러냈고 가까이 갈수록 야자나무 위로 한층 더 높게 다가왔다. "마치 〈007 골든 아이〉에 나오는 말도 안 되는 레이저 광선 시설 같았어요."

스페이스X 사무실에 들어선 던은 작은 지원실을 지나 주 관제실로 갔다. 발사를 시도할 수 있는 시각까지 약 다섯 시간이 남았는데도 팀원들이 모이기 시작했다. 군은 그날 현지 시각으로 오전 11시부터 오후 4시까지를 발사 가능 시간대로 정해 주었다. 지난번보다 30분 여유가 있었지만 부자와 퀘니히스만은 그 시간대 초반에 발사하라고 벌써 압박하고 있었다.

던이 콰절레인을 가로질러 페달을 밟고 있던 새벽, 남부 캘리포니아는 9월 28일 일요일 아침나절이었다. 머스크는 2008년 여름부터 초가을까지 캘리포니아에 남아 있기로 해서 콰절레인

에 가지 않았다. 스페이스X와 테슬라 모두 생존을 위해 분투하고 있었으며 머스크는 로켓과 전기차를 동시에 다루면서 자금을 조달하는 등 두 회사 모두에 관여하고 있었다.

그러나 2008년은 둘은 고사하고 현금 없는 신생기업 하나를 운영하기에도 최악의 시기였다. 집값 거품과 비우량주택담보대출 사태로 촉발된 대공황은 엄밀히 말하면 2007년 말에 시작됐지만 경제적으로는 2008년에 더 큰 영향을 미치기 시작했다. 가을 무렵 미국의 경제 활동 지수는 전반적으로 급락했고 국내총생산GDP은 5% 가까이 떨어졌다. 2008~2009년, 미국의 벤처 캐피털 펀드 모금액이 532억 달러에서 227억 달러로 뚝 떨어진 일은 아마도 머스크에게 치명타가 되었을 것이다.

모든 노력을 쏟아붓고 있는 불확실한 사업에 경기 침체라는 먹구름이 드리우자, 머스크는 두 회사를 살리기 위해 자금을 구하러 다녔다. 스페이스X가 3차 발사와 4차 발사 사이 8주 내내 혼란을 겪을 동안 테슬라라고 해서 덜 위태로운 것은 아니었다. 테슬라는 마침내 첫 로드스터를 고객에게 인도하기 시작했고 모델 SModel S 자동차를 공개하는 과정에 있었지만 그 또한 자금난에 직면해 있었다. 머스크는 자금이 필요했고 자금을 얻으려면 성과가 있어야 했다.

그런 상태로 맞이한 9월 28일 아침, 무엇보다 그는 마음을 비워야 했다. 머스크와 동생 킴벌은 시간을 보내려고 주말 인파를 무릅쓰고 아이들을 디즈니랜드에 데려갔다. 그들은 우주를 주제로 한 유명한 롤러코스터 '스페이스마운틴'을 탔다. 그것이 일종의 전조였을까? "발사산업에 종사하는 모두가 미신을 믿습니다." 머스크가 말했다. "어쩌면 행운을 불러온 행동이었을 수도 있죠. 모르겠습니다. 하지만 그 뒤로 중요한 발사 전에 아이들을 몇 번 더 스페이스마운틴에 데려갔어요."

디즈니랜드가 있는 애너하임에서 로스앤젤레스를 통과해 호손까지 오는 데 약 한 시간이 걸린다. 머스크는 캘리포니아 기준으로 발사 가능 시간대가 시작되는 오후 4시까지 본사에 도착하기 위해 105번 고속도로를 따라 속력을 올려야 했다. 청바지에 베이지색 폴로셔츠를 입은 머스크는 스페이스X 관제밴으로 뛰어 들어가 뮬러의 오른쪽, 늘 앉던 자기 자리에 앉았다. 앞에 놓인 노트북이 비행체에 관한 데이터를 보여 주고 있었다. 바로 위 트레일러 벽에 설치된 대형 모니터는 발사대에 있는 팰컨1 영상을 보여 주고 있었다.

"스트레스로 제정신이 아니었어요." 머스크가 그날의 카운트다운에 관해 말했다. "초긴장 상태였죠."

그윈 숏웰은 말 그대로 콰절레인에서 지구 정 반대편에 있었다. 그녀는 9월 말에 열릴 세계 최대 우주 콘퍼런스인 국제우주회의에 참석하기 위해 스코틀랜드에 가 있었다. 공교롭게도 그곳에서 3차 발사 때 탑재물을 의뢰한 고객들을 만나 실패 원인에 관한 회사의 조사 결과와 불운한 운명을 맞이한 탑재물에 관해 설명해야만 했다. 스코틀랜드 시각으로는 발사 가능 시간대가 자정에 시작되었다.

그날 밤 숏웰은 제트추진연구소 엔지니어인 남편 로버트가 호텔 방에서 잠자리에 든 후에도 늦게까지 깨어 있었다. 남편이 깨

지 않게 하려고 숏웰은 화장실에 진을 치고 변기에 앉아서 무릎 위에 노트북을 놓았다. 소음을 감추려고 샤워기에 물을 틀었다.

숏웰은 로렌 드레이어Lauren Dreyer와 통화하느라 상당 시간을 보냈다. 드레이어는 중부 텍사스에서 자란 기계 엔지니어로, 맥그레거 시험장에서 일했었다. 물소리를 뒤로하고 숏웰은 드레이어와 비용에 관해 의논하고 NASA의 계약을 따내기 위한 스페이스X의 제안서를 일부 다시 썼다. 스페이스X가 2006년에 COTS 프로그램을 수주한 뒤로 회사는 팰컨1보다 훨씬 더 큰 팰컨9 로켓과 드래건Dragon 우주선을 개발하기 위해 NASA 관계자들과 협력하고 있었다. 회사의 많은 직원이 이미 팰컨1 프로그램에서 이 작업으로 전환한 상태였다. 9월 말, 스페이스X는 화물 우주선을 국제우주정거장으로 보내는 10억 달러 이상의 계약을 따내느라 경쟁의 막판 진통 단계에 있었다. 잘하면 이 일로 회사 자금난이 해결될 수도 있었다.

하지만 스페이스X가 정말로 우주로 날아가는 법을 안다는 것을 증명하지 못하면 모든 게 물거품이 될 수도 있었다. 단순한 로켓으로도 궤도에 오르지 못하는 회사에 NASA가 위험을 감수하면서까지 수백만 달러어치의 식품, 보급품, 과학 기자재를 실어보내는 임무를 맡길 가능성은 없었다.

스코틀랜드의 시간이 자정에 가까워지자 숏웰은 드레이어와 하던 논의를 접고 노트북을 열어 회사의 인터넷 방송과 본사에서 오는 데이터를 지켜봤다. 샤워기에서는 계속 물이 쏟아졌다. 남편은 자고 있었다. 숏웰은 기다렸다.

콰절레인에서는 별다른 문제 없이 카운트다운이 진행되었다. 팰컨1은 거의 문제가 없었다. 어쩌면 그건 당연한 일이었다. 어쨌거나 발사팀에게는 이번이 네 번째였다. 또 섬에는 비행을 지원하기 위해 그 어느 때보다 많은, 마흔 명 가까운 직원이 와 있었다. 그들은 경험상 카운트다운을 더 잘할 수밖에 없었다. 로켓이 카운트다운 최종 단계에 진입하기 직전, 그러니까 T-0 약 10분 전에 부자는 팀원들과 몇 가지 최종 의견을 나누었다. 어떤 위험성이 있는지 그들 모두 알고 있었다. 마지막까지 할 일에 집중해. 마음 단단히 먹고. 그리고 부자는 팀원들을 보니 인류를 안전하게 달에 오가도록 했던 NASA의 초기 비행 관제관들이 생각난다고 덧붙였다. 1960년대 우주 비행 관제센터에 있던 그들도 대부분 20대였다. "난 할아버지나 마찬가지였죠." 부자가 말했다. "나는 거의 마흔이었고 나머지 팀원은 모두 서른 아래였습니다. 그 방에 있던 전부가 서른 아래였어요. 한스 쾨니히스만과 나 그리고 한둘을 제외하곤 말이죠."

시간이 됐다. 오전 11시 15분, 발사 가능 시간대가 시작된 지 단 15분 후, 팰컨1은 카운트다운 끝에 이르렀다. T-0 직후에 인간은 로켓에 대한 모든 통제권을 잃는다. 유일하고도 꼭 필요한 접속은 발사안전관만 할 수 있는데, 이 경우에는 군에 권한이 있었다. 로켓이 경로를 벗어나면 담당 장교가 자동 파괴 신호를 보낼 수 있다. 하지만 그것을 제외하면 로켓의 컴퓨터가 전적으로 비행을 통제한다. "발사하고 나면 우리가 할 수 있는 일은 아무것도 없습니다." 쾨니히스만이 말했다. "그냥 지켜보는 거죠. 제어반 앞에 앉아 있어도 결과에는 아무런 영향을 못 미칩니다."

그들은 지켜봤다. 인터스테이지 부분만 까맣고 전체가 새하얀 로켓이 열대 바람 속으로 산소를 내뿜으며 발사대 위에 서 있었다. 로켓 주변 야자나무들이 바람에 흔들렸다. 그러자 연기와 불꽃을 분출하며 팰컨1이 발사대에서 솟아올랐다. 비행한 지 약 20초, 영상을 전송하는 기기가 기내에 설치한 카메라로 전환되면서 아래쪽의 작은 오멜렉섬을 비췄다. 섬은 광활하고 푸른 바다의 작은 점으로 멀어지고 있었다.

로켓이 하늘로 10km 이상 날아간 1분 후, "정상"이라는 외침이 관제실 전체에 퍼졌다. 이전 두 번의 비행에서도 그랬던 것처럼 1단 멀린 엔진은 의도한 대로 연소했다. 곧 단 분리라는 중요한 순간에 이르렀다. 약 2분 40초 후에 멀린 엔진은 작동을 멈췄다. 그런 다음 기내에 탑재된 컴퓨터가 1, 2, 3, 4, 5, 6초를 센 뒤 1단과 2단이 서로 떨어졌다. 이렇게 시간을 늘린 것은 안전하게 분리되도록 하기 위해서였다. 던은 모니터를 통해 1단이 제 임무를 마치고 로켓에서 멀어져 하강하는 것을 보았다.

"정말이지 극적인 순간이었습니다." 던이 말했다.

하지만 그것이 마지막 순간은 아니었다. 전에도 케스트럴 엔진이 연소하기는 했었다. 그러나 스페이스X는 몇 분 뒤에 상단이 통제를 벗어나 회전하는 것을 봐야만 했다. 2007년의 일이었다.

캘리포니아에서는 추진 책임자 뮬러가 머스크 옆에서 지켜보고 있었다. "초기에는 발사할 때마다 늘 긴장됐습니다. 불안하죠. 속이 메스꺼운 것 같고. 동시에 피곤하기도 하고요. 잠을 못 잤으니까." 그가 발사 당일을 회상하며 말했다.

뮬러는 최악의 상황이 벌어지면 자신이 함께 책임져야 한다는 것을 알았다. "알려졌다시피 일을 망치는 건 대개 추진 부문입니다. 로켓이 실패하는 원인 중 40%가 추진 부문 때문이라고 알려져 있는데, 그 정도면 거의 절반이죠. 그래서 단이 분리되자마자 우린 생각했어요. 해냈어, 그렇지?"

케스트럴 엔진이 점화되자 관제밴 안에 있던 직원들은 서로를 끌어안았다. 모두 환호성을 울리고 좋아하면서도 2차 발사의 실패를 유념하고 있었다. 잠깐의 축하 후에 뮬러와 머스크, 나머지 직원들 모두 자기 모니터 앞으로 돌아갔다. 로켓이 궤도에 오르려면 케스트럴 엔진이 몇 분 더 연소해야 했다.

스티브 데이비스는 진땀을 흘리기 시작했다. 그는 머스크 뒤에 서서 슬로싱에 관해 생각했다. 3차 발사에서는 2단이 점화해서 비행하지 않았기 때문에 슬로싱 위험이 남아 있는지 어떤지 확인하지 못했었다. 어쩌면 그들이 추가한 배플이 해결하지 못한 또 다른 문제가 숨어 있을지도 몰랐다. "정말 초긴장 상태로 지켜봤습니다." 데이비스가 말했다. "2차 발사에서 4차 발사 사이 1년 반 동안 제대로 잔 적이 없다니까요."

제러미 홀먼은 거의 1년 전에 스페이스X를 떠났다. 3차 발사 때는 던과 후배들을 돕기 위해 콰절레인으로 돌아왔지만 4차 발사에서는 그럴 필요가 없을 만큼 발사팀 모두가 충분히 준비되어 있었다. 그래서 지난날 그렇게 많은 시간과 노력을 쏟고 먼 거리를 여행하며 멀린 엔진에 매달렸음에도 홀먼은 매사추세츠주 퀸시에 있는 새 보금자리에서 발사를 지켜보았다.

그전에는 언제나 태평양의 발사장에 있었던 까닭에 홀먼은 한 번도 아내와 함께 발사를 본 적이 없었다. 그 순간을 아내와 함께 하는 것은 분명 멋진 일이지만 구경꾼으로 경험하는 것은 힘들었다.

"다른 사람들처럼 인터넷 방송으로 지켜봤죠." 그가 말했다.

팰컨1이 솟아오르고 1단이 분리되자 홀먼은 혹시라도 뭔가 잘못됐다는 징후가 있을까 봐 선명하지도 않은 인터넷 영상을 세밀하게 살폈다. 아무것도 찾아볼 수 없었다.

비행 2분경, 페이로드 페어링이 로켓 꼭대기에서 분리되어 떨어졌다. 한 쌍의 페어링이 반으로 갈라지면서 지구를 향해 떨어지는 흥미로운 장면을 팰컨1 로켓 2단에 실린 카메라가 정확히 포착했다. 그 후에도 케스트럴 엔진은 계속 연소했다. 뮬러가 가장 작은 매의 이름을 따서 명명한 45kg짜리 엔진이 액체산소와 등유를 연소시키느라 붉게 빛나면서 로켓 상단을 지구 주위 안정 궤도로 밀어 올렸다. 그런 다음 발사 9분 30초에 케스트럴 엔진은 멈췄다.

랫샛이 궤도에 도달했다.

"케스트럴이 멈추자 관제실이 폭발했죠." 던이 당시 콰절레인 관제실의 분위기를 이야기했다. "우린 진짜 미친 듯이 날뛰었습니다. 모두 팔짝팔짝 뛰었어요. 서로 껴안고 소리 지르고. 마땅히 축하해야 했죠."

앤 치너리는 그 발사의 관제관으로서 로켓이 발사대에 있을 때 제어반 앞에 앉아 명령을 보내는 일을 맡았다. 그녀는 로켓을 발사하는 최종 절차를 수행했다.

"4차 발사 무렵에 우린 이미 여러 번 이륙한 상태였습니다." 그녀가 말했다. "발사는 짜릿해요. 언제나요. 하지만 더는 새롭지 않았죠. 로켓이 이륙하고, 우리는 생각하죠. 오, 오, 이번에는 잘될까? 그리고, 성공한 거죠."

브라이언 벨데는 사업운영 관리자로서 콰절레인 관제실의 바깥쪽 방에서 연방항공청 관계자들과 잠재 고객들을 대접하며 그들과 함께 발사를 지켜봤다. 벨데는 이번 로켓이 실패하면 곧 다른 직장을 알아봐야 할 수도 있다는 것을 알고 있었다. 로켓이 날아오르자 스페이스X에서 보낸 지난 5년과 최근 오멜렉에서 겪은 모든 순간이 스쳐 지나갔다. 그 모든 일은 정말이지 정신없이 진행됐었다. 팰컨이 비상하자 긴장과 열정이 그를 압도했다.

"정말 굉장했죠. 그 생각만 하면 감정이 북받쳐요." 그의 목소리가 잠겼다. "죄송합니다. 정말 그래요. 그건 오싹하도록 엄청난 성공이었습니다. 확인 도장 같은 거였죠."

랫샛이 궤도에 올랐다고 비행이 끝난 것은 아니었다. 발사팀은 자신들이 우주로 날려 보낸 매가 잘 날고 있는지 계속 궁금해했다. 또 한 번의 케스트럴 엔진 연소가 45분 뒤에 계획되어 있었는데, 일반적으로 최종 궤도 진입을 위해 위성 위치를 잡는 데 필요한 일이었다. 대서양의 어센션섬에 있는 인공위성 관측소가 팰컨의 신호를 포착했다. 두 번째 연소 역시 순조롭게 진행됐다.

호손의 관제밴 안에서는 환호가 가라앉지 않았다. 모두 더 많이 껴안고 함성을 질렀다. 그들은 성공했다. "그건 단지 궤도에 오르려는 꿈일 뿐이었어요." 뮬러가 말했다. "단지 그걸 위해 너무나 많은 모의시험과 너무 많은 생각이 필요했고, 어마어마한 노력이 들어갔죠. 우리 인생을 통째로 쏟아부은 거나 마찬가지였습니다. 그러니까, 단지 거기까지 가려고, 우린 그렇게 죽도록 일했던 겁니다. 내 말은, 그러니까, 정말 다행이었죠."

펠컨1이 궤도에 오른 지 몇 분 후, 머스크는 100명 넘는 직원들이 발사 장면을 보고 있던 작업 현장으로 걸어 나갔다. 데이비드 기거가 그 가운데 서 있었다. 1차 발사 때 기거는 사업운영 관리자였지만 이제는 드래건 우주선의 추진 개발을 이끌고 있었다. 지난날 콰절레인에서 보낸 시간을 생각하자니 그 먼 곳에 있는 엔지니어 수십 명의 손에 회사의 운명이 달린 상황과 네 번째 발사가 매우 비현실적으로 느껴졌다. 기거는 펠컨1이 실패하면 가족과 친구들이 실망할 게 걱정됐다. 한편으로는 나라 전체가 실망할 거라는 걱정도 했다. 스페이스X가 도산한다면 우주개발에 관해 이제 막 새롭게 피어오르는 열기도 함께 사그라질 테니까.

스페이스X는 3차 발사 때처럼 이번 발사 행사에도 직원 가족들을 초대했다. 어린이 손님을 위한 메뉴와 크레용을 준비해 두는 몇몇 식당처럼 스페이스X도 아이들에게 한 장짜리 유인물을 나눠주었다. 아이들은 펠컨이나 콰절레인 같은 단어 찾기 게임을 하거나 O나 X를 같은 줄에 세 번 그리면 이기는 삼목두기tic-tac-toe 게임을 할 수도 있었다. 그리고 미션패치mission patch* 그

---

* 우주 비행 임무에 관한 엠블럼을 천에다 수놓은 것으로, 우주비행사나 관련 임무를 수행하는 사람들의 유니폼 등에 부착한다.

림에 색칠을 할 수도 있었다. 이번 패치에는 처음으로 녹색 네 잎 클로버가 두 개 들어갔다. 전에 머스크가 로켓과학자들은 미신을 믿는 집단이라고 말했듯이 그전 발사 때도 미션패치 디자인에는 항상 네 잎 클로버가 들어갔었다. 기거는 팰컨1이 발사된 순간 조용히 기대감이 일던 공장 분위기를 기억했다. "궤도에 도달하기 전까지는 약간 삼가는 분위기였습니다. 하지만 그 뒤에는 열광의 도가니였죠."

머스크가 카페테리아 구역에 들어서자 모두가 조용해졌다. 그는 3분가량 짧게 연설을 했는데, 전형적인 일론 스타일이었다. "오늘은 내 생애 아주 멋진 날 중 하루"라고 그는 말했다.

하지만 언제나 그렇듯 해야 할 일이 남아 있었다. 그날 오후 머스크의 마음은 이미 화성에 가 있었다. "이것은 그저 많은 단계 중 첫 번째일 뿐입니다."

마지막으로 머스크는 "오늘 밤 정말 멋진 파티"가 열릴 거라고 말했다. 그리고 실제로 그랬다.

파티는 직원들이 좋아하는 술집 중 하나인 퍼플오키드에서 이미 시작되었다. 열대식 바와 폴리네시아식으로 꾸민 라운지를 갖춘 이 술집은 엘세군도에 있었는데, 스페이스X의 예전 본사가 있던 이스트 그랜드 애비뉴 1310번지에서 2km도 안 되는 거리였다. 바에서 인터넷 중계를 보여 준 덕분에 몇몇 직원들은 그곳에서 발사를 지켜봤다. 대학원에 진학하느라 1년 전 스페이스X를 떠났던 필 카수프도 이 관전 파티에 참석했다.

스페이스X 베테랑들은 간단한 발사 전통을 만들었다. 만약 성

공하면, 술을 마신다. 반대로 실패하면, 술을 마신다. 2008년 9월 28일 일요일까지 그들은 발사에 성공해서 술을 마신 적이 한 번도 없었다.

마치 은퇴한 야구선수가 자기 자식이 처음 마운드에 선 장면을 보는 것처럼 스페이스X 팀이 콰절레인에서 스위치를 돌리고 버튼을 누를 때마다 카수프는 가만히 있기가 어려웠다. "사실, 볼 수가 없었어요. 지켜보기 힘들었습니다." 3차 발사 실패 후 카수프는 팰컨1이 운이 없을지도 모른다고 걱정했다. 이번에는 뭘까? 비행 소프트웨어의 세미콜론 하나가 잘못됐을까? 카수프는 거기 있는 하드웨어를 속속들이 다 알고 있었다. 팰컨1 꼭대기 근처, 비행 컴퓨터가 로켓을 통제하는 항공전자기기 구역에서 로켓 전체에 신호를 전송하는 인쇄회로기판 일부를 그가 만들었다. 그리고 그것이 정말 날았다.

랫샛과 연결된 2단은 그날 이후로 계속해서 평균 644km 상공 궤도에서 우주를 돌고 있다. 발사된 위성을 추적하는 하버드대학교의 천체물리학자 조너선 맥도웰Jonathan McDowell은 2020년 초 기준으로 랫샛은 겨우 620km 정도까지 하강했을 뿐이며 앞으로 50~100년 동안 궤도에 남아 있을 가능성이 크다고 추정했다. "정말 멋지지 않아요?" 카수프가 물었다. "내가 만들고 피와 땀과 눈물을 쏟아부은 상자가 있는데, 그게 100년 동안 궤도에 있을 거예요. 그 생각을 하면 초현실적인 느낌이 들어요."

늦은 오후가 저녁이 되고 저녁이 밤이 되면서 캘리포니아 파티는 더 커졌다. 일부 직원들은 태번이라는 술집에 갔고 일부는 퍼플오키드로 갔는데, 그 두 곳이 그날 밤 가장 늦게까지 파티가 열린 곳이었다. 술값은 모두 회사가 냈다. 기자회견과 인터뷰를 마친 머스크가 활기 넘치는 파티장 두 곳 모두에 모습을 드러냈다. 그가 각 술집 문을 열고 들어가자 모여 있던 직원들은 열광했다. 머스크의 뛰어난 통솔력으로 그들은 위대한 일을 해냈다. 바로 그 이유로 그들은 머스크를 사랑했다.

"올라간다! 올라간다!"

로버트 숏웰은 이런 소리에 잠에서 깼다. 팰컨1이 우주로 올라가는 그때, 스코틀랜드 호텔 욕실은 물론이고 지구상의 그 어떤 샤워실도 그의 아내가 기쁨에 차서 지르는 소리를 감추지는 못했을 것이다. 로켓이 궤도에 오르자 숏웰은 호텔 방에서 나와 콘퍼런스 참석차 그곳에 머물던 또 다른 팰컨1 동료들을 찾아 복도로 뛰어갔다. 파자마 상의와 요가 바지를 입은 채 그녀는 뛰어가면서 환호성을 지르고 고함을 쳤다. 그 당시 중동과 아시아 쪽 판매를 담당했던 조너선 호펠러Jonathan Hofeller가 방문을 열자 숏웰이 그를 껴안았다. 숏웰과 호펠러, 두어 명의 또 다른 스페이스X 직원들은 호텔 바로 내려갔다. 자정이 지난 시각이었고 바는 문을 닫은 상태였다. 그들은 직원들을 구슬려 바를 다시 열게 하고 샴페인을 주문했다. 샴페인은 미지근했지만 어쨌거나 그들은 축배를 들었다. "끔찍한 맛이었어요." 숏웰이 샴페인에 관해 말했다. "하지만 그날 글래스고의 밤은 정말 멋졌습니다." 콘퍼런스 개막일인 그다음 날, 그녀는 고객들에게 3차 발사의 실패 원인에 관해 설명하기로 예정되어 있었다. "원래는 상심한 고객들에게 3차 발사의 안타까운 결과를 브리핑할 예정이었죠." 그녀

가 회상했다. "하지만 생각을 바꿨어요. 젠장, 4차 발사에 관해 얘기해야겠어, 라고요. 그래서 3차 발사 브리핑은 조금만 하고 곧장 4차 발사 이야기로 넘어갔답니다."

머스크가 아이들을 스페이스마운틴에 데려간 것이 행운의 부적이라고 생각하게 된 것처럼 숏웰도 4차 발사 이후 우주 미신을 하나 만들었는데, 그녀는 그것을 발사 부적이라고 부른다. 최초의 달콤한 성공 이후로 숏웰은 발사하는 날이면 어김없이 '스코틀랜드'라고 쓴 노란 포스트잇을 하이힐 안쪽에 붙였다. "그 방법으로 난 발사 때마다 매번 스코틀랜드에 있는 거죠."

제러미 홀먼은 그날 밤 잠을 이룰 수 없었다. 발사 직후 그는 관제밴에 있던 뮬러에게 전화를 걸었다. 몇 분 후 뮬러는 전 부관이었던 홀먼이 팀원들과 이야기할 수 있게 전화기를 주변으로 전달했다. 그들 중 다수는 지금도 여전히 좋은 친구로 지내고 있다. 그렇다고는 해도 전화기 너머로 배경 음악처럼 들리는 유쾌하고 떠들썩한 소리에 홀먼이 다소 거리감을 느낀 것은 어쩔 수 없었다. 통화를 마치고 동부에 밤이 찾아오자 홀먼은 혼자 남아 생각에 잠겼다.

"그 팀과 그 자리에 함께하지 못했다는 죄책감, 같은 이유에서 오는 약간의 질투, 또 아내와 발사를 함께 보게 된 데 대한 커다란 기쁨 등등 복잡한 감정이 들었습니다. 그건 정말, 내가 더는 스페이스X의 일부가 아니구나, 하는 생각이 든 첫 순간이었어요. 결국은 그것이 슬프기도 하고 괜찮기도 했습니다."

그가 죄책감을 느낄 필요는 없었다. 아이를 갖기 위해 회사를 떠나기 전, 홀먼은 자기가 맡았던 일을 이어 갈 핵심 인물들을 회사에 배치했고 후배들은 4차 발사에 성공하며 멀린 엔진의 유산을 안전하게 지켰다. 그리고 또 하나의 경이로운 소식이 홀먼을 기다리고 있었다. 그 부부는 아직 몰랐지만 불과 몇 주 전에 그들에게 아이가 찾아와 있었다. 홀먼은 제니와 첫 아이를 갖기 위해 스페이스X를 떠났는데, 원하는 대로 이루어진 것이다.

인터넷 중계가 끝난 후에도 홀먼의 친한 친구 중 다수는 콰절레인의 제어반 앞에 그대로 남아 있었다. 그들은 우선 케스트럴 엔진이 재점화하는 것을 보려고 기다렸다. 그다음에는 2단 배터리가 언제 방전되는지 확인하려고 계속 지켜봤다. 2단 배터리는 짝을 이룬 2단과 랫샛이 발사장 상공을 다시 지나면서 콰절레인 지상 관제소가 그 둘을 확인할 때까지 충분히 버텼다.

"한 시간 반 전에 막 발사했던 게 다시 돌아오는 걸 보니 놀라웠습니다." 퀘니히스만이 말했다. "그건 궤도가 뭘 의미하는지 보여 주는 꽤 근사한 예시였죠."

그러고 나니 축하하는 것 말고는 달리 할 일이 남아 있지 않았다. 부자와 퀘니히스만, 나머지 엔지니어들은 작은 관제실의 문을 잠갔다. 발사팀 대부분은 부두로 향했다. 모두 기쁨에 겨워 제정신이 아닌 상태로 열대 태양 아래 미친 듯이 자전거를 몰았다. 페달을 밟으며 그들은 단 한 단어만 외쳤다. 궤도.

그들이 부두에 도착했을 때 마침 페레그린이 메크섬에 있던 직원들을 태우고 들어왔다. 그날 아침 일찍 몇 안 되는 직원들이 오멜렉에서 밸브를 돌리고 안전을 위해 메크섬으로 물러난 다

음, 벙커에서 발사를 지켜봤다. 일부는 벙커를 몰래 빠져나와 자신들의 눈으로 직접 발사 장면을 지켜봤다.

배가 정박하자 무리의 환호는 배가되었다. "그냥 모두가 '궤도'라고 외치기 시작했어요. 외치고 또 외쳤죠." 던이 말했다. "모두가 다시 만나니 정말 기뻤어요. 그리고 당연히, 파티는 거기서부터 시작됐죠. 그 섬의 모두가 스페이스X를 알았고 우리가 뭘 하려고 하는지도 알았어요. 그 전에 힘든 시간을 겪은 것도 알았고, 그래서 우리를 응원하고 있었죠. 그날 밤, 온 섬이 여한 없이 파티를 즐겼던 것 같아요."

그들은 섬에 있는 두 개의 바 중 하나가 있는 베테랑스홀에 모였다. 치녀리는 동료들과 술을 마시면서 이 순간에 도달하기 위해 모두 얼마나 힘들게 일해 왔는지를 떠올리지 않을 수 없었다. "우리가 방금 역사를 만들었다는 생각이 계속 들었어요." 그녀가 말했다.

베테랑스홀에서 맥주 상자를 연거푸 비우는 동안 팀원들은 만감이 교차했다. 안도. 흥분. 경외심. 이 모든 것을 압도하는 것은 3차 발사와 4차 발사 사이에 쉬지 않고 일한 데서 온 완전한 탈진이었다. 어떻게 그랬는지 모르겠지만 가장 어두운 순간, 가장 멀리 떨어진 열대의 전초 기지에서, 마지막 기회만이 그들 앞에 놓여 있을 때, 그들은 힘을 모았다. 모두가 알고 있었다. 그날 밤 술로 슬픔을 달래며 다른 로켓 회사나 학교, 그 밖의 다른 곳으로 흩어지기 전에 마지막 인사를 나누었을 수도 있었다는 것을 말이다. 하지만 그러는 대신 그들은 함께 겪은 경험과 밝은 미래를 위해 건배했다.

"그게, 어쩌면 그 어떤 무엇보다 더, 내가 스페이스X를 사랑한 이유일 겁니다." 던이 말했다. "관제실이건 그 어디건 간에 내 주변과 내 옆에 있는 모두가 이 일을 겪었다는 걸 아니까요. 다들 견딜 수 있는 최대한, 어쩌면 그보다 더 심한 압박을 견디며 모두가 전력을 다해서 이 일을 해낸 겁니다."

그들 대부분은 그날 밤 소란을 피울 정도로 몹시 취했다. 콰절레인에는 자가용이 없어서 시민들은 술을 마시고 운전할 일이 없다. 그런데도 군 경찰은 골프 카트를 타고 섬을 순찰하며 술에 취해 자전거를 탄 사람들에게 교통법규 위반 딱지를 준다. 그날 밤 아주 늦게 스페이스X 팀은 나이가 좀 든 두 사람을 베테랑스 홀에서 내보냈다. 이들은 흥겹게 떠들어 대며 자전거를 타고는 불안하게 휘청거리면서 도로를 따라 환초 바다 반대쪽으로 갔다. 바람잡이 역할을 한 두 사람은 솔티도그와 스페이스맘이었는데, 실은 술을 마시지 않았다. 나머지 스페이스X 팀은 경찰이 미끼를 물기를 기다렸다가 숨죽인 소리로 낄낄거리며 최대한 조용히 환초 바다로 굴러 내려갔다.

그곳에서, 대부분 옷을 벗어 던졌다. 따뜻한 물이 들어오라고 손짓했다.

11

언제나 열한 개
ALWAYS GO TO ELEVEN
2008년 9월~2020년 5월

　6년이라는 시간과 1억 달러라는 돈을 스페이스X에 투자하고 나서 일론 머스크는 마침내 진짜 로켓을 손에 쥐었다. 지금까지 겨우 몇 나라만이 액체연료를 사용한 추진 로켓을 만들었고 궤도로 쏘아 올렸다. 4차 발사의 성공으로 남부 캘리포니아의 저돌적인 신생기업 스페이스X는 국가와 정부가 지원하는 로켓 회사만으로 구성된 배타적인 클럽에 가입했다. 발사 직후 인터뷰에서 머스크는 팰컨1의 빛나는 비행을 "꿈꿔 왔던 일의 정점"이라고 표현했다. 하지만 공장에서 직원들과 함께 축하하고 퍼플오키드에서 그들의 환호를 받으며 왁자지껄하게 놀 때, 머스크는 좋은 꿈을 꾸고 있지 않았다.

　그의 내면은 오히려 악몽 같았다.

　"사실, 그 무렵 내 코르티솔 수치가 임상적으로 높았는데, 그 때문에 축하할 기분을 별로 못 느낀 것 같습니다." 머스크의 말이다. "환희 같은 건 없었어요. 기쁘다기보단 극도로 스트레스를

받은 상태였죠. 마치 겨우 위기를 넘긴 환자 같은 상태였어요. 그
발사로 궤도에 도달한 건, 좋아, 우리가 지금 죽지는 않겠군, 적
어도 좀 더 살겠군, 그 정도 의미였습니다. 난 그냥 안도했을 뿐
이었죠."

   직원들은 상황이 이 정도로 절박했는지 전혀 알지 못했으므로
머스크는 환희의 순간을 망치고 싶지 않았다. 그가 그렇게 걱정
한 데는 마땅한 이유가 있었다. 팰컨1의 성공은 스페이스X라는
브랜드에 정말 필요했던 인증 도장을 찍어 준 셈이었지만 그렇
다고 회사가 당장 쓸 수 있는 수입이 생기는 것은 아니었다. 그전
에 연이어 세 번이나 실패를 거듭하자 그윈 숏웰에게 전화를 걸
어오는 고객도 없었다. 사실상 말레이시아 정부만이 팰컨1에 남
은 유일한 고객이었다. 그러다가 스페이스X가 마침내 궤도에 도
달하자 2008년 가을부터 숏웰의 전화기가 울리기 시작했다. 하
지만 고객들을 위한 로켓이 곧바로 날아오를 수는 없었다. 스페
이스X 공장에는 팰컨1을 만들 재료가 더는 남아 있지 않으며
로켓을 발사해 고객의 위성을 우주로 보내기 전에는 돈을 받지
도 못할 테니 말이다.

   그러는 동안 온갖 종류의 고정 비용을 대느라 현금은 소진되
었다. 회사는 엔진과 로켓 제작에 필요한 장비와 여러 설비에
대한 임대료를 지급해야 했다. 4차 발사 때 급여 지급 대상자는
500명을 넘었고 급여 외에도 의료 지원을 비롯한 여러 일에 돈
이 들어갔다. 8월 초에 기술 벤처 캐피털 회사인 파운더스펀드가
2000만 달러를 투자한 것이 그나마 도움이 되었다. 하지만 네 번
의 비행 끝에 스페이스X의 재정은 대단히 심각한 상태였다.

"우리에겐 훌륭한 직원들이 있었고, 그들의 급여를 책임지는 것은 내 일이었습니다." 숏웰의 말이다. 궤도에 오르든 말든 그해 가을 무렵 돈은 모두 사라지고 없었다. "6주인가 8주 전에 미리 살펴봤는데, 급여를 지급할 돈이 충분치 않을 걸 알았어요."

이 시기에 머스크가 겪었던 일련의 고난은 애슐리 반스가 써서 2015년에 출간한 그의 전기*에 잘 나타나 있다. 팰컨1이 세 번째로 실패한 그해 여름부터 가을까지, 머스크는 수그러들 줄 모르는 부정적인 1면 머리기사와 테슬라의 임종을 지켜본다는 뜻을 담은 '테슬라 데스 워치' 같은 웹사이트, 또 자신의 전남편을 언론에 공개적으로 언급하는 전처 저스틴을 상대해야 했다. 당시 새 연인이었던 영국 배우 탈룰라 라일리는 그가 악몽으로 소리를 지르며 잠에서 깨거나 신체 통증에 시달린 일을 언급하며 머스크가 "그 자체로 죽은 것"처럼 보였다고 표현했다. 그녀는 머스크가 스트레스로 쓰러지거나 심장 마비로 죽지 않을까 걱정했다.

스페이스X가 성공을 거머쥐었음에도 머스크의 두 회사는 파산을 향해 곤두박질쳤다. 그해 가을 머스크에게는 3000만 달러 정도의 현금이 남아 있었다. 친구들은 머스크에게 두 회사 모두를 살릴 수는 없다고 충고하며 스페이스X나 테슬라 중 하나를 택해야 한다고 말했다. 그는 고뇌했다. "자식이 둘 있는 것 같았습니다. 어느 쪽도 죽게 내버려 둘 수가 없었어요." 머스크의 세계관으로는 둘 다 포기할 수 없었다. 테슬라는 인류의 화석연료

* 《일론 머스크, 미래의 설계자》, 애슐리 반스 지음, 안기순 옮김, 김영사, 2015

중독을 치료해서 지구를 기후 위기에서 구하는 데 필요하다. 그리고 스페이스X는 인류를 다행성 종으로 만들어서 대안을 제공할 것이다. 결국 그는 남은 돈을 두 회사에 분배했다.

이렇게 재정이 절망적인 상황에서 스페이스X는 마지막 카드를 하나 쥐고 있었다. 2006년에 NASA는 스페이스X가 결국에는 궤도에 도달할 것이라 확신하며 첫 팰컨1 실패 후에 중요한 자금을 지원했었다. 4차 발사의 카운트다운 시계가 똑딱거리고 있을 때도 숏웰은 NASA의 상업수송서비스Commercial Resupply Services, 즉 CRS 프로그램에 제출할 서류를 마무리하고 있었다. NASA는 이 계약을 통해 국제우주정거장에 있는 우주인들을 계속 먹이고 입히도록 협력할 것을 요청했다. 따라서 그 계약을 따내면 스페이스X는 팰컨9 로켓과 드래건 우주선을 제작해서 음식과 물, 보급품, 과학 실험 장비를 국제우주정거장에 날려 보낼 비용을 마련할 수 있을 터였다. 이것이 스페이스X에 재정적 안정을 가져다줄 유일한 돈주머니였다.

"고객들이 잔뜩 줄 서 있는 상황은 아니었죠." 머스크가 말했다. "말레이시아 고객이 있었지만 그다음 할 일이 줄줄이 있는 건 아니었습니다. CRS 계약을 따내지 않았으면 우린 궤도에 도달하는 데 성공한 다음 파산한 회사로 기록됐을 겁니다."

2006년에 NASA의 COTS 계약을 따낸 후 스페이스X는 그 돈을 유용하게 사용했다. 회사 인력을 늘려 야심 차게 새 프로젝트에 착수한 것이다. 그때까지 어떤 민간기업도 우주선을 발사하고 난 후 그것을 지구로 귀환시킨 적이 없었는데, 스페이스X는 드래건 우주선을 만들어 궤도를 선회하는 NASA 실험실로 수 톤의 화물을 운송한 뒤 다시 귀환시킬 작정이었다. 한 팀이 팰컨1을 마침내 궤도에 올려놓으려 분투하고 있을 때 다른 팀은 카고 드래건^{Cargo Dragon} 우주선과 그것을 싣고 발사할 훨씬 더 큰 팰컨9 로켓을 설계하기 시작했다. 이미 2007년에 회사 직원 대다수는 새 프로그램에 참여하고 있었다.

머스크는 처음부터 팰컨1보다 더 큰 로켓을 만들 생각이 있었다. 하지만 원래 그가 생각했던 로켓은 엔진을 한 개에서 다섯 개로 늘린 비행체, 그러니까 팰컨5였다. 그 정도 크기면 작은 캡슐을 우주로 보내는 데 충분하다고 생각했었다. 그러나 COTS 계약으로 머스크는 더 큰 로켓을 꿈꾸게 되었다. NASA는 매번 발사 때마다 몇 톤에 이르는 식품과 보급품, 여러 장비를 우주로 보낼 수 있어야 한다고 명확히 밝히고 스페이스X에 더 큰 우주선을 요구했다. 그 말은 스페이스X가 그것을 궤도로 올려보낼 수 있을 만큼 더 우람한 로켓이 필요하다는 뜻이었다. 이것이 결국 팰컨9으로 이어졌다.

추진팀은 수년간 단 한 개의 멀린 엔진을 안정적으로 점화해 발사하려고 분투했다. 그런데 이제 신경 써야 할 엔진이 아홉 개가 됐다. 뮬러와 추진팀은 이 엔진들을 안전하게 한데 묶을 방법을 알아내야 했다. 엔진끼리 얼마나 떨어져 있어야 비행 중 엔진 한 개에 문제가 생기더라도 다른 엔진에 불이 붙지 않을 것인가? 처음 이 문제를 맞닥뜨렸을 때 머스크는 그냥 기존 엔진을 더 크고 더 강력한 버전으로 개발하고 '멀린2'라고 부르는 편이 더 간단할 것으로 생각했다. 그러면 로켓 한 대에 엔진을 그렇게 많이 밀집시키고 통제해야 하는 문제를 피할 수 있을 테니까. 하지만 당시 스페이스X는 그런 엔진을 개발하는 데 들어갈 시간과 돈을 감당할 수 없었다. 따라서 그 계획은 엔진 개수를 늘리는 쪽으로 변경되었다. "힘들 거라고 예상했었습니다." 로켓 하나에 아홉 개의 엔진을 다는 계획에 대해 뮬러가 이야기했다. "하지만 우리에겐 선택의 여지가 없었어요."

2007년 6월, 스페이스X는 팰컨9 로켓의 첫 연료탱크를 제작해 맥그레거 시험장으로 실어 날랐다. 그곳에서 엔지니어들은 10여 년 전에 앤디 빌이 지은 엄청나게 커다란 삼각대를 처음으로 사용했다. 그해 11월에 그들은 엔진 하나를 부착하고 시험 점화했다. 이듬해 3월에는 엔진 세 개를 점화했다. 뮬러와 홀먼, 부자와 동료들이 여러 개의 멀린 엔진을 팰컨9 로켓에 고정했을 때, 그동안 팰컨1에 적합한 멀린1A와 멀린1C 엔진을 만들고자 기울였던 모든 노력에 보상을 받았다. 결함이 대부분 해소되었다. 물론 다뤄야 할 문제가 더 있었지만 그들은 이미 멀린1C 엔진을 잘 파악하고 있었다.

2008년 여름, 부자와 팰컨1 발사팀이 오멜렉에서 세 번째와 네 번째 발사를 준비할 때 맥그레거에 있던 또 다른 팀은 엔진 아홉 개를 모두 갖춘 팰컨9 로켓을 처음으로 작동시켰다. 첫 시험은 겨우 몇 초간 진행되었다. 더 큰 시험은 그해 가을, 11월에 설계연소시간연소시험으로 진행됐다. 팰컨9 로켓이 삼각대에 안전하게 고정된 상태에서 멀린 엔진들은 178초 동안 연소했고 엔지니어들은 실제 1단 로켓의 우주 비행을 모의시험 했다. 부자는 콘크리트 요새 안에서 지켜보았다. 두 달 전에 팰컨1을 처음으로

궤도에 보냈는데, 이제는 열 배 더 강력한 로켓이 삼각대를 뒤흔
들며 텍사스의 밤을 환하게 밝히고 있었다. "당시 그 로켓은 내
가 본 것 중 가장 강력한 것이었습니다." 부자가 말했다.

팰컨9 로켓이 탄생했다.

팰컨1과 팰컨9 작업이 없을 때, 뮬러는 드래건 우주선의 추진
엔진을 설계하는 팀을 이끌었다. 그는 새 엔지니어 데이비드 기
거를 선임해서 새로운 캡슐 추진체를 이끌도록 했다. 드래건은
국제우주정거장에 도킹하기 위해 우주에서 자동으로 비행을 제
어하고 태평양으로 안전하게 착수着水하는 등 방향을 자유자재로
통제할 수 있어야 했다. 2006년, 기거와 소수 엔지니어로 구성된
팀은 현대적인 우주캡슐이란 어떤 모습이어야 할까, 하는 문제
를 완전히 처음부터 생각하기 시작했다. "회사 사람 대부분이 팰
컨1에 매달려 있었고 드래건은 일종의 부수적인 사업이었습니
다." 기거가 말했다. "토요일에 일론과 다섯 명 정도의 소수 인원
이 모여 회의를 했던 기억이 납니다. 우리는 그냥 드래건의 몇 가
지 고차원적 개념을 궁리했었죠."

스페이스X는 NASA에서 약간의 도움을 받았다. NASA의 작은
엔지니어 팀이 스페이스X와 COTS 계약의 또 다른 당사자인 오
비탈사이언스를 도와서 우주선 설계를 검토하고 잠재적 문제를
찾아내도록 했다. 한동안 NASA 관계자들은 이 프로그램이 국제
우주정거장에 물자를 공급하는 차선책일 뿐이라고 생각했다. 실
제로도 NASA 내에서 우선순위가 떨어지는 사업이었다. 그러나
2008년, 상황이 달라졌다. 조지 부시 대통령이 우주왕복선이 퇴

역할 때가 됐다고 결정함에 따라 국제우주정거장에 물자를 공급하려는 NASA의 계획에 커다란 구멍이 생긴 것이다. 차선책이 중요해지며 주목을 받게 되었다.

그리하여 NASA는 물자 공급 임무를 실제로 수행하기 위해 계약 체결에 속도를 냈다. 스페이스X는 드래건으로, 오비탈사이언스는 시그너스Cygnus 비행체로 각각 COTS 개발 계약을 따내긴 했지만 NASA는 그 프로그램의 운영 단계에 필요한 업체 선정 요건을 마련해 두지 않은 상태였다. 그래서 CRS 프로그램이라는 공개경쟁을 시작했고 그 결과로 하나 또는 두 개의 업체를 선정해 일정한 수의 공급 임무를 수행하는 대가로 각 10억 달러라는 비용을 지급하기로 했다.

그해 여름까지도 스페이스X는 승리를 장담할 수 없었다. 2006년의 COTS 수주에도 불구하고 숏웰의 업계 동료 대부분은 스페이스X가 대형 궤도 로켓을 만드는 데 실패할 것으로 예상했다. 게다가 팰컨1이 2차와 3차 발사에서 실패하자 그런 생각은 더욱 굳어졌다. 그래도 그 이전 2년간 스페이스X와 긴밀하게 일했던 마이크 호커척Mike Horkachuck 같은 소수의 NASA 엔지니어들은 스페이스X를 믿었다. 그러나 입찰 경쟁이 달아올랐을 때는 스페이스X를 믿지 않는 사람들 다수가 NASA와 국회의사당에 남아 있었다.

"NASA는 우리와 2년간 일했고, 나는 그들이 우리에게 꽤 만족했다고 생각합니다." 숏웰이 말했다. "하지만 그들이라고 왜 걱정이 없었겠어요. NASA는 그 당시 우리 소프트웨어를 가장 못 미더워했는데, 3차 발사 실패는 그런 우려를 더는 데 별다른 도움이 되지 않았겠죠."

그러나 여름이 가을로 접어들면서 스페이스X가 성과를 내기 시작했다. 4차 발사로 궤도에 도달한 것이다. 게다가 11월에는 추진팀이 텍사스에서 팰컨9의 설계연소시간연소시험을 수행했다. 갑자기, 스페이스X가 미더워 보였다.

하지만 머스크는 불경기에 개인 자산이 고갈되면서 절박해진 회사의 재정 상황이 NASA에 어떻게 보일지 불안했다. 또 NASA가 둘이 아니라 단 하나의 업체와 계약하기로 할까 봐 걱정했다. 그렇게 한다면 스페이스X가 제외될 가능성이 컸다. 오비탈사이언스의 상업우주운송 부문 새 선임부사장 프랭크 컬버트슨Frank Culbertson은 NASA와 긴밀한 관계를 맺고 있었다. 전직 우주비행사였던 컬버트슨은 세 번의 우주 비행 후에 NASA에서 경영 업무를 맡아 했고, 각종 선정 업무를 하는 기관 관계자들과 밀접한 관계를 유지하고 있었다. 오비탈의 본사는 버지니아주 덜레스에 있었는데도 그해 가을에 컬버트슨은 워싱턴 D.C.에 있는 NASA의 핵심 정책 결정권자 사무실에 빈번히 드나들었다.

2008년 12월 22일 월요일 아침, 마침내 답변이 왔다.

"내 휴대전화로 갑자기 전화가 왔어요. 크리스마스 직전이었습니다." 머스크가 말했다. NASA의 유인 우주 비행 책임자 빌 게르스텐마이어Bill Gerstenmaier가 전화 회의를 주도했다. 국제우주정거장 프로그램 수장인 마이클 서프레디니Michael Suffredini도 전화 회의에 참석했다. 그들은 흥분한 목소리로 스페이스X가 계약을 따냈다고 말했다. 머스크는 믿을 수가 없었다. 그가 두 사람에게 말했다. "사랑합니다, NASA. 당신들 정말 끝내주네요." 전화 회의를 마친 머스크는 NASA가 어떤 계약 조건을 제시하든 즉시 서명하라고 숏웰에게 당부했다. NASA가 계약을 취소할지도 모른다는 두려운 생각이 계속 들었기 때문이다. 이틀 후인 크리스마스이브 저녁 6시, 자금이 바닥났던 자동차 회사 테슬라는 자금 조달 협의를 마무리해 향후 6개월간 자금을 지원받게 되었다. 죽음을 목전에 둔 것만 같았던 머스크의 두 회사가 일거에 구제되었다.

"눈가리개를 한 채로 총살형 집행대에 끌려간 느낌이었습니다." 머스크가 말했다. "그런 다음 찰칵 소리가 났고 집행관들이 총을 발사했어요. 총알은 나오지 않았습니다. 그러고 나선 풀어준 거죠. 분명 기분이 좋아요. 하지만 꽤나 긴장됩니다." 숏웰에게는 CRS 수주가 엄청난 승리였다. COTS 계약에 이어 CRS까지, 그녀는 정부 계약을 두 차례 따냈다. 그것은 작은 신생기업에서 성숙한 기업으로, 수십 명에서 수백 명의 직원을 둔 회사로, 단순한 팰컨1에서 세계적 수준의 강력한 로켓을 만드는 회사로 스페이스X를 끌어올렸다. NASA는 자금을 내놓았고, 수십 명의 구혼자 중에서 숏웰이 그것을 집에 가져왔다. 그녀가 스페이스X를 구했다.

그 가을에 머스크는 당연히 숏웰에게 승진을 제안했다. 2년 전에 머스크는 회사의 첫 사장을 관행적인 방식으로 채용했었다. 당시 항공우주업계의 노련한 리더 짐 메이저를 선택했었지만 그 실험은 실패로 돌아갔다. 머스크는 어쩌면 적임자가 이미 자기 곁에 있었던 건지도 모른다고 생각했다. 그는 숏웰에게 사업개발이나 법률 관련 업무 이상의 일을 해 볼 생각이 있는지 물었다.

그해 12월, 숏웰은 스페이스X의 사장이 되었다.

"멋진 한 해였어요." 그녀가 말했다. "나는 2008년을 아주 좋게 생각해요. 일론은 2008년을 그의 인생에서 아주 끔찍했던 해로 기억하죠. 하지만 난 아니에요."

팰컨1 발사팀은 2009년 여름에 콰절레인으로 돌아가 그 로켓의 첫 번째 전용 상업 탑재물을 쏘아 올렸다. 말레이시아 고객은 6년이라는 시간과 세 번의 실패 과정 내내 스페이스X 곁에 있었다. 그리고 이제 180kg의 지구 관측 비행체가 로켓에 탑승하게 되었다.

발사는 7월 14일 오후에 아무 문제 없이 진행되었다. 스페이스X는 로저 칼슨Roger Carlson을 콰절레인 발사 책임자로 고용했다. 그는 노스럽그러먼 출신으로, 허블우주망원경의 뒤를 이을 제임스웹우주망원경을 연구했던 물리학자다. 발사 후에 팀 부자는 오멜렉섬 한쪽 끝에 서서 회사의 미래에 관해 칼슨과 이야기했다. 부자와 20여 명의 엔지니어, 기술자 들이 이곳에 와서 아무것도 없던 상태에서 발사장을 건설한 지 4년이 지났다.

"로저, 이제 이 섬은 당신 차지예요." 부자가 발사장 신임 책임자에게 말했다. "나는 팰컨9 때문에 플로리다로 갈 겁니다. 당신은 여기서 계속 팰컨을 발사해요."

한동안 정말 그렇게 될 것 같았다. 2009년 9월 초, 스페이스X는 미국 통신 회사 오브컴ORBCOMM의 위성 열여덟 대를 발사하기로 계약했다고 발표했다. 이 프로그램에는 팰컨1e라고 불리는 더 큰 1단 로켓과 업그레이드된 멀린 엔진을 장착한 기존 로켓의 개량 제품을 여러 번 발사하는 일이 포함돼 있었다. 수년 만에 팰컨1의 첫 번째 신규 계약을 한 것, 그것도 다수의 발사 계약은 좋은 조짐이었다.

그러나 불과 몇 주 뒤에 모든 것이 변했다. 머스크가 팰컨1 팀 회의를 소집하더니 거두절미하고 그 로켓은 이미 마지막 비행을 마쳤다고 말했다.

"팰컨1 비행을 위해 일했던 우리에게 그건 가혹한 처사였어요." 치너리가 말했다. "우리는 그 프로그램을 완성하려고 엄청난 노력과 시간을 쏟았습니다. 애석했지만 어쩔 수 없었죠. 그렇게 나아가는 게 전형적인 일론 방식이었어요. 그는 자기가 원하는 것에 아주 집중하는 사람이에요. 팰컨1은 궤도에 도달하는 방법을 배우는 것 이상으로는 계획에 없었던 거죠."

다행히 초반 충격에서 벗어나자 팰컨1 팀은 머스크의 결정이 현명했음을 인정했다. 팰컨1e를 개발, 시험, 제작하는 데 시간을 쓸 필요가 없었으므로 업무가 줄어들었다. 그 대신 남은 시간에 그들은 미래를 표방하는 팰컨9과 드래건에 집중할 수 있었다. 그리고 오브컴의 위성들은 결국 더 큰 로켓인 팰컨9에 실려 우주로 날아가게 됐으므로 모든 게 성공적이었다. 오멜렉섬에는 소수의 스페이스X 직원들이 2009년 말까지 남아서 발사장을 정리했다. 모든 것을 제거해야 했다. 군은 콘크리트를 골프공보다 작게 조각내야 한다는 지침을 내렸다. 곧 자연과 코코넛게가 그 작은 섬을 되찾았다.

그런데 군은 스페이스X가 팰컨1 사업을 갑작스럽게 종료한 결정에 대해 어떻게 생각했을까? DARPA는 빠르고 재사용 가능한 발사체를 개발하려는 자체 팰컨 프로그램을 통해 스페이스X의 초기 발사에 한두 차례 자금을 지원했으며 기술 개발 보조금도 지급했다. 결국 팰컨1은 군 프로그램의 지원을 받아 궤도에 실제로 다다른 유일한 소규모 비행체가 되었다. 이후 10년이 지나도록 공군은 여전히 대체재를 찾지 못했다. 그러니 팰컨1을 폐기한 일 때문에 군이 스페이스X와 머스크를 경계하게 되지는 않았을까?

"나는 그게 문제라고 생각하지 않았습니다." 스페이스X가 발전하던 기간에 팰컨 프로그램 담당자로 일했고 나중에는 DARPA를 이끌게 된 스티브 워커가 말했다. "그들은 팰컨9에 집중하기로 했고, 그 결정은 군사용 우주 활동을 더 나은 방향으로 바꾸었습니다. 스페이스X는 이전에 미국 정부가 지급하던 비용의 4분의 1 가격으로 값비싼 군사 위성들을 발사하고 있어요. 우리가 팰컨1을 지원해서 본전을 뽑았다고 할 수 있죠."

핵심 요원들이 콰절레인에서 활동을 마무리하는 동안 스페이스X 직원 대부분은 플로리다주 케이프커내버럴 공군기지에서 새 활동을 시작했다. 서부 해안의 공군 발사 시설을 포기한 지 채 4년도 되지 않아서 스페이스X는 팰컨9을 발사할 장소로 동부 해안의 역사적 부지를 임대했다. 그리고 예전에 타이탄 로켓을 발사했던 거의 50년 된 발사대를 다시 손보았다.

NASA와 공군, 그 밖의 관계자들이 새 로켓의 기술적인 면을 장기간 검토한 뒤에 스페이스X는 2010년 봄에 일련의 지상연소 시험을 진행했다. 마침내 회사는 로켓 발사 날짜를 받았다. 6월

4일이었다. 팰컨1이 성공적으로 궤도에 오른 지 2년도 되지 않아서 스페이스X는 최신 추진 로켓을 발사대에 세웠다. 그 크기는 팰컨1을 압도했다. 팰컨1은 높이가 20m, 무게가 약 27t이었다. 팰컨9은 높이가 48m에 달했고 완전히 충전했을 때 무게는 무려 333t이었다. 팰컨1이 아장아장 걷는 어린아이였다면 팰컨9은 샤킬 오닐*이었다.

원래 스페이스X는 팰컨9을 6월 2일에 재단장한 발사대로 옮겼다. 그런데 그다음 날, 플로리다의 해풍이 몰고 온 전형적인 폭풍이 대서양에서 불어닥쳤고 외부에 있던 로켓은 폭우에 흠뻑 젖었다. 천둥과 번개를 동반한 폭우가 물러간 후 발사 관제관이 2단 로켓에서 비정상적인 무선 주파수 신호를 감지했다. 그래서 그날 저녁에 부자, 머스크, 알탄이 현장에 있던 발사 엔지니어들과 함께 문제를 바로잡으러 발사대로 갔다. 발사하려고 수직으로 세워 둔 로켓을 검사하기 위해 수평 위치로 낮추었다. 오멜렉 섬의 팰컨1이었다면 꼬박 하루가 걸렸겠지만 이제는 그때의 스페이스X가 아니었다. 그들은 팰컨9 발사 받침대를 설계할 때 예전에 배운 교훈을 적용했다.

발사대에 도착하자 머스크는 알탄에게 로켓 2단 외부, 원격 측정 안테나가 있는 곳으로 올라가라고 지시했다. 알탄은 오멜렉에서 고소작업대 리프트를 타고 꽤 자주 이런 일을 했었는데, 여기서 다시 팰컨 로켓을 만나기 위해 올라가야 했다. 덮개를 벗긴 알탄은 물이 침투한 게 문제임을 확인했다. 잠깐의 작전 회의 끝

---

* 미국 프로 농구(NBA)의 전설적인 스타 선수.

에 그들은 안테나를 헤어드라이어로 말려 보기로 했다. 사다리 위에서 안테나가 최대한 말랐다는 생각이 들 때까지, 알탄은 드라이어를 앞뒤로 움직였다. 그러는 내내 머스크와 아마도 열다섯에서 스무 명쯤 되는 사람들이 아래에서 그를 지켜봤다.

"사람들이 전부 쳐다보고 있었어요." 알탄이 말했다. "일론은 아무 간섭도, 어떤 말도 하지 않았고, 그냥 내가 알아서 하도록 내버려 뒀습니다. 그걸 열고, 바람을 쐬어서 말리고, 다음날 발사에 견디도록 실리콘 밀폐제로 밀봉하는 일이었죠."

알탄이 작업을 마무리하고 사다리에서 내려오자 머스크가 다가왔다. "내일 비행하는 데 그거면 충분할까?" 그가 물었다.

"잘 될 겁니다." 알탄이 대답했다.

머스크는 알탄이 압박감을 느껴 상사가 듣고 싶어 하는 대답을 한 것인지 아니면 진심인지를 판단하려는 듯 날카로운 눈빛으로 그를 뚫어지게 쳐다보았다. 머스크는 자신이 본 것이 마음에 든 게 분명했다. 간단하게 "오케이"라고 대답했으니 말이다.

그때쯤 시간이 꽤 늦어졌다. 길고 중요한 날을 앞두고 숙면에 대한 희망은 사라졌다. 새벽 3시쯤에 부자는 렌터카에 머스크를 태우고 호텔로 돌아갔다. 부자가 커내버럴곶을 따라 길게 운전하는 동안 머스크는 줄곧 질문을 퍼부어 댔다. 곧 있을 발사 시도에 관한 내용은 아니었다. 2006년에 팰컨1을 처음 발사할 때 그의 마음이 이리저리 헤맨 것과 마찬가지로 머스크는 그다음에 할 일을 앞서 바라보고 있었다. 그는 부자에게 팰컨헤비에 관해, 또 팰컨9 로켓의 1단 회수에 관해 물었다. 암, 그래야 일론이지, 부자는 그날 아침에 졸면서 생각했다.

발사는 거의 완벽했다. 시험 비행의 주된 목표는 발사대 손상을 피하는 것이었고, 두 번째 희망 사항은 궤도에 도달하는 것이었다. 로켓이 그 정도로 멀리 갈 수 있다면, 적도 상공 35° 궤도에 오를 수 있다면 얼마나 기쁠까, 하고 그들은 바랐다. 로켓은 그 이상을 해냈다. 2단 로켓이 신생 로켓치고는 굉장히 정확하게 34.994°로 궤도에 진입했다. 검증되지 않은 로켓이 굉음을 내며 발사대에서 수백 킬로미터를 날아올랐고, 음속 몇 배 이상의 속도에 도달했으며, 목표 궤도를 단 0.006° 빗나갔다.

그날 밤에 스페이스X는 대서양으로 250m 뻗어 나간 코코아 비치 부두에서 파티를 열었다. 8년간 회사는 로켓들을 궤도에 올리려 고군분투하고 거의 몇 차례나 죽을 고비를 넘기며 수지를 맞추려고 필사적으로 노력했다.

일론 머스크와 어느덧 상당히 늘어난 스페이스X 직원들에게 그런 실패는 이제 과거의 일이었다.

머리 위로는 하늘로 날아오른 그들의 로켓이 별들 사이에 있었다.

아래로는 파도가 부두에 부딪혔다.

그리고 스페이스X 팀과 그들이 사랑하는 회사 앞에는 눈부시게 밝은 미래가 펼쳐져 있었다.

2010년 여름, 플로리다에서 팰컨9을 처음 발사하기 몇 달 전에 토머스 취르뷔헨Thomas Zurbuchen은 그 발사의 성공 여부를 놓고 친구들과 몇 건의 내기를 했다. 그의 친구들은 록히드마틴과 보잉이라는 업계 주요 기업의 전통이 없는 이 건방진 회사가 실패한다는 쪽에 기꺼이 걸었다. 스페이스X가 네 번의 시도 끝에 허접한 로켓 하나를 우주로 보냈을지는 몰라도 아직 거물들과 놀 준비는 되지 않았다고 평론가들은 말했다.

취르뷔헨은 그들이 모르는 사실을 알고 있었다. 스위스 태생 과학자인 그는 이 분야에 정평이 난 미시간대학교 우주공학대학원 프로그램을 설립하고 운영하는 데 힘을 보탠 인물이었다. 2010년 봄에 항공우주 전문지 《에비에이션 위크Aviation Week》가 취르뷔헨에게 인재 개발에 관한 글을 써달라고 요청했다. 이에 따라 취르뷔헨은 지난 10년간 학업, 통솔력, 기업가적 성취 등을 근거로 자신의 최고 학생 열 명의 목록을 만들고, 그들이 어디에서 일하게 됐는지 조사했다. 놀랍게도 그들 중 절반이 업계를 선도하는 회사가 아니라 스페이스X에서 일하고 있었다. 그는 어안이 벙벙했다.

"그때는 스페이스X가 성공하기 전이었습니다." 2016년에 NASA의 과학 탐사 책임자가 된 취르뷔헨이 말했다. "그래서 나는 옛 제자였던 그 친구들을 인터뷰했죠. 왜 그 회사에 갔는가? 그들이 스페이스X에 간 것은 믿음 때문이었습니다. 그들 중 다수가 연봉이 줄어들었어요. 하지만 그들은 사명을 믿었죠."

취르뷔헨은 그 기사에 스페이스X가 인재 전쟁에서 성공을 거둔 비결에 관해 썼다. 그는 먼저 "팰컨9이 단박에 성공할 거라고 내기를 걸었지만 약간 불안했다"고 썼다. "그러나 장기적으로 보면 인재가 경험을, 기업가적 문화가 전통을 이긴다." 현대 항공우주업계에서는 너무나 자주 관료주의와 규칙, 실패에 대한 병적인 공포가 직장을 "타락시킨다"고 그는 덧붙였다.

팰컨9의 첫 비행 두 달 후에 출판된 이 기사는 머스크의 관심을 끌었다. 그는 기사를 모든 직원과 공유했다. 그리고 자기들이 업계에서 최고이고, 가장 똑똑한 사람들이며, 사람들이 이제 그 사실을 알아보기 시작했다고 말했다. 머스크는 취르뷔헨을 스페이스X 공장 탐방에 초대했다. 그가 방문하자 머스크는 감사를 표했고, 회사를 의심하는 많은 사람에 대해 논했다. 그런 다음 머스크는 갑자기 취르뷔헨에게 그 특유의 인상적인 시선을 보냈다. 의례적이고 사교적인 이야기가 끝난 것이었다. 머스크는 단하나의 질문을 던졌다. 나머지 다섯 학생은 누구였습니까?

"그게 그날 행사의 진짜 목적이었다는 걸 알아차렸죠." 취르뷔헨이 말했다. "그 행사는 나를 위한 게 아니었어요. 그는 나머지 다섯 명을 원했습니다."

모두가 《에비에이션 위크》의 기사를 환영한 것은 아니었다. 취르뷔헨은 그 기사가 나간 후에 몇 통의 전화를 받았는데, 다들 그가 스페이스X를 신봉하는 젠체하는 학자가 틀림없다는 말을 미묘하면서도 노골적으로 드러내는 내용이었다. 그는 복도에서 마주친 성난 동료와 회의장에서 그가 발사산업을 모른다고 면박들었던 일들을 떠올렸다. 그러나 취르뷔헨은 자신의 결론을 고수했다. 매사추세츠공과대학교나 서던캘리포니아대학교 같은 곳에서 공학자 동료들을 만나 이야기 나누어 보니 그들도 자기와 비슷한 생각을 하고 있었다. 스페이스X는 그곳 학생들에게도 영향을 미쳤다. 영감을 주는 비전, 혁신을 꿈꿀 자유, 빠르게 나아갈 수 있는 재원이 그 나라 최고의 엔지니어들을 스페이스X로 불러 모은 것이었다.

경쟁자들도 스페이스X의 성공에 주목하기 시작했다. 사실, 팰컨1은 오비탈사이언스와 페가수스 로켓 정도나 위협했을 뿐, 미국의 대다수 항공우주 회사들에는 사소한 골칫거리 정도였다. 그러나 팰컨9은 이 업계 실세를 향한 본격적인 도전이었다.

보잉과 록히드의 합작 회사 ULA는 미국의 국가 방위 발사 계약을 독점했다. 그리고 보잉, 록히드마틴, 노스럽그러먼, 에어로젯로켓다인Aerojet Rocketdyne, ATK에어로스페이스ATK Aerospace 같은 소수의 거대 항공우주 회사들은 NASA를 포함한 각종 국가 계약 중 나머지 발사 사업 대부분을 나눠 가져갔다. 이들 중 누구도 새로운 경쟁자, 특히 파괴적 잠재력을 가진 경쟁자를 환영하지 않았다. 그래서 그들은 정치인들을 부추기기 시작했다. 이 업체들이 현상 유지에 기득권을 가지고 있는 것과 마찬가지로 앨라배마, 플로리다, 텍사스, 유타, 그 밖에 항공우주 관련 일자리가 유난히 많은 몇몇 다른 주의 정치인들 역시 그러했다.

스페이스X가 날아오른 순간은 마침 우주 정책 역사에서 중요한 시기였다. 2010년에 백악관과 의회 사이에서 유인 우주 비행의 미래를 두고 격전이 벌어졌다. 우주왕복선의 마지막 비행이 2011년 중반으로 정해진 가운데 이 우주선은 이제 퇴역할 때가 됐다는 데 모두 동의했다. 우주왕복선 프로그램으로 큰 계약을 맺고 있던 거대 항공우주 회사들은 유사하게 수익성 높은 계약을 계속해서 따내기 위해 의회를 부추겨 새로운 정부 우주선과 로켓을 제작하도록 하는 계획을 고안하게 했다. 하지만 오바마 정부는 그런 값비싼 프로그램에 지원을 제한하고, 그 대신 스페이스X 같은 신출 기업들이 정말로 우주 비행 비용을 낮출 수 있는지 확인하고자 그들에게 기회를 주려고 했다. 팰컨9의 첫 발사는 당시 버락 오바마 대통령의 우주 정책에 관한 일종의 국민 투표와 비슷한 역할을 했다. 그 로켓이 실패한다면 상업 우주 분야는 아직 기술과 경험이 부족하여 본 무대에 설 준비가 되지 않았다는 부정론자들의 견해가 정당성을 얻을 터였다.

"스페이스X의 발사 결과에 따라 내 명성뿐 아니라 오바마 행정부의 우주 정책이 성공이냐 실패냐 하는 평가가 대체로 결정될 거라는 사실을 잘 알고 있었습니다." 그 당시 NASA의 부국장이자 오바마의 핵심 우주 보좌관이었던 로리 가버Lori Garver의 말이다.

사람들은 신형 국산 로켓이 미국 함대에 추가되는 것을 국회의원들이 당연히 환영하겠거니 생각할 것이다. 그 당시 미국의 군사 자산 대부분은 아틀라스5 로켓으로 발사되었는데, 이 로켓은 러시아산 엔진으로 작동했다. 그러나 기존 항공우주 실세들과 손잡은 정치인들은 신형 국산 로켓에 관해 아무런 반응도 보이지 않았다. 텍사스주 출신 어느 원로 상원의원은 "겨우 이 정도로 성공하는 데도 예정보다 1년 더 걸렸습니다. 다른 민간 우주 기업의 프로젝트 마감 기한 역시 계속 지연되고 있어요."라고 말했다. 그의 출신 주에 스페이스X가 대규모 맥그레거 시험 시설을 설립했다는 점을 생각할 때, 이런 미적지근한 반응은 참으로 놀랍다.

NASA의 고위직 인사 대부분도 팰컨9의 상승을 신중하게 지켜보았다. 발사 비용 절감을 NASA의 차기 핵심 과제로 보았던 가버와 몇몇 지지자들 외에는 우주 프로그램 일부를 민영화하려는 오바마 행정부에 적대감을 품고 있었다. 이들 정책 결정자 중에는 진심으로 스페이스X가 너무 무모하고 그 방식이 위험하다고 생각하는 사람도 있었다. 그러나 NASA 고위 관리들이 스페이스X를 견제하는 현실적인 이유는 그들 대다수가 기존의 항공우주 회사들과 연관되어 있었기 때문이다. 지금처럼 그때도 NASA 고위 관리들은 NASA와 거대 기업들 사이를 자주 오갔다. 이런 회전문 인사로 항공우주산업은 NASA가 택하는 방향에 일종의 통제권을 유지할 수 있었고, 기존 질서를 뒤흔들려는 스페이스X 같은 기업들에는 회의적 태도를 보였다.

그러나 기존 질서를 뒤흔들어야만 한다면 스페이스X는 그렇게 할 것이다. 팰컨9 다음 차례는 카고드래건 우주선이었다. 팰컨9은 첫 발사 6개월 만에 두 번째 발사로 카고드래건을 우주로 밀어 올리는 데 성공했다. 스페이스X는 영국의 희극 그룹 몬티 파이선의 전설적 촌극 〈치즈 가게〉에 대한 존경의 표시로, 드래건에 브뤼에르 치즈 한 덩이를 실어 운반했다. 스페이스X가 처음으로 궤도에 올린 탑재물이 쥐 캐릭터가 들어간 랫샛이고, 첫 드래건 우주선이 실어나른 것은 치즈라는 걸 생각하면 재미있다. 드래건은 발사 세 시간 후 태평양에 안전하게 착수했다. 기발한 탑재물은 그렇다 치더라도, 이전에 그 어떤 민간 회사도 우주선을 날려 보내고 다시 회수한 적이 없었다. 그 후 2012년 5월, 드래건은 처음으로 국제우주정거장에 도킹했다. 그리고 스무 차례의 우주 화물 운송 임무에 성공했다.

부스터 로켓을 재사용하는 것은 처음부터 머스크의 계획에 들어 있었다. 그래서 팰컨1을 발사할 때마다 스페이스X는 1단 꼭대기에 낙하산을 달았고 발사 후에 직원을 배에 태워 보내서 바다에서 비행 하드웨어를 회수하려 했다. 2006년 팰컨 '회수팀'은 구조 엔지니어 제프 리치치와 그레이트브릿지라는 이름의 25m 군용 선박으로 구성되어 있었다.

느림보 그레이트브릿지는 스페이스X가 1단 로켓이 물에 떨어질 것으로 계산한 지점에서 약 16km 떨어진 곳에 대기하고 있다가 1차 발사를 확인한 후 즉시 착수 예상 구역으로 천천히 움직이기 시작했다. 해상 통신을 이용하고 있었던 탓에 선원들은 그날 회수할 로켓이 없다는 사실을 즉각 알지 못했다.

발사 전에 스페이스X는 상업 선박 공보를 통해 로켓 발사로 영향을 미칠 수 있는 지역을 발표했다. 그레이트브릿지가 착수 예상 지점에 도착했을 때 리치치는 놀랍게도 고기잡이를 하는 것으로 추정되는 중국 선박을 발견했다. 아무래도 우연의 일치 그 이상으로 보였다.

"고기잡이가 가능한 수백 킬로미터의 망망대해에서 그 어선은 정확히 착수 지점에, 그것도 착수 시간 두 시간 내에 있었습니다." 그가 말했다. "물론 그건 그 시간에 낙하산을 단 로켓 1단이 그곳에 떨어질 예정이었다는 사실과는 아무 상관이 없었을 거라 믿어야겠죠."

스페이스X는 낙하산을 펼치고 하강하는 로켓 1단을 회수할 가능성이 없다는 것을 나중에 깨닫게 되었다. 초음속의 속도로 대기권에 재진입하면 낙하산은 펼쳐지기도 전에 전소될 것이다. 그러나 그 당시 리치치는 어떻게든 1단을 회수해야 한다는 압박을 느꼈다. 그것은 사실상 거의 불가능한 임무였다. 발사 후 24km 이상 떨어진 지점에서 흰 파도 가득한 바다로 떨어지는 시내버스 크기의 흰색 물체를 찾아 하늘과 바다를 살펴야 했으니 말이다. 그런 줄도 모르고 2차 발사 때 리치치는 그레이트브릿지 선원들에게 한 가지 실수를 저질렀는데, 1단을 제일 먼저 찾아내는 사람에게 성과급으로 100달러를 주겠다고 말한 것이었다. 그날은 1~2분마다 계속 누군가가 엉뚱한 것을 보고는 1단을 발견했다며 소리쳤다.

"다들 잘못 본 것을 계속 외쳐댔죠." 리치치가 말했다. "우리는 1단 유령을 쫓아 지그재그로 사방을 움직였어요. 내가 내놓은 끔찍한 아이디어였죠. 다시는 그런 바보 같은 수작을 부리지 않았습니다."

1단을 회수하겠다는 헛된 희망으로 낙하산을 설치해서 팰컨1에 값비싼 중량을 얹은 것만 봐도 로켓을 재사용하겠다는 머스크의 의지를 확인할 수 있다. 그가 재사용을 고집한 근거는 간단하다. 만일 항공사가 대륙 횡단 비행을 하고 나서 매번 보잉 747 여객기를 버린다면 승객들은 항공권 한 장당 100만 달러를 내야만 할 것이다. 이와 마찬가지로 우주로 쏘아 올린 모든 로켓이 바다에 떨어진다면 우주행 항공권은 소수의 부유한 나라와 몇몇 우주인을 제외하고는 그 누구도 엄두조차 낼 수 없을 만큼 비싼 상태가 계속될 것이다. 머스크는 인류가 우주로 진출하고 계속해서 다른 행성으로 뻗어 나갈 수 있게끔 그 비용을 낮추려고 노력했다.

그러나 재사용 실험의 초기 결과는 정신이 번쩍 들도록 형편

없었다. "그 시절 우리는 너무 순진했어요. 그때 우린 이 물건에 낙하산을 하나 달아 놓고는 그걸 회수하려고 했습니다." 머스크 가 말했다. "완전 바보들이었죠."

스페이스X는 팰컨1으로는 재사용 근처에도 가지 못했다. 그 리고 팰컨9으로도 수많은 실패를 겪었다. 2010년 첫 발사 당시 팰컨9의 1단은 재진입 과정에서 파괴되었다. 스페이스X는 나중 에 그 1단 로켓의 잔해를 회수했는데, 헬륨탱크와 보조 낙하산, 여러 엔진 중 하나의 덮개 등이 있었다. 머스크가 자신들이 "완 전 바보"였다고 말한 데는 이유가 있었다. 음속의 몇 배 속도로 움직이는 수 톤의 로켓이 대기권에 재진입하면서 가하는 어마어 마한 에너지에 저항해서 낙하산 하나를 펼치는 것이 얼마나 헛 된 노력인지 엔지니어들이 파악하지 못했기 때문이다.

그게 가능하도록 하려면 로켓이 날카로운 소리를 내며 대기 권을 뚫고 돌아올 때 로켓을 보호해 줄 일종의 열 보호막을 갖 추어야 했다. 더 엄밀하게 말하면 NASA가 모의시험과 풍동wind tunnel*에서만 연구한 적 있는 기술을 스페이스X가 완전히 습득 할 필요가 있었다. 팰컨9을 제어하고 속도를 늦추려면 1단 로켓 이 마하 10의 속도로 날고 있을 때 대기권 상층에서 로켓의 엔진 을 재점화해야 했다. 하지만 이미 극도로 요동치고 있는 대기 중 에서 로켓이 엔진을 재점화해 화염을 내뿜는다면, 그 순간에 과 연 1단 로켓이 안정적일지 엔지니어들은 장담할 수 없었다. 스 페이스X는 2013년 가을에 초음속 역추진이라 불리는 이 기술을

---

* 비행기 등에 공기의 흐름이 미치는 영향을 시험하기 위한 터널형 인공 장치.

시험하기 시작했다. 마지막으로 엔지니어들은 1단 로켓이 두꺼운 대기권을 뚫고 착륙 지점을 향하도록 제어할 방법을 고안해내야 했다. 회수한 1단 로켓을 재빨리 정비해서 그것을 다시 쏘아 올리는 것이 목표라면 로켓을 바다에 빠뜨리는 것은 그다지 좋은 생각이 아니다. 스페이스X는 팰컨1의 1차 발사 당시 염수 부식에 관한 교훈을 배운 바 있다.

어설픈 땜질과 실패가 꽤 많았지만 2015년, 팰컨9의 스물한 번째 비행에서 스페이스X는 발사장에서 단 몇 마일 떨어진 플로리다 케이프커내버럴 공군기지에 새로 마련한 발사대에 1단 로켓을 안전하게 야간 착륙시켰다. 크리스마스를 사흘 앞둔 그 야간 발사와 착륙 후, 호손 공장에 있던 직원들은 요란하게 환호성을 질렀고 "미국, 미국!"이라고 외치기 시작했다.

머스크는 감격했다. "진짜 성공할 거라고는 전혀 확신하지 못했어요. 하지만 성공해서 정말 기쁩니다." 그날 밤 그가 말했다. "스페이스X를 시작한 지 13년 만입니다. 위기일발의 상황을 많이 겪었죠. 여기 사람들이 매우 기뻐하는 것 같군요."

플로리다 해안을 따라 착륙하기 전에 스페이스X는 발사장에서 로켓 비행경로를 따라가 대서양 연안에 있는 자동 무인 선박에 1단 로켓을 착륙시키는 실험을 폭넓게 수행했었다. 물리학적으로는 간단하다. 지상에 수직으로 서 있던 로켓은 이륙 직후 앞으로 기울어지면서 점차 수평 자세로 나아가며 궤도 진입을 준비한다. 이 때문에 2단과 분리될 무렵이면 1단은 굉장한 속도로 발사장에서 아주 멀어져 있다. 로켓을 되찾기에는 좋은 상황이 아니다. 1단 로켓이 플로리다 발사장까지 먼 거리를 되돌아오게 하려면 1단 엔진들이 오래 연소해야 하고, 그러려면 연료가 많이 든다. 돌아오는 길에 사용되는 모든 연료는 상승할 때 사용할 수 없으므로 그만큼 로켓이 궤도로 밀어 올릴 수 있는 중량에 엄청난 불이익이 된다. 이 문제를 해결할 방안 중 하나는 그 로켓의 비행경로를 파악해 수백 마일 떨어진 앞바다로 선박을 보내는 것이다.

다만, 바다에서 위아래로 출렁거리는 배 위에 로켓을 착륙시키는 것은 다소 어려운 일이다. 그러려면 엄청나게 훌륭한 컴퓨터 프로그래밍으로 로켓과 자동 무인 선박을 매우 정확한 위치로 통제해야 하는데, 아무도 그렇게 해 본 적이 없었다. 그런 일이 실제로 일어나기 전까지는 말이다. 2016년 4월 8일, 팰컨9이 태국의 통신 위성을 지구 주위 고궤도로 쏘아 올린 후, 마치 마법이라도 부린 듯, 그 1단이 무인 선박에 착륙했다. 선박의 이름은 유쾌하게도 '물론 여전히 당신을 사랑합니다Of Course I Still Love You'였다. 그것은 여태까지 내가 본 정말 놀라운 장면 중 하나였다. 부모님 세대가 1969년 아폴로 우주선의 달 착륙을 보았던 것만큼이나 멋진 장면을 내 인생에서 처음 본 느낌이었다.

그러고 나서 그들은 같은 일을 해내고 또 해냈다. 별안간에 스페이스X의 플로리다 격납고는 1단 로켓들로 가득 차게 되었다. "열 대쯤 되는 1단이 갑자기 생긴 셈이니 우리도 깜짝 놀랐죠." 쿼니히스만이 말했다. "솔직히 우린 그런 상황을 정말 생각지도 못했거든요."

요즘의 스페이스X에서는 로켓을 발사하고 그것을 육지나 바다에서 회수한 다음 몇 개월 후 다시 날려 보내는 일이 당연하다.

3년도 되지 않아 발사산업의 체계가 완전히 바뀌었다. 한때는 로켓을 재사용하는 것이 신기해 보였던 반면, 이제는 로켓을 버리는 것이 거의 낭비처럼 보인다. 스페이스X 경쟁사들은 처음에 로켓을 수직으로 발사하고 그것을 수직으로 착륙시킨 다음 몇 개월 안에 다시 날려 보낸다는 생각을 비웃었다. 이제 그들은 그 방법을 따라잡기 위해 서두르고 있다. 중국, 러시아, 일본, 유럽의 국가 로켓 기관들은 모두 일정 수준의 재사용 로켓을 개발하는 데 비용을 대고 있다. 블루오리진이나 ULA 같은 미국 내 경쟁사들 역시 같은 상황이다.

스페이스X는 거기서 멈추지 않았다. 2018년에 그들은 세계에서 가장 강력한 로켓 팰컨헤비를 처음 발사했다. 이 거대한 부스터 로켓의 핵심은 팰컨9의 1단 세 개를 묶어 괴물 같은 1단을 만들었다는 것이다. 스페이스X는 엔진 한 개짜리 로켓을 발사한 지 10년도 채 되지 않아서 스물일곱 개의 엔진을 단 로켓을 발사했다. 이 정도 규모의 로켓은 전 세계 로켓 역사상 처음 있는 일이었다. 심지어 측면에 있는 두 추진 로켓은 지구로 귀환하여 나란히 착륙한다. 마치 싱크로나이즈드 스위밍을 하는 한 쌍의 천사들이 천상에서 지구로 내려오는 것처럼 말이다.

너무나 자주 개인적 관심사와 당장의 정치 현황에만 몰두하곤 했던 도널드 트럼프 대통령조차 팰컨헤비의 우아한 발사와 착륙 모습에 주목했다. "로켓이 다시 내려오는 게 보입니다. 날개도 없고 아무것도 없어요." 어느 발사 행사에서 그가 말했다. "우리가 보고 있는 게 뭐죠? 상상인가요?"

그 광경은 분명 SF 영화의 한 장면처럼 보였지만 그렇지 않았다. 스페이스X가 전 세계 발사산업을 재편하는 것 역시 소설이 아니었다. 2010년대 중반에 이르자 스페이스X는 저비용으로 신속하게 발사하겠다는 약속을 이행하기 시작했다. 회사는 어느 경쟁 로켓보다 저렴한 약 6000만 달러라는 저가에 기본 팰컨9을 발사했다. 저마다 자기들의 커다란 새를 우주로 날려 보내려고 오랫동안 유럽, 러시아, 중국을 기웃거리던 상업 위성 사업자들이 수십 년 만에 다시 미국으로 몰려들기 시작했다. 2010년대 끝 무렵에 스페이스X는 전 세계 상업 위성 발사 시장의 3분의 2를 차지했다. 일부 거대 사업자들은 스페이스X의 경쟁사들이 폐업하지 않게 하려고 일부러 발사 의뢰를 분산한다.

팰컨1은 다양한 부류의 고객을 확보하는 데 실패했다. 하지만 바로 그 지점에서 스페이스X는 팰컨9으로 성공을 거두었다. 팰컨9은 상업 위성 시장을 장악했을 뿐 아니라 NASA와 공군의 탑재물 상당 부분을 처리할 만큼 강력하다. 또한 스페이스X는 NASA로부터 화물과 승무원을 운송하는 계약을 따냈고 이제는 더 먼 우주를 욕심내고 있다. 여기서 얻은 이윤으로 스페이스X는 머스크의 야심 찬 스타십 프로그램에 투자할 수 있었는데, 머스크는 화성에 인류가 자급자족할 수 있는 정착지를 건설할 만큼 충분한 사람과 물자를 보내기 위해 이 프로그램이 꼭 필요하다고 생각한다.

스페이스X의 성공은 항공우주업계를 뼛속까지 뒤흔들어 놓았다. ULA의 엔지니어링 부문 부사장 브렛 토비Brett Tobey는 2016년에 콜로라도대학교 볼더캠퍼스에서 열린 세미나에 참석해 솔직한 이야기를 털어놓았다. 그는 자신의 말이 녹음되고 있는지 몰랐지만 나중에 그의 발언이 공개되었다. 당시 토비는 스페이스X가 나타나기 전까지 미국 공군용 발사를 독점하고 있던 ULA와 그들의 아틀라스, 델타 로켓이 가격 면에서 경쟁력이 없다고 인정했다.

"우리는 훨씬 더 낮은 가격으로 입찰에 응할 방법을 알아내야만 할 겁니다." 그가 국가 안보 발사 계약에 관해서 한 말이다. 토비는 자기 회사 때문에 그동안 정부가 스페이스X보다 약 세 배나 비싼 비용을 감당했다는 사실도 인정했다. 그 뒤로 며칠 안에 토비는 ULA에서 자취를 감추었다. 하지만 따지고 보면 토비는 업계 모두가 이미 알고 있던 사실을 말한 것뿐이었다. 불과 20년 만에 스페이스X는 전 세계 발사산업을 뒤흔들어 놓았다.

마지막으로 그리고 가장 중요한 것은 스페이스X가 우주 접근 비용을 낮추려는 새로운 사조를 정당화했다는 사실이다. 스페이스X는 민간기업과 자본이 정부와 보조를 맞추어 일하면 우주에서 놀라운 일을 해낼 수 있음을 증명했다. 스페이스X가 팰컨1과 팰컨9에 성공하는 것을 투자자들이 목격한 이후로 기업가들이 각종 우주 관련 벤처 자금을 유치하기가 훨씬 수월해졌다.

"스페이스X가 이 산업 전체를 도운 겁니다." 2017년 이후 뉴질랜드에서 소형 로켓 일렉트론Electron을 10여 대 이상 성공적으로 발사해 온 로켓랩Rocket Lab의 피터 벡Peter Beck이 말했다. "민간기업도 화물과 위성을 성공적으로 궤도에 올릴 수 있다는 것을 증명했죠. 발사뿐 아니라 우주선에 관해서도 그래요. 스페이스X는 전통적으로 정부의 영역이라고 여겨 온 일을 민간기업도 할 수 있음을 보여 주었습니다."

머스크가 처음으로 화성을 진지하게 생각하기 시작한 지 거의 20년이 흘렀다. 2020년 초 인터뷰에서 머스크의 마음은 그를 우주 사업으로 뛰어들게 한 바로 그 첫 충동으로 되돌아갔다. 그는 친구 아데오 레시와 롱아일랜드고속도로를 달리던 어느 비 내리던 날을, 나중에 NASA 웹사이트에서 아무런 계획도 발견하지 못했을 때 느낀 좌절감을 기억했다. 그는 왜 인류가 아폴로 이후 여전히 저궤도에 머물러 있는지 이해할 수 없었다. 그래서 그는 자기 인생을 걸고 화성이라는 목표에 헌신하기로 했고, 그 결심은 시간이 흐를수록 점점 더 강해졌다.

"그게 19년 전인데, 우리는 아직 화성에 가지 못했습니다." 그가 말했다. "근처에도 못 갔죠." 내가 대답했다. "그렇죠." 그가 동의했다. "근처에도 못 갔습니다. 그게 환장할 만큼 화가 납니다." 이 열정이 바로 일론 머스크에게 불을 붙이고 그가 자기 팀을 매일 앞으로 나아가도록 충동질하는 바로 그것이다. 머스크의 세계에서 결정을 내리는 것은 결국 단순한 계산 결과다. 이것이 인류를 더 빨리 화성에 데려다줄 것인가? 그의 마음에서 다른 것은 그다지 문제 되지 않는다. 비록 우리는 아직 화성 근처에도 못 갔으나 역사상 그 어느 때보다 더 급속하게 가까워지고 있다. 머스크의 목표에서 첫 단계는 발사 비용을 낮추는 것이었다. 모든 역경을 딛고 그는 해냈다. 이제 스페이스X는 머스크의 지속적인 재촉을 받으며 지난 20년간 축적한 지식을 동원해 언젠가 정착민들을 화성으로 데려갈 스타십 우주선을 만들고 있다.

엘세군도에서 지리멸렬하게 시작해 로스앤젤레스 북쪽 인근 언덕에서 절박하게 발사하고자 애쓰던 스페이스X는 분명 크게 발전했다. 무모한 날들이었다. 처음에는 액체산소가 떨어졌고, 그다음에는 관료주의와 충돌했으며, 마침내는 콰절레인까지 갔다. 그러나 그곳에서 시작한 일이 세계를 바꾸었다. 어느 날, 아마도 스페이스X는 또 다른 세계도 바꿀 것이다. 화성을 생명체 없는 붉은 행성에서 살아 있는 초록빛 낙원으로 완전히 바꿔 놓을 것이다.

스페이스X의 활동 무대

콰절레인 환초

오멜렉섬
메크섬
비게지섬

프린츠오이겐 잔해
콰절레인섬

콰절레인 환초

반덴버그 공군기지
(캘리포니아)

모하비항공우주비행장
(캘리포니아)

맥그레거
(텍사스)

케이프커내버럴 공군기지 /
케네디우주센터
(플로리다)

엘세군도 / 호손
(캘리포니아)

보카치카
(텍사스)

하와이

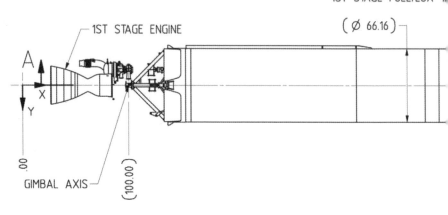

1ST STAGE ENGINE

(⌀ 66.16)

A

X

Y

.00

GIMBAL AXIS

(100.00)

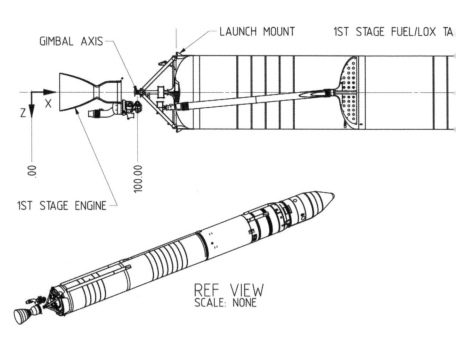

GIMBAL AXIS

LAUNCH MOUNT

1ST STAGE FUEL/LOX TA

X

Z

.00

100.00

1ST STAGE ENGINE

REF VIEW
SCALE: NONE

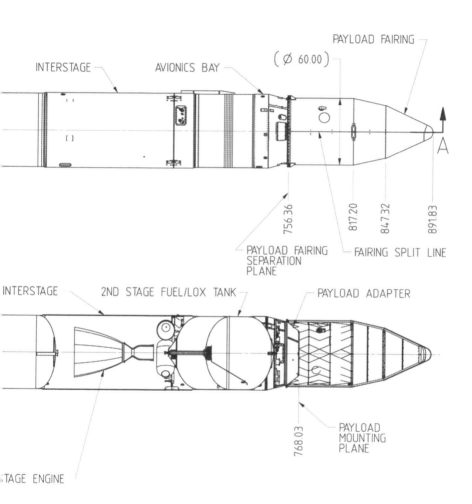

PAYLOAD FAIRING

INTERSTAGE

AVIONICS BAY

(⌀ 60.00)

A

756.36

PAYLOAD FAIRING
SEPARATION
PLANE

817.20

847.32

FAIRING SPLIT LINE

891.83

INTERSTAGE

2ND STAGE FUEL/LOX TANK

PAYLOAD ADAPTER

768.03

PAYLOAD
MOUNTING
PLANE

TAGE ENGINE

스페이스X의 탑재물 사용자 안내서에 실려 있는 팰컨1 개략도. ⓒ 스페이스X

스페이스X의 팰컨1 발사장이 된 오멜렉섬 전경. 드넓은 태평양 한가운데 있는 작은 점과 같은 외딴섬이다. 면적은 약 3만 m²로, 뉴욕시 두 개 블록 정도 크기다. ⓒ 팀 부자

© 스페이스X

2003년에 처음으로 오멜렉에 간 크리스 톰슨, 한스 퀘니히스만, 앤 치너리. 오멜렉의 태양은 티셔츠를 뚫고 살을 태울 정도로 강렬하다. 초강력 선크림 필수. ⓒ 한스 퀘니히스만

오멜렉은 배나 헬리콥터로만 갈 수 있어서 사람과 물자를 운송하는 일이 언제나 까다롭다. 오래된 휴이 헬기 한 대가 착륙을 준비하고 있다. ⓒ 한스 퀘니히스만

오멜렉 남쪽에 있는 비게지섬은 스페이스X 팀이 일을 마치고 숙소로 돌아가는 길에 가끔 들러 수영하던 곳이다. ⓒ 한스 퀘니히스만

2010년, 일론 머스크가 버락 오바마 대통령과 함께 케이프커내버럴 공군기지를 둘러보고 있다.
ⓒ NASA / 빌 인걸스

그윈 숏웰(오른쪽)은 스페이스X가 재정난을 극복하는 데 큰 역할을 했다. 왼쪽은 스페이스X의
중요 고객인 NASA의 찰리 볼든 국장. ⓒ NASA / 제이 웨스트콧

4차 발사 이틀 전, 휴이 헬기에 탑승한 한스 퀘니히스만. ⓒ 한스 퀘니히스만

스페이스X 사무실에 있는 톰 뮬러. ⓒ 톰 뮬러

발사 및 시험 부문 부사장 팀 부자. ⓒ 팀 부자

오멜렉 격납고 안에 있는 팰컨1
로켓 2단과 기술자 에디 토머스.
© 한스 퀘니히스만

1차 발사 준비 당시 액체산소를
긴급 수송하고 오멜렉을 지나는
C-17 수송기. © 팀 부자

일론 머스크(가운데 맨 위)와 1차
발사팀, 군 관계자들이 발사를 앞
두고 모였다. © 팀 부자

1차 발사에 실패한 뒤 파편을 모으는 모습(왼쪽)과 수집된 팰컨1 파편(아래). ⓒ 한스 퀘니히스만

1차 발사 후 수집된 팰컨1 파편을 침울하게 바라보는 일론 머스크. ⓒ 한스 퀘니히스만

노즐이 확장된 케스트럴 엔진.
ⓒ 한스 퀘니히스만

오멜렉에서 멀린1C 엔진과 기념 촬영하는 재크 던. 텍사스에서 인턴으로 시작한 던은 멀린 개발에 중요한 역할을 했다. ⓒ 재크 던

반덴버그에서 팰컨1 첫 지상연소시험을 축하하는 톰 뮬러(맨 오른쪽). 그의 왼편으로 앤 치너리, 다이앤 몰리나, 불렌트 알탄, 필 카수프, 제러미 홀먼. ⓒ 톰 뮬러

텍사스 맥그레거에서 연소시험 중인 멀린 엔진. ⓒ 팀 부자

팰컨1, 2차 발사. ⓒ 스페이스X

팰컨1, 3차 발사. ⓒ 스페이스X

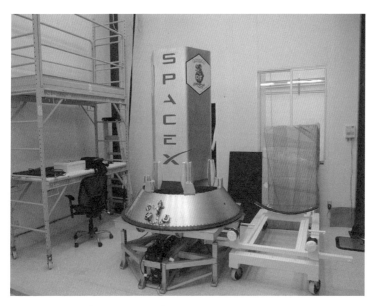

4차 발사용으로 급조한 탑재물, 랫샛. ⓒ 한스 퀘니히스만

랫샛과 기념 촬영하는 발사팀. ⓒ 크리스 톰슨

스페이스X는 4차 발사를 앞두고 시간이 촉박해서 로켓을 비행기로 수송했다. C-17 수송기에 싣기 위해 포장해 둔 팰컨1 로켓 1단. ⓒ 재크 던

브라이언 벨데가 소중한 화물을 실어 나를 C-17 군용 수송기 옆에서 엄지손가락을 치켜들고 있다. ⓒ 한스 퀘니히스만

태평양을 가로지르기 전 C-17 수송기에 팰컨1 로켓 1단을 옮겨 싣는 모습. ⓒ 크리스 톰슨

비행 중에 안으로 찌그러지는 로켓을 살리기 위해 맹렬하게 작업하는 재크 던을 플로렌스 리가 돕고 있다. ⓒ 론 가르쥴로

회사의 사활이 걸린 순간. 관제밴에서 4차 발사를 지켜보는 일론 머스크와 톰 뮬러. ⓒ 스페이스X

오멜렉에서 낚시로 상어를 잡은 재크 던.
© 한스 퀘니히스만

언제나 힘들기만 한 것은 아니었다. 페레그린을 타고 오멜렉을 떠날 때는 느긋하게 즐기기도 했다. © 한스 퀘니히스만

페이로드 페어링을 끌어안는 티나 수(왼쪽)와 플로렌스 리. © 한스 퀘니히스만

에필로그

운 좋게도 나는 이 책을 쓰느라 수십 명의 전현직 스페이스X 직원들과 자주, 길게 이야기를 나눌 수 있었다. 나는 그들의 기억을 통해 스페이스X의 이야기를 생생하게 전하고 그들 한 사람, 한 사람이 이 위대한 로켓 회사를 만드는 데 얼마나 노력을 쏟아부었는지 알리고 싶었다. 시간을 내준 그들 모두에게 신세를 졌다. 팰컨1 프로젝트가 한창일 때 가장 중요한 몫을 했던 사람들이 당시에 맡았던 직책을 간단히 언급하고, 4차 비행 이후 그들의 근황과 몇 가지 생각을 전하는 것으로 이 책을 마무리하고자 한다.

크리스 톰슨, 구조 부문 부사장

머스크는 직원들에게 불가능해 보이는 일을 해내라고 끝없이 요구했다. 혹독한 콰절레인 시절을 거치고 살아남은 사람 중 절반가량이 지금도 여전히 스페이스X에 남아 있다. 나머지 절반은 떠났다. 그들이 이직한 이유는 대개 머스크 밑에서 장시간 고된 노동을 감당하기가 더는 어렵다고 판단될 때, 그 부담에서 벗어나기 위해서였다. 많은 사람이 소수의 전우와 함께 일하며 느끼는 전율을 좇아서, 가능성이 없어 보이더라도 지표면을 박차고 올라 지구 중력의 굴레를 벗어나는 무언가를 만들려고 고군분투하는 다른 신생기업으로 옮겨갔다.

사실, 크리스 톰슨은 2008년 초에 회사를 그만뒀었다. 그는 거의 6년간 집에서 회사까지 한 시간 반씩 운전해서 출근했는데, 그 무렵 모든 것이 너무나 부담스러워졌다. "통근하는 데 지쳤고, 아이들이 그리웠고, 너무 많은 시간을 일에 쏟고 있었습니다. 아내는 자포자기 일보 직전이었고요. 근본적인 변화가 필요하다고 느꼈어요." 톰슨은 스페이스X를 떠나 자신의 친구이자 머스크가 스페이스X를 설립하기 전에 조언을 해 주던 로켓과학자 존 가비가 설립한 회사로 옮겼다. 스페이스X에서 톰슨은 구조 부서를 이끌고 있었고 당시는 팰컨9 개발에 관한 일이 점점 늘어나는 상황이었다. 그래서 나머지 부사장들이 나서서 톰슨을 비상근으로 계속 일하게 하자고 머스크에게 권했다. 머스크는 동의했다.

가비와 사업을 시작한 지 불과 5개월 만에 회사는 자금이 달리기 시작했다. 톰슨은 자존심을 억누르고 머스크에게 이메일을 보내 정규직으로 돌아갈 수 있겠는지 물었다. 그리고 답을 기다렸다. 하루. 1주. 3주. 대개 이메일로 빠르게 회신하던 머스크에게서 답이 없었다. 톰슨은 스페이스X와 돌이킬 수 없는 사이가 됐다고 생각했다. 그때, 머스크가 전화를 걸어왔다.

"아, 메일 봤어요." 머스크는 그사이 3주가 훌쩍 흐른 걸 전혀 모르는 듯이 말했다. "월요일에 그냥 오면 어때요? 하던 일을 다시 하면 됩니다. 출근해서 인사 담당자를 만나면 연봉에 관해 얘기해 줄 겁니다."

어안이 벙벙해진 톰슨은 머스크가 전화를 끊기 전에 "뭐라고요???" 같은 말을 더듬거렸다. 통화 시간은 겨우 1~2분이었다. 그다음 월요일에 톰슨은 스페이스X에 돌아와 인사 담당자를 만났다. 연봉이 올랐고 추가 옵션도 받았다. 머스크는 마치 아무 일 없었다는 듯 톰슨을 대했다.

그는 이후 4년을 더 스페이스X에 머무르며 팰컨1을 자동차처럼 분해하라고 명령했고, 그 발사에 성공해 기뻐했으며, 팰컨9이 처음 한두 차례 비행하는 것을 지켜보았다. 그러나 그 무렵 회사가 개발 못지않게 운영에 힘쓰는 단계로 들어서면서 흥분은 사그라들었다. 2010년대 전반 스페이스X의 주요 목표는 팰컨9을 적어도 한 달에 한 번씩은 발사해서 저가 로켓을 찾아 몰려든 고객들을 위해 밀린 비행 임무를 해나가는 것이었다. 톰슨과 머스크의 사이도 벌어졌다. 톰슨이 머스크에게 맞서면서 상사의 분노를 느끼는 일이 점점 많아졌다. 두 사람은 악을 쓰며 싸웠다. 톰슨은 그 무엇도 더는 필요 없는 지경에 이르렀다.

스페이스X에서의 경험은 모든 것이 굉장했고 톰슨을 부유하게 해 주었다. 그러나 사생활 면에서 많은 대가가 따랐다. 스페이스X에서 일하기 시작했을 때 톰슨은 이제 막 40대로 접어들었었다. 아이들은 가장 중요한 유년기로 들어서고 있었다. 아들 라이언은 그 당시 열두 살이었고, 딸 테일러는 아홉 살이었다. 스페이스X에서 일한 10년 내내 톰슨은 아이들의 십 대 시절 대부분을 함께하지 못했다. 아내 수잔도 내내 상근직으로 일을 했다.

"힘들었습니다. 일과 삶의 조화가 전혀 없었어요. 그 결과가 뭐냐면, 아이들을 못 보는 거였습니다. 학부모 모임에 참석하지 못하고, 아이들 연극을 못 보고, 축구 경기에도 빠지는 거죠. 야구도, 배구도, 한참 자라는 시기에 아이들 삶에서 중요한 것들을 많이 놓쳤어요."

톰슨은 일보다 가족을 우선시하기로 했다. 그는 2012년 5월에 스페이스X를 떠났고 블루오리진에서 짧게 일한 후 버진갤럭틱에 정착했다. 버진갤럭틱은 그 당시 보잉 747을 개량한 비행기에서 작은 로켓을 떨어뜨려 높은 고도로 발사하는 것을 목표로 로켓 개발을 시작했었다. 최고경영자 조지 화이트사이즈^{George Whitesides}가 하루에 열여덟 시간씩 근무하는 건 표준이 아니라고 분명히 밝힌 점이 이직을 결정하는 데 도움이 되었다. 톰슨은 그곳에서 5년을 일한 다음 소형 위성 발사체를 설계하는 은밀한 발사 기업 아스트라^{Astra}에 엔지니어링 책임자로 갔다. 톰슨은 아스트라를 사랑한다고 말했다. 하지만 그 이야기를 할 날은 따로 있을 것이다.

불렌트 알탄, 항공전자 부문 책임엔지니어

머스크가 친구인 래리 페이지에게 연락한 후, 알탄과 그의 아내는 2004년에 로스앤젤레스로 이주했다. 그 후 10년간 알탄은 일생일대의 모험을 즐겼다. 팰컨1의 첫 비행을 앞두고는 콰절레인에서 축전기를 고치며, 팰컨9 첫 비행을 앞두고서는 플로리다에서 빗물에 젖은 안테나를 헤어드라이어로 말리며 회사 사람들의 시선을 한 몸에 받았었다.

그가 스페이스X에 합류한 이유는 머스크의 배짱과 스페이스X의 대담한 비전 때문이었다. "난 그저 회의에나 참석하고 작은 방에 앉아서 나사 하나를 완벽하게 만들려고 학교에 다닌 게 아니었어요. 이곳은 직원들이 어떻게든 일을 해내기를 원하는 그런 회사였죠. 난 모든 일을 내 손으로 직접 하고 싶었는데, 스페이스X 말고는 어떤 회사도 그런 제안을 하지 않았을 겁니다."

알탄은 실질적인 업무에 직접 관여했다. 출근 첫날부터 인쇄회로기판을 설계했고 그것을 협력 업체에 보내 제조하게 했다. 그 당시의 다른 회사였다면 아마 출근 첫날이 끝나갈 때까지 IT 계정 하나 준비되지 않았을 거라고 그는 생각했다. 머지않아 알탄은 로켓을 만들고, 고치고, 심지어 오멜렉에서 동료들을 위해 요리를 하고 있었다. 그가 만든 터키식 굴라시는 너무 인기가 좋아서 마치 그것이 발사 진행 과정인 양 요리법을 적어서 동료들과 나눌 정도였다. 알탄은 스페이스X에서 항공전자 부서를 이끌다가 2014년 1월에 회사를 떠났다. 그의 마지막 출근 날, 호손의 본사 식당에서는 알탄의 터키식 굴라시를 직원들에게 제공했다.

2016년에 알탄은 스페이스X에 돌아와 2년간 더 머물렀다. 자신의 프로그래밍 기술을 살려 회사의 신규 프로젝트인 스타링크 Starlink의 선임엔지니어 자리를 맡았다. 스타링크는 수천 개의 소형 위성을 저궤도로 쏘아 올려서 지구 전체에 인터넷 서비스를 제공하려는 스페이스X의 야심 찬 프로젝트다. 이 계획을 실현하려면 인공위성들이 서로서로 통신하며 지상의 이용자가 데이터를 끊김 없이 이용할 수 있게 만들어야 한다. 알탄은 스타링크 위성 첫 시제품이 출시되기 직전에 스페이스X를 떠났다. 이후 그는 벤처 캐피털 펀드*를 공동 설립했다.

만일 어느 날 우리가 우주를 통해 인터넷을 이용하게 돼서 감사해야 할 사람 목록을 만든다면, 고소 공포를 극복하고 또 우연히도 기막힌 터키식 굴라시를 만들 줄 알았던 불렌트 알탄도 명단에 들어 있을 것이다.

앤 치너리, 발사운영 관리자

치너리는 콰절레인 이후로도 몇 차례 더 발사장 건립하는 일을 도왔다. 스페이스X가 반덴버그에서 급하게 나간 지 5년 후에 공군은 그 부지를 다시 빌려주었다. 치너리는 2013년에 처음으로 서부 해안에서 팰컨9을 쏘아 올릴 발사장을 설계하고 개발하는 데 참여했으며 맥그레거 시험장에 수직 발사 시설을 설치하는 작업을 했다. 그곳에서 스페이스X는 로켓이 지상 위에서 맴돌다가 좌우로 이동하며 착륙하는 기술을 시험했다. 그 기술은 궁극적으로 1단 로켓을 재사용하는 일로 이어졌다.

그러나 2013년 말경, 스페이스X에서 10년이 넘는 시간을 보낸 치너리는 자기가 가진 역량을 모두 소진했다는 생각이 들었다. 이제 더 내놓을 게 없었다. 초기 몇 년 동안은 일을 할수록 기운이 났다. 일은 어려웠고 흥미로웠으며 보람이 있었다. 그러나

---

* 위험은 크지만 고수익이 기대되는 신규 사업체에 투자하기 위하여 조직한 펀드.

바로 그 이유로 소리 없이 해를 입고 있었다. "지루할 틈이 전혀 없다 보니 지치고 스트레스받고 있다는 사실을 놓치기 쉬웠죠. 그냥 너무 재미있어서 언제나 되돌아가서 더 많은 일을 하고 싶었어요."

콰절레인으로 여행하는 것도 부담스러워졌다. 주위 풍경은 아름다웠지만 치너리와 동료들 모두 너무 열심히 일만 하느라 해변도, 투명하도록 맑은 바다도, 태양도 별로 즐기지 못했다.

"고질적인 중노동과 스트레스는 결국 모두에게 악영향을 미치기 마련이죠. 거기서 내 인생의 중요한 순간들을 보낸 건 분명하지만 11년 동안 쌓인 만성 스트레스 때문에 스페이스X를 그만둘 무렵에 난 거의 노이로제 환자가 돼 있었어요. 물론 회복하긴 했지만 스페이스X를 떠나고 몇 년 후에야 가능했습니다." 하지만 후회는 없었다. 그녀는 스페이스X에서 보낸 시간을 소중히 여긴다. "그건 인생 경험이었습니다."

2015년 여름, 치너리는 인생의 새로운 장을 열기로 하고 작은 로켓 회사 파이어플라이Firefly의 톰 마커식Tom Markusic과 일하기 시작했다. 그녀는 예전과 비교해 지금 확 달라진 군의 태도를 놀라워한다. 공군 관계자들이 파이어플라이를 반덴버그 발사장에 유치하려고 열심히 도왔을 뿐 아니라 문제가 있으면 앞장서서 해결책을 모색했기 때문이다.

"스페이스X가 없었다면 이런 변화도 없었을 거라고 확신합니다. 스페이스X는 상업 우주산업이 가능하다는 걸 모두에게 증명했어요. 그 덕에 국방부도 변화의 대열에 합류하지 않으면 뒤처질 수 있다는 걸 깨달은 거죠."

치너리를 비롯한 많은 사람이 스페이스X에서 수년을 보낸 후 완전히 소진됐다고 느꼈는데, 머스크가 그들을 가차 없이 몰아쳤기 때문이다. 머스크의 일정은 변함없이 공격적이었다. 시간은 돈이었다. 머스크는 화성에 도달하고 인류를 다행성 종으로 만들 기회의 문이 영원히 열려 있진 않을 거라고 두려워한다. 그리고 머스크 자신의 삶도 유한하다. 그래서 속도를 높이는 데 잔인할 정도로 몰두했다. 그 결과는 놀라웠다. 팰컨1의 첫 발사를 시도한 때는 머스크가 스페이스X를 시작한 지 불과 3년 10개월 만이었다. 회사는 4년 10개월 만에 '우주'에 도달했으며 궤도 진입에 성공한 것은 6년 4개월 만이었다. 회사는 이 모든 것을 해냈다. 정부 지원도 거의 없이 단 세 명의 직원으로 시작해서 엔진과 로켓 부품 대부분을 사내에서 직접 제작하며 로켓을 거의 처음부터 만들었다.

파이어플라이처럼 2차 물결을 타고 있는 소규모 위성 발사 업체들과 비교하면 이 속도는 더욱 인상적이다. 스페이스X가 로켓을 우주로 쏘아 올리기 시작한 이래로 수십 개의 업체가 생겨났다. 사람들은 이 업체들이 더 쉽게 일을 해나갔을 것으로 생각할지 모른다. 발사장들만 해도 그들을 유치하고 싶어 손을 내민다. 스페이스X는 민간자본이 우주에서 의미 있는 일을 할 수 있다는 것을 증명했다. 그리고 규제 당국은 스페이스X를 통해 상업 발사란 무엇인지 배웠다. 그래서 이제는 정치적 권한을 행사해 방해하기보다는 도움을 주려고 노력한다. 그러나 새 업체들의 진행 속도는 더디기만 했다.

민간기업 중에서 실제로 궤도에 도달한 회사는 신기술을 가진 로켓랩 하나뿐이다. 그마저도 11년 7개월이 걸렸다. 2014년 1월에 출발한 파이어플라이는 2020년 가을까지 궤도는 고사하고 발사 시도조차 하지 못했다. 버진오빗^{Virgin Orbit}은 2012년 12월부터 소규모 궤도 로켓을 제작하기 시작했으나 역시 2020년 말 기준으로 아직 궤도에 닿지 못했다. 블루오리진은 스페이스X의 가장 유명한 새 경쟁사지만 사실 스페이스X보다 더 앞서 2000년에 설립되었다. 이 회사는 좀 더 단계적으로 일을 해나가고 있으나 제프 베이조스의 막대한 자금에도 불구하고 20년이 지나도록 로켓을 궤도로 발사하지 않고 있다.

치너리는 변화하는 시장 때문에 요즘 회사들은 훨씬 더 조심스러운 것 같다고 분석했다. 숏웰이 팰컨1으로 영업을 시작했을 때는 고객들이 저렴한 소규모 발사 서비스를 간절히 원하고 있었다. 지금은 자본이 풍부하면서 확고한 기술 계획까지 가진 기업들이 대여섯 있다. 따라서 고객들은 계약서에 서명하기 전에 좀 더 지켜보며 어느 회사가 더 나은지 비교할 수 있다. 그러다 보니 기업들은 실패 위험을 감수하기가 훨씬 어려워졌다.

"일론 덕분에 스페이스X에는 실패에 대한 내성이 생겼어요. 그 역시 실패하고 싶지 않았겠지만 그걸 두려워하지도 않았습니다. 내 생각에 다른 항공우주 회사들은 여전히 실패를 두려워하는 것 같아요. 더 잘하고 싶은 거죠."

치너리의 말처럼 실제로 요즘 로켓 회사들은 경쟁자가 너무 많아서 실패를 감수하기가 어렵다. 그래서 그들은 좀 더 완벽한 모습을 보이려 하고 하드웨어를 더 많이 시험한다. 시험 모델 중 한 로켓이 2단에서 심각한 슬로싱 현상을 보인다면 그것을 운에

맡겨 보기 전에 더 많은 시간을 들여 문제를 해결하려 할 것이다. 왜냐면 치너리와 파이어플라이가 그들의 알파^{Alpha} 로켓으로 한 두 번 실패한다면, 아마 세 번 또는 네 번째 기회는 아예 없을 테니까.

팀 부자, 발사 책임자

플로리다에서 팰컨9이 처음 날아오른 이후로도 팀 부자는 중요한 첫 번째 업그레이드를 책임지고 반덴버그에서 그 로켓을 발사하는 등 팰컨9의 비행을 몇 번 더 지켜보았다.

그러나 그즈음에 부자는 다음 세대가 도래했음을 느꼈다. 재크 던, 리키 림, 플로렌스 리, 티나 수^{Tina Hsu} 등 대학원을 마치고 회사에 바로 합류한 젊은 엔지니어 몇몇이 어느새 고위 임원직으로 성장했다. 그들은 엘세군도 텅 빈 건물에서 출발한 스페이스X의 초창기 DNA를 습득했고 이제 그것을 다음 세대로 빠르게 전파하고 있었다. 그들은 초기 스페이스X의 산만함에 성공한 회사의 성숙함을 더했다.

"그 독창적인 DNA에 관해서라면, 나는 일론이 핵심이라고 생각합니다. 일론이 없었다면 일이 절대 이런 식으로 진행되지 않았을 겁니다. 100% 확신해요. 하지만 일론이 톰 뮬러나 한스 퀘니히스만, 크리스 톰슨과 나 같은 사람을 회사에 둔 것이 결정적이었다고 생각합니다. 우리는 기존 항공우주업계의 관행을 약간씩 가져왔지만 일론이 의도한 대로 우리 생각을 기꺼이 바꿨거든요."

기존 업계의 관행을 아는 사람을 데려오는 것이 항상 효과적이지는 않았는데, 예를 들면 짐 메이저가 그랬다. 그러나 초기에 스페이스X에 합류했던 부사장들은 기존 관행보다 머스크의 직선적인 경영 방식에 이점이 많음을 인정했다. 다른 회사라면 위원회나 서류 작업, 여러 단계의 검토를 거쳐 처리했을 일들을 머스크는 직원들이 결정하도록 권한을 줬다. 스페이스X에서는 누군가 하고 싶은 일에 대해 회사의 수석엔지니어를 설득할 수 있다면 최고재무책임자의 승인도 동시에 얻는 셈이었는데, 그 둘이 한 사람이었기 때문이다.

NASA와 맺은 두 건의 큰 계약, 그러니까 2006년 COTS 협정과 2008년 말 CRS를 따내며 회사는 새로운 경지로 도약했다. 스페이스X 직원이 150명 정도였던 초창기에 머스크는 인원과 자원을 엄격히 제한했다. 이 말은 초기 직원들이 혼자서 서너 명의 몫을 하고 살인적인 일정으로 일해야 했다는 뜻이다. 예컨대 부자가 어느 날 밤 텍사스에서 전화로 아이들에게 동화책을 읽어주고, 며칠간은 비행기로 집에 가 있다가, 그다음 두 달은 발사 준비를 하느라 콰절레인에서 보내야 했다는 의미다. NASA의 자금 지원은 이 모든 것을 바꾸어 놓았다.

"팰컨1 이후에 회사가 이룬 성취를 깎아내릴 생각은 없어요. 믿을 수 없을 정도죠. 하지만 팰컨1 덕분에 가져올 수 있었던 돈과 자원으로 회사는 목표를 향해 곧장 나아갔고 속도도 높일 수 있었습니다." 부자의 말이다.

그리고 언제나처럼 이런 가속의 원동력은 머스크였다. 팰컨1을 발사하려고 모두가 노력하고 있을 때 머스크는 팰컨5를 원했다. 팰컨1이 성공하자 이번에는 팰컨9 로켓과 드래건 우주선을 동시에 만드는 도전을 감행했다. 스페이스X가 비용과 성능 면에서 세계 최고인 로켓을 한창 개발하고 있던 2010년대 중반에 머스크는 신속한 재사용, 팰컨헤비, 스타링크 위성 배치, 나아가 스타십과 슈퍼헤비Super Heavy 발사 시스템을 밀어붙였다.

이같이 엄청난 압박은 직원들을 지치게 했다. 하지만 머스크는 자신의 광범위한 비전을 실행할 기회가 한정되어 있다고 생각했다. 그러니 다른 방법은 존재하지 않았다.

"때로는 짜증도 났죠." 팰컨1 첫 발사 카운트다운이 진행되는 와중에 콰절레인 관제센터에서 팰컨5를 논하던 머스크를 떠올리며 부자가 말했다. "난 여기서 팰컨1을 완성하려고 온 힘을 쏟고 있는데, 그는 옆에서 팰컨5를 내놓으라며 계속 괴롭히는 거나 마찬가지였으니까요. 하지만 그렇게 개발이라는 열차를 미래로 밀어대는 누군가가 없다면 발전은 느릴 수밖에 없죠. 너무나 느립니다."

부자는 2014년 중반에 스페이스X를 떠나 버진갤럭틱에 있는 톰슨과 합류했다. 4년 후 그는 렐러티버티스페이스Relativity Space 라는 로켓 회사로 옮겼고 그곳에서 석학엔지니어로 일하고 있다. 렐러티버티는 스페이스X의 대담한 정신을 이어받은 회사라 할 수 있다. 그들은 로켓 전체를 3D프린터로 출력해 개발 속도를 높이고 비용을 절감하려 한다. 이 회사는 언젠가 화성에서 3D프린터로 로켓을 출력해 내고, 바로 그 붉은 별에서 발사하겠다는 포부를 가지고 있다. 의심할 여지 없이 부자가 핵심 역할을 할 것이다. 이 책을 위해 그랬듯이 말이다. 이 책에 실린 이야기 중 많은 부분이 부자의 조언에서 시작되었다. 수많은 세부 사항들이 그의 메모와 일정표에서 나왔다. 그는 정말이지 많은 질문에 답해 주었으며 책 내용을 훨씬 더 진실하게 만들어 주었다. 독자 여러분이 이 책을 재밌게 읽었다면 여러분은 팀 부자에게 맥주 한 잔을 빚진 셈이다. 나는 그에게 많은 빚을 졌다.

톰 뮬러, 추진 부문 부사장

2013년 말, 끝없는 스트레스는 결국 톰 뮬러마저도 덮쳤다. 그는 12년간 주말도 없이 장시간 일해서 팰컨 로켓을 성공시켰다. 그러는 동안 딸아이는 자랐고 뮬러는 그것을 놓쳤다. 그 기간의 스트레스가 결국 이혼의 원인이 되었을 것이다. "중요한 시기였는데, 내가 가족 곁에 있어 주지 못했죠."

하는 일도 변했다. 그동안 뮬러는 스페이스X에서 세 가지 버전의 멀린 엔진으로 비행에 성공했고, 2013년 이후로는 팰컨9을 쏘아 올리는 멀린1D로 개발 작업의 정점에 이르렀다고 느꼈다. 맨 처음 만든 멀린1A는 34t의 추력을 냈다. 이후 조금씩 성능을 개선한 결과 최종 멀린 엔진의 추력은 첫 버전의 두 배가 넘는 87t이 되었다. 2013년 무렵에는 이 작업이 거의 완성되어서 회사는 본격적으로 로켓 제작에 돌입했다. 제작은 개발과 달랐다. 호손 공장에서는 엔진이 아홉 개씩 달린 로켓을 점점 더 많이, 더 빠르게 만들어 냈는데, 그 과정에서 뮬러는 한밤중에도 공급 업체 문제를 의논하려는 전화를 받아야 했고 마침내 그런 상황에 신물이 났다.

"이건 내가 잘하는 일이 아닌데……, 하는 생각이 들었습니다. 난 엔진 개발자예요. 그래서 일론에게 슬슬 자리에서 물러나고 싶다고 말했죠. 그때 그윈이 같이 있었는데, 큰 충격을 받은 듯했어요."

숏웰은 그동안의 영업 경험을 통해 스페이스X라는 브랜드에서 뮬러가 얼마나 중요한지 알고 있었다. 그리고 국산 로켓엔진이 얼마나 중요한지도 잘 알았다. 숏웰과 머스크는 멀린1D 엔진을 장착한 팰컨9이 앞으로 세 번 더 비행할 때까지 뮬러가 회사에 남아 있도록 설득했다. 그렇게 하면 위성 사업자들에게 스페이스X의 새로운 추진 시스템이 한층 업그레이드됐음을 확인시켜 줄 수 있을 것 같았기 때문이다. 6개월 후, 뮬러는 머스크에게 다시 가서 요청했다. 그는 진지했고 머스크도 그것을 느꼈다. 그래서 이번에는 뮬러에게 '최고기술책임자'라는 새로운 직함을 만들어 주기로 했다.

"헛소리였죠." 뮬러가 말했다. "하지만 멋진 직함이었고, 그 덕에 외부에서는 내가 슬슬 물러나고 있는 걸 몰랐을 겁니다." 업무량이 줄어들면서 뮬러의 건강도 좋아졌다. 스트레스 때문에 목 디스크 수술을 받아야 할 지경이었는데, 자리에서 물러난 후 수술을 취소했다.

한때 아이다호 벌목꾼이었던 그는 언제나 빠른 것들을 좋아했다. 그래서 자동차 경주를 취미로 즐겼다. 스페이스X의 추진 책임자로 있는 동안 뮬러는 경주 후에 자동차에서 내리면서 언제나 전화기를 확인해야 했다. 머스크가 어떤 문제나 대답이 필요한 일들로 자주 전화했기 때문이다. "피트* 책임자가 늘 이렇게

---

* 경주 도중에 급유하고 타이어를 교체하는 곳.

말했어요. '뮬러, 경주 말고 딴생각을 하고 있는 거라면 자동차 경주를 하면 안 됩니다.' 그러면 난 이렇게 대답하죠. 아닙니다, 아니에요, 딴생각 안 해요."

사생활을 희생했으나 뮬러는 스페이스X에서 보낸 시간을 거의 후회하지 않는다. 뮬러가 회사를 떠난 뒤로도 그가 이끌던 추진팀과 머스크가 계속해서 멀린 엔진을 진화시켰다. 그러나 기본적인 설계는 그대로다. 한 달에 한 번, 때로는 좀 더 자주, 뮬러는 자기가 설계한 엔진들이 로켓을 우주로 쏘아 올리고 조심스럽게 지구로 귀환하도록 안내하는 모습을 즐겁게 바라본다. 멀린1D 엔진은 효율적인 팰컨9 로켓뿐 아니라 세계에서 가장 강력한 추진 로켓인 팰컨헤비도 날아오르게 한다. 2020년 5월, 아홉 개의 멀린 엔진은 우주왕복선이 퇴역한 이래 처음으로 미국 땅에서 NASA 우주인들을 우주로 올려보내며 10년 가까운 공백을 끝냈다. 뮬러는 긴장하며 그날의 발사를 지켜봤다. 그는 드래건 우주선의 드라코^{Draco} 추진 엔진 열여섯 개와 슈퍼드라코 ^{SuperDraco} 추진 엔진 여덟 개, 상단에 있는 멀린 진공 엔진, 1단의 멀린1D 로켓엔진 아홉 개, 모두 합쳐 서른네 개의 엔진을 최초 설계한 장본인이었다. 그날 발사에는 처음으로 인간의 생명이 걸려 있었다. 엔진은 뜨겁고 충실하게 타올랐다.

나흘 뒤에 또 다른 팰컨9이 다수의 위성을 쏘아 올렸다. 그 비행에 사용된 1단 로켓은 다섯 번째로 궤도에 오른 참이었다. 요즘 그의 멀린 엔진은 날고, 날고, 조금 더 난다.

"난 우리가 해낸 일이 너무나, 너무나 자랑스럽습니다. 멀린 1D는 정말 굉장한 엔진입니다. 진짜 뿌듯해요. 솔직히 랩터 엔진은 내가 만들었다고 할 수 없어요. 랩터 원안을 내가 설계하긴 했지만 그건 너무 많이 바뀌어서 내 공이라고 할 수 없습니다. 난 랩터라는 이름을 지었고 그 엔진을 개발한 팀원들을 고용하고 훈련했죠. 그 정도가 내 공이라고 할 수 있겠네요. 하지만 멀린 1D는 내 자식입니다."

재크 던, 추진 부문 책임엔지니어

던은 자기가 할 수 있는 한 최대한 빨리 스페이스X에 갔고 자기가 가진 모든 것을 회사에 내주었다. 그가 입사했을 때는 마침 제러미 홀먼이 출구를 찾고 있던 시기였으며 던은 곧 업계에서 이미 전설로 통하는 뮬러와 나란히 일하게 되었다. 4차 비행을 준비할 때 영웅적인 행동을 보여 준 뒤로 던은 회사와 함께 계속 성장했고 추진과 발사 부문에서 여러 리더 역할을 맡았다. 이 책을 쓰기 위해 인터뷰하던 당시 던은 스페이스X의 제작 및 발사 부문 선임부사장이었다.

스페이스X에 오는 엔지니어들은 대개 일하다가 지쳐 쓰러질 것을 각오하고 온다. 일에만 완전히 몰두해야 하고 시간과 에너지를 회사에 다 쏟아부어야 한다. 이런 업무 강도와 일정을 비판하는 사람들은 이해하지 못하지만, 신기하게도 스페이스X 신입사원들은 대부분 이 같은 계약에 기꺼이 서명한다. 그들은 전 세계에서 최고로 짜릿한 롤러코스터에 탈 수 있는 절호의 기회를 얻고 싶어 한다.

던은 회사의 운명을 손에 쥐고 8km 상공 C-17 수송기에서 함몰되고 있는 로켓 안으로 들어갔다. 모험은 성공했고 그의 여행은 계속됐다. 10년이 지난 후에도 던은 여전히 가능성의 정점에서 춤추고 있었다. 그것이 배 위에 로켓을 착륙시키는 일이든, 행성과 행성을 오갈 스타십을 만드는 일이든, 또 다른 일이든 간에 말이다. 스페이스X는 화성에 가려 한다. 어느 회사도, 어느 우주기관도, 어느 나라도 아직 해내지 못한 것을 꿈꾼다. 스페이스X가 정말로 그곳에 갈 수 있을까? 아닐지도 모른다. 그러나 모험심 강한 사람에게는 느려터진 정부 일자리에서 펜대를 굴리는 일이나 새 대통령이 백악관으로 들어올 때마다 취소될 위기에 처하는 대규모 탐사 프로그램에 뛰어드는 것보다는 화성을 꿈꾸는 일이 분명히 더 낫다.

던은 그 모든 것을 다시 시작할 것이다. 생각할 필요도 없이 당장 말이다.

"분명 너무 많은 것을 쏟아 넣었죠. 그리고 내 인생에서 가장 생산적인 몇 년의 시간을 투입했어요. 하지만 그곳이 바로 내가 그토록 원하던 곳이었습니다. 난 정말 모든 걸 바쳤어요. 여자친구 같은 몇 가지 예외는 빼고요. 어쨌거나 남김없이 불살랐고, 그건 내가 원해서 한 일이었어요. 희생이라고 생각하지 않습니다. 그건 거래였죠."

2020년 5월까지 던은 그 거래를 했다. 그러고 나서 부자가 있는 렐러티버티스페이스로 옮겼다. 그는 다시 한번 어려움에 맞서는 소규모 팀의 일원이 되고 싶었고 하드웨어를 처음부터 만들고 싶었다. 그리고 어쩌면 거의 15년에 걸쳐 모든 것을 불사르고 나자 스페이스X의 소란스러운 임무를 위해 자기를 희생할 일도 줄어들었을 것이다. 다른 한편으로 던은 네 살배기 쌍둥이 조라, 테오도르와 더 많은 시간을 보내고 싶기도 했다.

던은 이 책에 등장한 그 누구보다 스페이스X의 열정과 헤비메탈 정신을 잘 구현했다. 맥그레거에서는 시험대 맨 위에서 뜨거운 날들을 보냈고 오멜렉에서는 앞장서서 리더 역할을 했다. 스페이스X에서 재크 던보다 더 신나게 즐긴 사람은 아직 없다. 하지만 밴드는 연주를 멈추지 않았다. 던이 회사를 떠난 지 불과 몇 주 후, 처음으로 사람이 탑승한 크루드래건Crew Dragon이 발사됐다. 그날 우주인들은 발사대로 가는 길에 오스트레일리아 록밴드 AC/DC의 〈백 인 블랙〉을 쾅쾅 울려댔다.

플로렌스 리, 구조 부문 책임엔지니어

리는 스페이스X를 떠난다는 생각을 거의 해 본 적이 없다. 콰절레인 시절 내내 팰컨1에 매달려 있다가 이후로는 팰컨9 발사 프로그램을 담당하고 있다. 그녀는 스페이스X의 긴박감을 즐긴다. 뭔가를 이루는 데 자신이 실제로 보탬이 되는 느낌이 들기 때문이다. 스페이스X가 세상을 바꾸어 놓았을 때, 리는 일조할 기회를 얻게 되어 영광이라고 생각했다. 그녀는 아직도 언젠가 우주를 여행하겠다는 꿈을 포기하지 않았다. 하지만 지금은 사람들을 우주로 보낼 무언가를 설계하고 만드는 엔지니어로 일하는 것이 세상에 더 큰 도움이 되는 것 같다고 생각한다.

부자처럼 리 역시 머스크가 뛰어난 기술력과 통솔력을 모두 갖춘 특출한 부사장들을 고용한 것을 회사의 성공 요인으로 꼽았다. 훌륭한 리더들과 그들의 비전을 따르는 리 같은 젊은 엔지니어들은 팰컨1을 만들고 발사하면서 맞닥뜨린 스트레스 상황

속에서도 손발이 척척 맞았고 그 팀워크는 팰컨9 개발에 반영되었다. 그리고 채용 이상으로 중요한 무엇이 있었다. 그들이 내딛는 한 걸음, 한 걸음에 머스크가 있었다.

"일론이 함께하면 문제가 훨씬 간단해집니다. 그는 회사 일에 아주 깊이 관여하고 어려운 결정들을 직접 내리거든요. 직원들이 고민하고 있으면 일론이 개입해서 이렇게 결정하곤 합니다. '해요, 말아요? 우리가 여기서 뭘 하고 있죠?' 그리고 일론은 언제나 우리가 목표에 집중하도록 만들었어요. 그는 우리가 맡은 사소한 임무 하나도 절대 덜어 주지 않았지만 언제나 우리가 한 걸음 물러나 더 큰 그림을 보도록 했죠. 내 생각엔 그렇게 집중력을 유지했던 게 정말 중요했던 것 같아요."

그리고 고소작업대의 여왕은 스페이스X가 가는 길에 약간의 행운도 따랐던 것 같다고 인정했다.

브라이언 벨데, 사업운영 관리자

4차 비행 후에 벨데는 엔지니어링에서 물러났다. 그가 형편없는 엔지니어였기 때문일까? 정반대의 이유였다. 알고 보니 벨데는 대인 관계 기술이 아주 뛰어났는데, 그런 능력이 고객들과 협업하고 제안서를 쓰고 스페이스X라는 브랜드를 판매하는 데 빛을 발했던 것이다. 벨데는 햇볕에 그을리고 풀줄기에 쓸리며 하드웨어를 만드는 것보다 차이라테를 앞에 두고 고객과 이야기하는 편이 자기에게 더 잘 맞는다는 것을 깨달았다.

머스크도 생각이 같았다. 2014년에 머스크는 인사나 채용에 관한 경험이 별로 없는 벨데에게 인사 담당 부사장 자리를 제안했다. 스페이스X에서 채용이 얼마나 중요한지 생각하면 이 제안은 머스크가 벨데의 능력을 정말로 인정했다는 뜻과 같다. 지금도 벨데가 그 자리를 유지하고 있는 것으로 보아 이 실험은 성공했다고 해야겠다.

이 책을 쓰는 동안 벨데는 진심으로 팰컨1 이야기를 들려주고 싶어 했다. 스페이스X의 모든 신입 사원이 회사의 사활이 걸렸던 그 절박한 순간을 경험할 수 있기를 바라는 마음에서였다. 오멜렉섬에서 가장 힘든 날들을 보내고 이제 날거나 죽거나 결과만 남아 있던 바로 그때 말이다.

"그 경험이 회사의 DNA를 단단하게 했다고 생각합니다. 그 DNA는 지금도 여기 있어요. 우리가 내리는 결정들 안에요. 간부 회의실에 가면 오멜렉섬과 팰컨1 로켓 사진이 있습니다. 그 사진을 볼 때마다 우리 마음가짐이 다시 조정되죠. 그때 있었던 직원 중 다수가 아직 회사에 있습니다. 이제는 간부직에 있죠. 그날의 경험은 지금 우리가 결정을 내릴 때 기준으로 삼는 잣대가 됐어요. 우리는 늘 그 이야기를 합니다. 우린 언제나 더 효율적이기를 바라는데, 어떤 면에서는 좀 더 과거의 우리처럼 되려고 노력합니다."

요즘 그는 스페이스X에서 일한다고 해서 사생활을 완전히 포기해야 하는 건 아니라고 말하며 재능 있는 젊은 엔지니어들을 설득해야 한다. 벨데는 팰컨1 비행 이후 일과 삶의 조화를 찾았다고 말했다. 그는 대학 때 만난 연인과 2010년에 결혼해서 어린 두 딸을 두었다. "제트추진연구소나 그 비슷한 직장에 머물렀다면 훨씬 더 쉬웠겠죠. 스페이스X에 와서 사생활을 희생해야만 했던 건 사실입니다. 하지만 무슨 일이 있어도 바꾸지 않을 겁니다."

한스 퀘니히스만, 항공전자 부문 부사장

머스크가 스페이스X를 설립하면서 고용한 사람 중에서는 퀘니히스만이 유일하게 남아 있다. 그는 회사 선임자 중 하나로서 자기 역할을 소중하게 생각하며 젊은 직원들이 적재적소에서 재능을 펼칠 수 있도록 돕고 있다. 대다수 뛰어난 엔지니어들이 눈빛을 반짝이며 스타십 프로그램에 관심을 두고 있지만 임무보증 mission assurance* 부문 부사장인 퀘니히스만은 여전히 팰컨9 로켓과 드래건 우주선에 집중하고 있다. 그 핵심 프로그램들을 제대로 수행하는 것이 중요하다고 생각하며, 그는 이 문제에 관해선 매우 완고하다. 마치 독일 엔지니어란 그렇지, 하는 기대에 부응하듯이 말이다.

퀘니히스만의 아내는 남편의 살인적인 업무 일정과 콰절레인, 플로리다, 텍사스를 오가는 끝없는 여행을 받아들였다. 그가 일할 때 가장 행복해한다는 것을 알기 때문이다. 그 사이에 아이들은 청년으로 성장했고 아버지의 이야기에서 영감을 받았다.

전기 엔지니어인 그의 막내딸은 최근 보스턴의 한 작은 회사에서 일을 시작했다. "한 가지 걱정되는 게 있는데, 딸아이가 당연히 일이 그렇게 돌아갈 것으로 생각한다는 겁니다. 그 아이는

---

* 설계, 제작, 시험 등 엔지니어링 전 과정에 걸쳐 실제 위험 요소가 될 수 있는 결함을 찾아내서 줄이는 활동.

어쩌면 자기가 찾은 작은 회사가 10년 후에는 직원 5,000명으로 성장하리라 생각할지 몰라요. 그런데 일이 늘 그렇게 돌아가지는 않잖아요. 내 생각에 스페이스X가 성공한 건 특정한 계기, 적절한 시기, 적합한 인재가 딱 맞아떨어졌기 때문입니다."

퀘니히스만은 회사가 성공한 게 대부분 머스크 덕분이라고 공을 돌렸다. 머스크는 언제나 가장 어려운 결정을 맡았다. 그는 문제를 미루지 않았고 오히려 가장 어려운 문제에 제일 먼저 달려들었다. 그리고 그에게는 항공우주 분야 일을 어떻게 하면 더 적은 비용으로 더 빨리 진행할 수 있는지에 대한 비전이 있었다. 머스크는 처음부터 스페이스X가 로켓의 모든 부분을 가능한 한 직접 제작하기를 원했다. 그래야 공급 업체의 비용과 일정 변화에 영향받지 않고 일을 해나갈 수 있기 때문이다.

그러나 퀘니히스만이 생각하는 머스크의 비범한 능력은 따로 있었다. 재능 있는 엔지니어들을 알아보고 그들에게 동기를 부여해서 자기가 원하는 일을 해내도록 하는 것이 바로 머스크의 능력이었다고 퀘니히스만은 말했다. 머스크는 엔지니어들이 능력 밖이라고 생각했던 것을 해내도록 하고, 불가능해 보였던 목표를 성취한 뒤에는 그다음 목표로 나아가도록 고무하는 재주가 있었다.

"이 회사에는 재능 있는 사람이 많습니다. 일론은 사람들을 순식간에 파악해서 적합한 사람들을 뽑아냅니다. 대단하죠? 그는 그걸 정말 잘해요. 내가 그런 부분에서 그와 생각이 다를 때가 더러 있었어요. 내가 한 사람을 면접하곤 의견을 말하죠. '안 돼요. 그는 형편없어요.' 그럼 일론이 말해요. '무슨 소리, 그 사람을 받아요.' 때로는 그 반대이기도 하고요. 대개는 그가 옳더군요."

그윈 숏웰, 사업개발 부문 부사장

2008년에 스페이스X 사장이 된 숏웰은 뒤돌아보지 않고 앞으로 나아갔다. 머스크가 중요한 발사를 예고하면 항공우주업계 사람 대부분이 미심쩍은 눈으로 바라보지만 숏웰의 말은 모두가 진지하게 받아들인다. 그뿐 아니라 업계 사람 거의 모두가 그녀를 아주 좋아한다. 스페이스X가 업계 질서를 꽤 많이 뒤흔들려 하는데도 말이다.

팰컨9 로켓 1단이 최초로 자동 무인 선박에 착륙한 2016년, 아마도 스페이스X 경쟁사들은 자사의 사업 모델을 다소 걱정했을 것이다. 하지만 그들은 스페이스X가 해낸 일에 경의를 표했다. ULA 최고경영자 토리 브루노Tory Bruno는 숏웰에게 축하 화환을 보냈다.

일론 머스크와 그윈 숏웰은 마음이 잘 맞았다. 숏웰은 머스크가 바꾸고 싶어 하는 산업이 어떻게 돌아가는지 잘 알았다. 머스크가 변화를 밀어붙일 때 숏웰은 그를 안내하며 도왔고 온갖 소송과 이의 제기, 압박 캠페인을 진행하는 내내 그의 편에 있었다. 그 과정에서 숏웰이 가장 존경하게 된 머스크의 자질은 문제를 알아보고 해결책을 고안하는 단호한 사고방식이었다. "문제를 발견했을 때 그의 반응은 '아, 유감이네' 정도에서 그치지 않아요. 가서 그 문제를 해결하는 게 일론 방식이죠. 그는 특별해요. 난 일론을 깎아내리는 사람들, 그가 단지 정부 돈이나 받으려고 저러고 있다고 비꼬는 사람들이 정말 이해가 안 됩니다. 그건 정말 말도 안 되는 소리죠. 그는 화성 오아시스에서 시작했어요. 일론이 화성 오아시스를 고안한 이유는 화성에서의 삶이 가능하고 우리가 그곳에 가야 한다는 것을 사람들이 알았으면 하고 바랐기 때문이에요."

숏웰 자신은 처음부터 화성 어쩌고 따위는 믿지 않았다고 한다. "난 그냥 무시했던 것 같아요. 믿지도 않았고요." 하지만 그녀는 아직 스페이스X에 남아 있다.

일론 머스크, 설립자

로켓 회사를 설립한 뒤로 머스크는 반 무명에 가깝던 닷컴 백만장자에서 억만장자로, 국제적인 유명 인사로 지위가 올라갔다. 2020년 말 기준으로 그는 세계에서 다섯 번째로 부유한 사람이다. 하지만 본질적으로 머스크는 인류를 다행성 종으로 만들기 위해 스페이스X를 설립했던, 열정적이고 괴짜에다 투지 넘치는 사람 그대로다. 그는 지금도 진지하게 화성을 이야기한다. 달라진 점이라면 2002년에는 터무니없어 보였던 목표가 이제는 대담해 보인다는 것뿐이다.

스페이스X의 초창기 나날들을 상세하게 기억해 보라고 머스크를 재촉하며 이야기 나눌 때, 그는 오래 말을 멈추고 눈을 감곤 했다. 굉장히 집중하던 그의 눈가에 약간의 물기가 맺히기도 했다. 4차 비행에 성공한 이후로도 너무나 많은 일이 있었다. 지금 그는 전 세계를 압도하는 로켓 회사뿐 아니라 인류를 화석연료 시대에서 재생에너지 시대로 데려다줄 전기자동차 회사 테슬라도 이끌고 있다. 또 머스크는 인간의 두뇌에 직접 연결할 수 있는 기계를 만드는 뉴럴링크^{Neuralink}를 2016년에 시작했고, 교통체증으로 꽉 막힌 도시 아래에 터널을 뚫어 진공 튜브 속에서 초고속으로 이동하는 하이퍼루프^{Hyperloop} 시스템을 개발하는 회사도 설립했다.

그러니 내가 그의 기억을 슬쩍 자극해 오멜렉이라는 작은 섬으로 보냈을 때, 일론 머스크의 머릿속에는 너무나 많은 생각이 화르르 떠올랐을 것이다. 그는 이 책에 도움이 되고 싶어 했다. 머스크는 팰컨1이 자기 인생에서 어떤 의미를 지니는지, 스페이스X의 성공이 세상을 어떻게 바꿔 놓았는지 알고 있었다. 이 책 이전에 그는 어떤 저자에게도 지난 이야기를 전부 들려주거나 전현직 직원들을 자유롭게 만나 초창기 시절의 이야기를 자세히 들을 수 있게끔 동의한 적이 없었다. 그러나 일론 머스크는 이 책 만큼은 내가 모두와 이야기를 나누고 쓰기를 원했다. 그는 진심이었다.

"긴박한 상황이었죠." 그가 오멜렉의 기억을 떠올리며 말했다. "분명 멋진 이야기입니다. 하지만 실제 그 당시보다 기억 속에 있는 게 훨씬 나아요."

이렇게 말하고 머스크는 웃었다. 그런 다음 또다시 말을 멈추었다. 그의 마음이 회한으로 젖어들었다. 그가 후회하는 일이 한 가지 있었다. 머스크는 오멜렉섬을 속속들이 알 만큼 그곳에 갔었다. 하지만 이 책에 등장하는 다른 사람들만큼 자주는 아니었다. "난 그 섬을 내 손바닥 보듯 기억합니다." 그가 생각에 잠겨 말했다. "조금만 더 차분했더라면 좋았을 거라는 생각이 들어요. 있잖아요, 그 망할 해변에서 칵테일 딱 한 잔 마신다고 무슨 큰일이 나지는 않았을 겁니다. 딱 한 잔요. 그냥 가서 팀원들과 해변에서 한잔하는 겁니다. 한 번도 못 했어요. 그런다고 뭐가 잘못되는 것도 아니었을 텐데."

아직도 그렇다. 아직 시간이 있다.

감사의 말

책을 쓰는 동안 아주 즐거웠다. 한 번에 몇 주씩 내 정신은 지구 반대편에 있는 이국적인 곳들로 도피했고, 그곳에서 불가능을 가능으로 만들기 위해 고생한 사람들의 이야기를 들었다. 이런 경험을 할 수 있게 해 준 고마운 사람이 많다.

제일 먼저 일론 머스크. 2019년 초에 처음으로 이 책의 아이디어를 제안하자 그는 열렬히 동의했다. 그리고 내가 모두의 이야기를 듣고 책을 써야 한다는 전제를 달았다. 그것을 계기로 스페이스X의 전현직 직원 모두가 자신들의 경험을 나에게 자세히 들려주는 데 동의했다. 일론은 많은 시간을 할애해 주었으며 스타십과 스타링크, 랩터 등 호손 공장에서 진행된 여러 프로젝트의 기술회의에 내가 참석할 수 있도록 초대해 주었다. 덕분에 일론의 통솔 방식을 이해할 수 있었다. 또 텍사스주 보카치카Boca Chica에 있는 텐트형 공장도 개방했는데, 그곳에서는 차세대 엔지니어들이 반복해서 빨리 만들고 시험하고 수정하는 팰컨1 시절 방식으로 스타십을 만들고 있었다.

　머스크 외에도 많은 사람이 기꺼이 인터뷰에 응해 주었다. 톰 뮬러, 크리스 톰슨, 한스 쾨니히스만, 그윈 숏웰, 팀 부자 같은 초창기 직원들을 인터뷰하면서 무엇보다 놀랐던 점은 그들이 정말로 이 이야기가 널리 알려지기를 간절히 원한다는 사실이었다. 콰절레인 등지에서 보낸 그 뜨겁고 땀에 젖은 나날들은 그들 인생에서 가장 힘들면서도 보람된 시절이었다. 이 책을 완성할 수 있게 나를 지지해 준 그들의 엄청난 신뢰에 다만 누를 끼치지 않았기를 바랄 뿐이다.

　책을 쓰는 동안 많은 사람의 도움을 받았다. 이 책은 내 에이전트 제프 슈레브 덕분에 시작됐다. 그는 온라인 저널 〈아스테크니카Ars Technica〉 웹사이트에 실린 내 장편 기사 중 하나를 읽고 호흡이 긴 단행본으로 나아갈 가능성을 발견했다. 그래서 스페이스X 초창기 시절에 관해 들려줄 만한 엄청난 이야기가 있다고 나를 설득했는데, 그가 옳았다. 윌리엄모로 출판사의 편집장 머로 디프레타는 이 아이디어의 잠재력을 초기에 알아봤고, 그와 닉 앰플릿은 글을 쓰고 편집하는 내내 능숙하게 나를 이끌어 주었다. 전에 한 번도 책을 써 본 적이 없었던 나는 그들에게서 너무나 많은 것을 배웠다. 〈아스테크니카〉의 전문 편집자인 켄 피셔, 에릭 방에만, 리 허친슨 역시 지난 18개월간 일정을 유연하게 조정해 주어서 크나큰 도움이 되었다. 스페이스X의 제임스 글리슨, 버델 윌슨, 젠 발라자디아는 내가 직원들과 인터뷰하고 싶어 할 때마다 적절한 시기에 일을 진행할 수 있도록 훌륭하게 지원해 주었다.

글 쓰는 과정 내내 나를 참아 주고 내 노력을 지지해 준 가족에게도 감사한다. 나는 아버지 브루스 버거로부터 글쓰기에 대한 애정을 물려받았다. 언제나 작가였던 아버지는 어릴 적 내가 끼적인 낙서를 세세하게 편집해 주곤 했다. 두 딸 아날레이와 릴리는 음식과 사랑 그리고 십 대의 악의 없는 농담을 아낌없이 나누며 언제나 나를 지지해 주었다. 마지막으로 나의 아내, 어맨다. 그녀가 나를 찾던 그 수많은 순간에 나는 소음 방지 헤드폰을 끼고 있거나 밤늦게까지 원고를 써서 이번 장을 끝내야 한다고 말하곤 했다. 마침내 초고를 끝냈을 때 그녀는 내 글을 꼼꼼히 읽고 멋지다고 말해 주었다. 실은 그렇지 않았더라도 말이다. 사랑합니다. 언제나 나를 믿어 준 당신에게 이 책을 바칩니다.

"믿어집니까?
저 물건이, 아니면 저 비슷한 뭔가가,
45억 년 만에 처음으로
사람들을 다른 행성으로 데려갈 거란 걸요.
내 말은, 아마도요. 안 될 수도 있지만.
하지만 아마 그렇게 될 겁니다."

스페이스X의 주역들

2002~2008

일론 머스크, 최고경영자
메리 베스 브라운, 비서

톰 뮬러, 추진 부문 부사장
제러미 홀먼, 추진 부문 개발 책임자
딘 오노, 우주 추진 책임자
글렌 나카모토, 멀린 설계 담당
재크 던, 멀린 개발 담당
케빈 밀러, 멀린 개발 담당
존 에드워즈, 케스트럴 개발 엔지니어
에릭 로모, 추진 분석 담당

크리스 톰슨, 구조 부문 부사장
마이크 콜로노, 기본구조 엔지니어
플로렌스 리, 기본구조 엔지니어
크리스 한센, 분리 시스템 엔지니어
샘 디마지오, 역학 책임자

제프 리치치, 구조 책임자
릭 코르테즈, 구조 선임기술자

한스 쾨니히스만, 항공전자 부문 부사장 / 발사 부문 수석엔지니어
필 카수프, 항공전자 선임엔지니어
스티브 데이비스, 유도·항법·제어 담당
크리스 슬로안, 비행 소프트웨어 담당
불렌트 알탄, 항공전자 엔지니어
티나 수, 항공전자 엔지니어
브라이언 벨데, 항공전자 엔지니어

팀 부자, 발사 및 시험 부문 부사장
켄턴 루카스, 지상 지원 장비 담당
트립 해리스, 소프트웨어 담당
조시 영, 지상 관제관
조 앨런, 맥그레거 지휘
리키 림, 로켓 통합 담당
앤 치너리, 발사장 개발 담당
조지 "칩" 바셋, 발사 기반 시설 담당
에디 토머스, 추진 선임기술자

그윈 숏웰, 사업개발 부문 부사장
데이비드 기거, 1차 발사 사업운영 관리자

밥 레이건, 기계가공 부문 부사장
브랜든 스파이크스, 최고정보관리책임자

스페이스X 연혁

2002~2020

2002년

5월 6일   일론 머스크, 스페이스X 설립

10월 31일   멀린 엔진 가스발생기, 첫 설계연소시간연소시험(모하비, 캘리포니아)

2003년

3월 11일   멀린 엔진 연소실, 첫 연소(맥그레거, 텍사스)

5월 31일   스페이스X 직원, 콰절레인 첫 방문

7월 2일   멀린 엔진 터보펌프, 첫 시험(모하비, 캘리포니아)

12월 4일   팰컨1, 국립 항공우주박물관 외부 전시

2004년

2월 17일   1단 로켓, 추진제 첫 충전(맥그레거, 텍사스)

2월 22일   케스트럴 엔진, 연소실 첫 연소(맥그레거, 텍사스)

7월 1일   완성 멀린 엔진, 첫 시험 연소(맥그레거, 텍사스)

10월 5일   팰컨1, 발사대에 기립(반덴버그 공군기지, 캘리포니아)

2005년

5월 27일   팰컨1, 지상연소시험(반덴버그 공군기지, 캘리포니아)

11월 27일　콰절레인에서 첫 지상연소시험 시도(오멜렉)

12월 20일　팰컨1, 첫 발사 시도(오멜렉)

2006년

3월 24일　팰컨1, 1차 발사(오멜렉)

8월 18일　스페이스X, NASA의 COTS 수주

2007년

3월 21일　팰컨1, 2차 발사(오멜렉)

2008년

8월 3일　팰컨1, 3차 발사(오멜렉)

9월 3일　팰컨1의 1단 로켓을 실은 C-17, 로스앤젤레스 출발

9월 28일　팰컨1, 4차 발사(오멜렉)

11월 22일　팰컨9, 설계연소시간연소시험(맥그레거, 텍사스)

12월 22일　스페이스X, NASA의 CRS 수주

2009년

7월 14일　팰컨1, 5차 최종 비행(오멜렉)

2010년

6월 4일　팰컨9, 첫 발사(케이프커내버럴 공군기지, 플로리다)

12월 8일　카고드래건, 첫 발사(케이프커내버럴 공군기지, 플로리다)

2018년

2월 6일　팰컨헤비, 첫 발사(케네디우주센터, 플로리다)

2019년

8월 27일　스타호퍼, 150m 시험 비행(보카치카, 텍사스)

2020년

5월 30일　크루드래건, 우주인 탑승 첫 발사(케네디우주센터, 플로리나)

8월 4일　실물 크기 스타십 시제품, 첫 150m 시험 비행(보카치카, 텍사스)

불렌트 알탄의 터키식 굴라시

"맛있는 음식이 필요할 땐 어디서나 이걸 만드세요."

불렌트 알탄이 자신의 전매특허 요리인 터키식 굴라시를 준비하고 있다. © 불렌트 알탄

재료

양파 2~3개	중간 크기의 조개 모양 파스타 450g짜리 3봉
마늘 5~6쪽	플레인 요구르트 900g
갈아 놓은 소고기 450g	터키 고춧가루 1큰술
버터 반 컵	고명용으로 고춧가루 약간 더
소금, 후추	신선한 박하 잎

만들기

1. 양파를 잘게 다진다.

2. 마늘은 껍질을 벗기고 꼭지를 떼서 손질해 둔다.

3. 갈아 놓은 소고기를 조리하기 쉽도록 2~3덩이로 나눈다.

4. 커다란 솥에 중간보다 조금 센 불로 버터 1큰술을 녹인다.

5. 녹은 버터에 양파를 넣고 투명해질 때까지 볶는다.

6. 소고기를 넣고 양파와 함께 볶는다. 이때 튼튼한 주걱으로 소고기 덩이를 잘게 부순다. 도중에 소금과 후추를 넣어 간을 한다.

7. 소고기가 완전히 익고 육즙이 나오면 파스타를 넣고 물을 붓는다. 물 높이는 파스타 위로 13mm(±2mm) 정도면 적당하다.

8. 파스타가 익는 동안 마늘-요구르트 소스를 만든다. 요구르트에 소금을 2~3큰술 넣어 젓고, 손질해 둔 마늘을 으깨서 요구르트와 잘 섞는다.

9. 남은 버터를 작은 냄비에 담고 고춧가루를 넣는다. 아직 불에 올리지 말고 배고픈 사람들이 몰려올 때까지 기다린다.

10. 파스타가 거의 익고 물이 자작하게 졸아들었을 때 저녁 먹으라고 사람들을 부른다.

11. 사람들이 줄을 서면 버터와 고춧가루를 담은 냄비를 불에 올리고 버터를 녹여 거품을 낸다.

12. 물기를 뺀 파스타와 소고기를 1인분씩 접시에 담고 그 위에 마늘-요구르트 소스를 덮은 다음 끓인 버터를 조금 붓는다.

13. 맨 위에 박하 잎과 고춧가루를 원하는 만큼 뿌린다.

먹는다!

* 이 음식과 함께라면 집에서도 태평양 한가운데 외딴섬 '오멜렉'의 맛을 느낄 수 있습니다.

ㅁ

ㅂ

ㅌ

ㅍ

리프트오프

세 번의 실패를 딛고 궤도에 오르기까지,
스페이스X의 사활을 건 그날들!

1판 1쇄 펴냄 2022년 3월 21일
1판 4쇄 펴냄 2023년 10월 10일

지은이 | 에릭 버거
옮긴이 | 정현창

펴낸이 | 박미경
펴낸곳 | 초사흘달
출판신고 | 2018년 8월 3일 제382-2018-000015호
주소 | (11624) 경기도 의정부시 의정로40번길 12, 103-702호
이메일 | 3rdmoonbook@naver.com
네이버포스트, 인스타그램, 페이스북 | @3rdmoonbook

ISBN 979-11-977397-0-5 03550